BARCELONA LA VIAJERA EN EL TIEMPO

DOCE CUENTOS

Otros libros escritos, co-escritos o co-editados por Wes Gibbons

THE ROCKS OF SARK
THE WEALD
CORSICAN GEOLOGY
GEOLOGY OF THE COUNTRY AROUND ABERDARON
PRECAMBRIAN ROCKS IN THE BRITISH ISLES
THE GEOLOGY OF SPAIN
GEOLOGY OF THE COUNTRY AROUND PWLLHELI
THE GEOLOGY OF CHILE
THE GEOLOGY OF BARCELONA
THE GEOLOGY OF JAPAN

Para un listado completo ver http://barcelonatimetraveller.com

BARCELONA LA VIAJERA EN EL TIEMPO

Doce Cuentos

WES GIBBONS

Bimón Press, Barcelona

Publicado en España en 2017 por Bimón Press, Barcelona

bimonpress@barcelonatimetraveller.com

http://barcelonatimetraveller.com/

Traducción de Teresa Moreno

ISBN: 978-84-697-3246-5

"Una mezcla que engancha sobre el pasado profundo de la geología y algunas de las historias más tensas de la especie humana, enfocada en el rincón de Iberia conocido como Cataluña. Una combinación muy amena y esclarecedora".

James S. Amelang, Univ. Autónoma de Madrid, España.

"Una magnífica guía de Barcelona que viaja en el espacio y en el tiempo, dejándote con un sentido real sobre de donde viene la ciudad, retrocediendo a través de la historia humana hasta el tiempo profundo de la prehistoria".

Peter Burgess, University of Liverpool, Reino Unido.

"Me encanta la forma en que el libro entreteje inteligente y entretenidamente la historia y la geología de Barcelona".

Laurence Coogan, University of Victoria, Canadá.

"Ejercicio muy interesante y original en el que no se pone límite entre la historia natural y la antrópica, fruto de una mente despierta, investigadora y comunicativa que no cesa de preguntarse el ¿por qué?, ¿cómo?, y ¿cuándo? de todo lo que nos rodea. La lectura es amena y da una excelente visión sobre los orígenes de Barcelona y su entorno con un manejo imaginativo de la medida del tiempo pasado".

Xavier Querol, CSIC, España.

"Impresionante en concepto y ejecución, este libro va a desmitificar la historia geológica para el lector general".

Nigel Woodcock, University of Cambridge, Reino Unido.

"...para mí no hay diferencia alguna entre mis días ya pasados y los lejanos días de Noé sobre los que he oído. No tengo nada en el mundo, solo el momento en el que estoy: se detiene por un instante, y luego, como una nube, se mueve."

Samuel ibn Naghrillah (HaNagid), visir del rey de Granada, al llegar a los cincuenta años de edad en 1043 d. C.

CONTENIDO

	Prefacio	i
1	El susto del pasado	1
2	La osa Canela y Santa Clara	25
3	Una gota fría en la Pequeña Edad de Hielo	50
4	El Holoceno, los santos y la sequía	73
5	Muerte en la playa de Drassanes	96
6	Los animales perdidos del valle del Penedès	125
7	La batalla de Montjuïc	150
8	*Y. pestis* y M. Parets	175
9	Montserrat	201
10	Volcanes en Girona	231
11	Creando Cataluña	260
12	El viaje de vuelta	294
	Cronología	325
	Indice	366
	Nota sobre el autor	373

LISTADO DE MAPAS Y FOTOGRAFÍAS

Rosetón de Santa María del Mar 1

Fallas en la costa y noreste de Cataluña 3

Puerta del Museo Marès 25

Campañas militares hacia y desde Barcelona 30

El Arc de Triomf 50

Sedimentos aluviales debajo de Barcelona 56

Calles conmemorando mártires cristianos famosos 73

Mapa del Cuarto Cuento 77

Vista aérea de Montjuïc 96

Puntos conflictivos en el siglo XVII en Cataluña 106

El Puente del Diablo en Martorell 125

Mapa geológico y sección transversal del área de Barcelona 130

La Vía Augusta romana en el Coll de les Forques 150

Movimientos de tropas durante la batalla de Montjuïc 163

La entrada a la Capilla de Santa Ágata 175

Barcelona durante la epidemia de peste de 1651 188

El conglomerado de Sant Jeroni en Montserrat 201

Sección transversal de los conglomerados de Montserrat 213

Esbozo de los volcanes alrededor de Olot 231

Mapa de volcanes en el noreste de Cataluña 234

Estatua de Ramón Berenguer III 260

Conquista islámica y reconquista cristiana de Iberia 265

Puerta del Dragón de Antoni Gaudí 294

Mapa de ruta por Barcelona 303

La Viajera con 2.5 días 325

PREFACIO

Este es un libro de historia y ciencia ficción escrito por un geólogo y diseñado para entretener, enseñar y provocar al lector a pensar sobre la inmensidad del tiempo. Por un lado su enfoque es local, centrándose en la ciudad de Barcelona y en la región circundante de Cataluña, fusionando los dramas de la historia humana con los de acontecimientos naturales como terremotos, lluvias torrenciales, sequías, plagas y erupciones volcánicas. Por otro lado es global, considerando estos eventos frente al gran y asombroso telón de fondo de la evolución de la Tierra. No se trata de un trabajo académico, por lo que no hay notas de pie de página, ni listas de detalladas referencias, y sólo el uso mínimo de palabras "geológicas" extrañas. De hecho, ha sido una liberación no tener que acatar los protocolos habituales de publicación científica y concentrarse simplemente en un intento de entretenimiento informado. Sin embargo, en las notas que siguen a cada uno de los doce cuentos, se reconocen fuentes importantes, se citan sugerencias para seguir leyendo (haciendo hincapié cuando era posible en las publicaciones de investigación disponibles gratuitamente en la Web) y se añade un contexto de fondo.

En el siglo pasado pasé muchas horas felices en bibliotecas. Una de mis favoritas es Senate House, la blanca y alta biblioteca central de la Universidad de Londres en la calle Malet, que resultó ser un lugar maravilloso para ahondar en las obras de distinguidos predecesores geológicos al escribir mi tesis. Otro clásico esencial es la biblioteca de la Sociedad Geológica de Londres en Burlington House, Piccadilly, un lugar perfecto para la inmersión en los placeres del conocimiento y la comprensión geológica. En estos lugares fue un privilegio merodear por los pensamientos científicos de Edward Greenly, Charles Alfred Matley, Robert Millner

Shackleton y una larga serie de otros geólogos de los siglos XIX y XX. A veces había sorpresas, como el descubrimiento de la autobiografía de Edward Greenly, *A Hand Through Time: Memories Romantic and Geological* (1938), en la que la devoción por su esposa Annie Barnard se hace evidente y el joven investigador se da cuenta de que los geólogos famosos son también humanos.

Más tarde en mi carrera conocí a algunos de estos geólogos, como Shackleton (que examinó mi tesis) y Janet Vida Watson, la primera mujer presidenta de la Sociedad Geológica de Londres, pero la mayoría de ellos ya se habían ido. Edward Greenly, por ejemplo, murió el año después de que yo naciera. Tenía ochenta y nueve años y en su juventud había vivido una época dorada del descubrimiento geológico cuando las implicaciones de Darwin en su *On the Origin of Species* y la realidad del tiempo profundo se hacían evidentes. Edward Greenly todavía era un niño cuando Charles Lyell publicó su *Antiquity of Man*, un muchacho cuando Charles Darwin publicó su *Descent of Man*, tenía 20 años cuando Henri Bequerel descubrió la radiactividad y 52 cuando Arthur Holmes publicó su primera escala geológica.

Pero ahora estamos en la era de internet y mi biblioteca es mi acceso a wi-fi y la Web, y no hay escapatoria al hecho de que vivimos en un mundo de información inimaginable para los científicos de siglos anteriores. ¿Dónde, por ejemplo, estaríamos sin Wikipedia? Así que este libro es "muy de internet", creado al menos en parte a partir de búsquedas globales de información disponible en innumerables sitios de la Web.

Varias personas han ayudado durante la gestación de este proyecto, en particular Antonio Moreno que creó la imagen de portada del libro y la página Web. Ana Pulido y Carlos Cáceres ofrecieron consejos informáticos y de gestión de páginas Web, Norma Planas y Fulvio Amato brindaron orientación sobre las traducciones catalanas, y Carole

Herbstritt y Susan Marriott comentaron útilmente las primeras partes del texto. También estoy agradecido a James Amelang quien amablemente dio su consentimiento para que citara textos de su libro *A Journal of the Plague Year* (véase el Cuento Octavo). Revisiones científicas fueron generosamente realizadas por Peter Burgess, Laurence Coogan y Nigel Woodcock. Jo Poll merece un agradecimiento especial por pasar demasiado tiempo en el texto durante la edición final y corregir suavemente mi tendencia a ofuscar con palabras oscuras como esa. Cualquier error es, por supuesto, enteramente mi responsabilidad.

Por último, mi esposa Teresa Moreno es la otra mitad del proyecto Barcelona la Viajera en el Tiempo. Teresa dibujó los mapas y las figuras, tradujo el texto del inglés al español, y guió cada etapa de la larga progresión del trabajo hasta su publicación. Sin ella no habría habido luna de miel en Cataluña, ni el traslado posterior a Barcelona y, obviamente, este libro no existiría.

Wes Gibbons
Sitges, 2017
http://barcelonatimetraveller.com/

1

EL SUSTO DEL PASADO

Rosetón del siglo XV sobre la entrada principal de la iglesia de Santa María del Mar dañado en el terremoto sufrido en la ciudad medieval de Barcelona.

1

EL SUSTO DEL PASADO

Parte 1: Fallas en Cataluña

I

El lunes 2 de febrero de 1428 amanece claro y frío en todo el territorio de Cataluña. Es la Candelaria, a medio camino entre el día más corto del año y el equinoccio de primavera, por lo que es un momento cauteloso de optimismo. Los osos pardos en el prepirineo abren los ojos y emiten un bostezo colectivo: *Per la Candelera, l'os surt de l'ossera* ("Por la Candelaria el oso sale del cubil"). Con el amanecer la gente se mueve en silencio hacia sus iglesias, llamados por las campanas y las promesas de la primavera. Este día de fiesta conmemora la presentación del niño Jesús en el templo de Jerusalén cuarenta días después de Navidad, así que la mayoría de los asistentes a la misa de ocho son mujeres, especialmente aquellas que han dado a luz hace poco, o que están a punto.

Una mujer grande, en avanzado estado de gestación y vestida con un abrigo azul, va caminando por la calle Argenteria hacia la iglesia costera de Santa María del Mar, en el próspero barrio de la Ribera de la ciudad medieval de Barcelona. La mujer no tiene motivos para quejarse. Acaba de dejar a su hija feliz y saludable en la cama, y de niña sobrevivió la última gran epidemia de peste bubónica veinte años atrás, cuando murieron varios miles de personas en la ciudad. La familia está ocupada con trabajo, y desde aquella epidemia de peste la población de Barcelona se ha mantenido estable en torno a las treinta y siete mil personas. Ya ha olvidado el nerviosismo general provocado por la serie de leves terremotos en marzo y abril del pasado año. La que será conocida como la "crisis sísmica catalana", una serie de temblores interpretados por el clero local como una clara advertencia a la población de la necesidad de enderezar su comportamiento. Al parecer ha sido mucho peor en la ciudad de Girona, más al norte de Cataluña.

II

Los terremotos que se producen bajo el noreste de Cataluña son el resultado de movimientos dentro del sistema de fallas de Amer, una línea de fracturas que se extiende desde Girona hacia las montañas de los Pirineos. El sistema de fallas ha estado en silencio acumulando problemas durante más de cien siglos, y en esta última demostración de su fuerza tectónica despierta del letargo geológico la noche del domingo 2 de marzo de 1427. El primer temblor y sus inmediatas réplicas, que son más desconcertantes que dañinas, se sienten en una amplia zona que se extiende hasta tan lejos como Barcelona. Los días 13, 14 y 15 de marzo hay tres temblores más en rápida sucesión que producen suficientes daños y una alarma general que fomenta en los más nerviosos la idea de dormir en tiendas de campaña colocadas en campos fuera de los pueblos, lejos de la amenaza de la caída de edificios.

A las nueve en punto de la noche del 19 de marzo se produce el primero de varios eventos mucho más intensos, con una magnitud estimada de 5.9 y con epicentro justo al sur de la localidad de Amer, donde la intensidad de las sacudidas causa gran daño. Los edificios debilitados que quedan en pie son puestos aún más a prueba, y en varios casos colapsarán, durante la serie de réplicas que se registran en los próximos tres días. Otra breve pausa es seguida por la siguiente serie de temblores, esta vez centrados cerca de la aldea de Lloret Salvatge, tres kilómetros al suroeste de Amer. El terremoto que se siente aquí el 22 de abril provoca la apertura de grandes grietas en el suelo, que causan un virulento escape de gas que asfixia a dos personas, los primeros muertos registrados en la crisis, e hiere gravemente a varios más. Una de las fracturas más prominentes en la superficie terrestre es denominada *Esquerda de l'Infern* (Grieta del Infierno), la cual seguirá emitiendo gases de radón y dióxido de carbono desde el interior de la tierra durante cientos de años después.

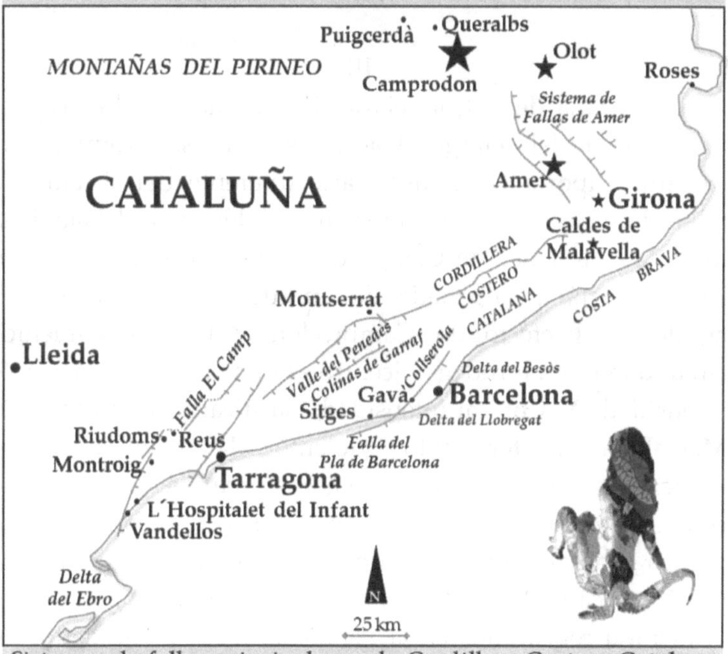

Sistemas de fallas principales en la Cordillera Costero Catalana y NE de Cataluña entre Girona y Olot. Localidades y estrellas indican la situación de terremotos mencionados en el texto.

Ahora la actividad sísmica se desplaza hacia el norte desde Amer para castigar la ciudad volcánica de Olot la tarde del 15 de mayo con otro fuerte temblor (magnitud 5.8) que mata a quince personas. Las cosas parecen entonces tranquilizarse un poco, con algunos movimientos sísmicos más leves de nuevo en Girona, donde la población se mantiene en vilo y la asistencia a la iglesia se incrementa durante gran parte del verano. Es notable entre estos últimos temblores un evento de magnitud 5.3 el 14 de junio que produce el colapso generalizado de edificios en Caldes de Malavella, quince kilómetros al sur de la ciudad de Girona. Pero luego, durante el período de Navidad la situación se mantiene lo suficientemente tranquila para que aquellos de carácter más optimista consideren que la crisis ha terminado. Desafortunadamente, sin embargo, el sistema de fallas está solo preparándose para un evento aún más grave.

III

En la mañana de la Candelaria de 1428 no sólo los osos se despertarán del letargo. Hacia las ocho se produce una fractura importante en una parte diferente del sistema de fallas de Amer, esta vez a unos nueve kilómetros debajo de la localidad pirenaica de Camprodon, cerca de la frontera con Francia. Está acompañada de un fuerte sonido explosivo agudo y el efecto en Camprodon y los asentamientos circundantes en torno al epicentro es inmediato: terremoto de intensidad IX. Con tal intensidad, clasificada en la escala de Mercalli como terremoto "violento", la mayoría de los edificios sufrirán daños y las estructuras más débiles colapsarán. Las personas caerán al suelo y se producirá el pánico general. La magnitud de este terremoto se sitúa entre 6 y 7, colocándolo entre los eventos sísmicos más grandes de la historia registrados en la Península Ibérica. Alrededor de doscientas personas mueren esa mañana en Camprodon, una pérdida de aproximadamente un cuarto de la población del pueblo, y otros trescientos mueren por el derrumbe de edificios en Puigcerdà, cuarenta y cinco kilómetros al noroeste. Entre estas dos localidades, Queralbs resulta tan dañada que prácticamente toda la población muere en el acto o queda gravemente herida, y el lugar es instantáneamente transformado en un pueblo fantasma.

Las ondas sísmicas desde el hipocentro del terremoto de la Candelaria se propagan a través de la corteza terrestre a una velocidad en torno a cinco kilómetros por segundo, seguidas por las ondas secundarias que se mueven más lentamente. Camprodon está sólo a unos cien kilómetros de Barcelona, por lo que las primeras vibraciones sísmicas, las ondas de compresión "primarias", tardan veinte segundos en golpear la capital catalana. Para entonces la sacudida sísmica ha disminuido pero aún alcanza una intensidad de VI-VII: "muy fuerte a fuerte", atravesando rápidamente la ciudad.

Es el ruido inquietante y profundo de la llegada de las ondas sísmicas lo que primero llama la atención. El cura a punto de celebrar la misa en la penumbra de la luz de las velas mira instintivamente la inmensamente alta y pesada estructura en torno a él. Como todos los demás, se ve pronto superado por el terror. Todo el edificio parece estar vivo con vibraciones que resuenan a través de las amenazadoras ocho inmensas columnas detrás del presbiterio. Inmediatamente delante de él está la enorme nave, cubierta por grandes arcos góticos en equilibrio sobre cuatro columnas octogonales más, y el espectacular rosetón resplandeciente en la luz de la mañana en lo alto de la pared occidental. Más de quinientos años más tarde, el escritor y crítico australiano Robert Hughes dirá entusiasmado que ningún otro espacio arquitectónico en España es más impactante que Santa María del Mar. Pero éste no es un espacio para quedar atrapado en un terremoto.

*****

IV

Las ondas secundarias llegan trece segundos después de las primarias, y sus efectos incluyen el movimiento hacia los lados de la superficie del suelo, aumentando considerablemente el nivel general de alarma en toda la ciudad. Este es el terremoto más fuerte en el registro histórico de Barcelona, y es suficiente para romper ventanas y derribar estructuras. Aunque no es nada comparado con lo que está sucediendo en los Pirineos, todo el mundo lo siente y todo el mundo tiene miedo. En Santa María del Mar los que están de pie se agarran a lo que encuentran, en algunos casos esto implica un inesperado contacto con velas encendidas y cera caliente, y varias personas gritan.

En semejante situación la mayoría de la congregación busca su camino hacia las puertas, muchos de ellos con poca consideración hacia sus compañeros feligreses. Las poderosas ondas de cizalla sísmica que siguen a la llegada de las ondas primarias producen el mayor daño en los edificios, que están diseñados para soportar la fuerza vertical de la gravedad pero no el movimiento lateral. Además, Santa María del Mar se ha construido sobre depósitos de arena recientes que formaban la playa en la época romana. Estos sedimentos blandos amortiguan la velocidad de las ondas secundarias, amplificando los temblores de tierra, y haciendo que la iglesia en toda su altura se mueva como si de repente estuviera flotando en el mar.

Todo esto es demasiado para el gran y delicado rosetón que comienza a desintegrarse, perdiendo pesados trozos de vidrio coloreado, plomo y piedra que caen sobre la multitud abajo cada vez más aterrorizada. Ahora, aunque los temblores del terremoto se van desvaneciendo, hay un alboroto total, con la gente que todavía está en el interior de la iglesia aumentando sus esfuerzos por escapar. Los que tienen la mala suerte de ser golpeados por escombros, o simplemente atrapados por la fuerza de la aglomeración, son pisoteados y asfixiados. Cuando todo ha terminado hay hombres, mujeres y niños muertos o moribundos alrededor de las puertas de la iglesia, y muchos más heridos y marcados de por vida por la horrible experiencia. Como anotará más tarde el escriba catalán del siglo XV Jaume Safont en su *Dietari de la Generalitat*, trabajando para el Ayuntamiento de Barcelona, más de veinte personas murieron en Santa María del Mar esa mañana. Específicamente se menciona en la lista de desafortunados a la mujer de azul: *XXVI persones, entre les quals hi matà una dona prenys y groça, qui jeya morta vestida amb un cot blau* ("26 personas, entre las que se incluye una mujer grande, embarazada que yacía muerta con un abrigo azul").

V

Dejando atrás las trágicas consecuencias de la rotura del rosetón, la Viajera se desliza a través de la puerta trasera de la iglesia hacia el sol de la mañana. Había leído sobre este famoso terremoto y decidió hacer una parada quinientos cuarenta y un años antes de su nacimiento para presenciar el evento por sí misma. A su derecha el azul y tranquilo mar Mediterráneo baña la costa del siglo XV a sólo 150 metros de distancia del cementerio de arena junto a la iglesia. Detrás de la iglesia, inmediatamente a la izquierda, está la vista más familiar de la estrecha calle de Montcada. Originalmente producto de la urbanización del siglo XII fuera del núcleo romano de Barcelona, la calle está ahora llena de casas nuevas de piedra con patios de lujo, reflejo del comercio catalán y su influencia en los tiempos de bonanza económica medieval.

Delante de ella está uno de los centros principales de este comercio: el ancho rectángulo del mercado del Born donde los comerciantes locales ya se están recuperando del susto sísmico. Un grupo de personas ha dejado sus puestos y nerviosos se reúnen alrededor de un cura que llama a la calma y la fe. En los próximos meses habrá numerosos sermones y súplicas con procesiones organizadas a través de la ciudad para fomentar el buen comportamiento y aplacar la ira del control divino en los sistemas de fallas catalanes.

Más allá del mercado se alza algo diferente y que sin duda no es familiar para ella: el espléndido Convento de Santa Clara, situado de forma segura en la esquina este de las murallas de la ciudad. El convento, a sólo quinientos metros al noreste de Santa María del Mar y construido sobre suelo de grava ligeramente ascendiendo, está flanqueado al sur y oeste por huertas y frutales en los que varias monjas clarisas acaban de recibir la noticia de la caída del rosetón. Detrás del convento, al parecer sin daños por el movimiento sísmico, se levanta la esbelta Torre de Sant Joan. Esta torre, de ya casi doscientos años de edad y establecida como parte importante del sistema defensivo de la ciudad medieval, vigila la tierra abierta más allá del recinto de las murallas.

Pasando el convento y subiendo por la torre la Viajera es capaz de ver todo el entorno pintoresco de la ciudad, situada entre el mar y los bosques de pino de las colinas de la Collserola que se extiende al noreste hasta alcanzar la costa en los distantes acantilados de granito de la Costa Brava. El punto más alto en estas colinas detrás de Barcelona llega a los 512 metros, una cumbre de fuerte pendiente que sube bruscamente a menos de seis kilómetros de la costa desde el Convento de Santa Clara. En la otra dirección, hacia el mar, la línea de costa se define por los sedimentos aluviales del río Besòs y otros arroyos más efímeros, que posteriormente son trasladados hacia el sur por las corrientes marinas. Barras de arena producidas por esta deriva litoral separan el mar de una zona pantanosa detrás.

VI

Conectando las colinas detrás con la llanura costera hay un terreno bajo, de suave pendiente, conocido localmente como el *Pla* de Barcelona. Esta pendiente es un piedemonte formado principalmente por los sedimentos erosionados acarreados desde las colinas, y lavados hacia el mar durante innumerables tormentas a lo largo de muchos siglos. Su perfil liso será utilizado más adelante para la ampliación de Barcelona en el siglo XIX, pero en tiempos medievales es estrictamente rural. En la vista de la Viajera desde la torre esta superficie de tierra puede verse ascendiendo de manera constante en este lado de la ciudad hasta un cambio repentino de pendiente a cuatro kilómetros del Convento de Santa Clara. Es allí, donde las rocas antiguas destacan sobre el paisaje para formar la empinada cuesta de El Carmel ofreciendo vistas sobre la franja costera, donde el arquitecto Antoni Gaudí i Cornet creará su fantástico Park Güell a principios del siglo XX.

Gaudí admiraba en gran manera las formas geológicas naturales, incorporándolas en su arquitectura. Estaba familiarizado con los cambios repentinos en el relieve causados por la geología, y las oportunidades que ofrece para paisajismo, porque ambas de sus localidades de origen, Reus y la cercana Riudoms, se encuentran cerca de un cambio brusco de pendiente en la base de las montañas de Prades. Tanto en Reus como en Barcelona la causa subyacente de dichas formas de relieve es la presencia de fallas geológicas que han yuxtapuesto duras y viejas rocas del basamento contra jóvenes sedimentos blandos. Estos sedimentos forman el suelo sobre el que se construyen las ciudades y pueblos, mientras las rocas duras forman las colinas resistentes más adecuadas para los jabalís y osos pardos.

Las fallas se expresan normalmente en el paisaje, y cuanto más jóvenes y más activas son, más evidente es su expresión. En el caso de Cataluña, toda la zona costera hasta varias decenas de kilómetros en el interior, está plagada de fallas que fragmentan el campo en pequeños segmentos. A diferencia de las fallas pirenaicas de Amer, la mayoría de las fallas de la costa catalana discurren en dirección noreste-suroeste, y han producido dos largas sierras paralelas que forman la Cordillera Costero Catalana y se elevan como ballenas gigantes. La parte más al sudeste de esta cadena montañosa se conoce como la Sierra Litoral y se extiende desde la Costa Brava en el noreste hasta las colinas de Garraf alrededor de Sitges en el suroeste. En Barcelona esta sierra está interrumpida por los valles paralelos de los ríos Besòs y Llobregat. El transporte de sedimentos de estos ríos por sus valles y su deposición en la costa ha dado lugar al crecimiento de deltas en el Mediterráneo. La redistribución posterior de estos sedimentos por el Besòs y el Llobregat, originalmente erosionados en el interior de Cataluña, ha añadido los toques finales para proporcionar la costa fértil y accesible que ha resultado ser tan adecuada para la colonización humana.

VII

El asentamiento humano en Cataluña ha tenido lugar dentro del contexto geológico de tratarse de un área con moderado riesgo de terremotos. El desastre de la Candelaria en el siglo XV es responsable de más de mil muertes, la mayoría de ellas cerca de la falla culpable de los temblores. Aunque único en los registros históricos de la zona, el evento sísmico está lejos de ser inusual desde una perspectiva geológica. Varias de las numerosas fallas que van desde los Pirineos hasta la Costa Brava, y hasta la zona costera mediterránea de Valencia, son conocidas por su riesgo sísmico. Desde el punto de vista humano esta amenaza se reduce en gran medida por el hecho de que las fallas tienen una velocidad de deslizamiento media que es tranquilizadoramente lenta, generalmente mucho menor de un milímetro por año. Tal velocidad es, por supuesto, imperceptible. En comparación, las uñas crecen treinta y seis milímetros al año, lo que es más o menos la velocidad de movimiento a lo largo de la gran falla de San Andrés en California, muchísimo más alarmante en términos de amenaza sísmica. El problema es que, mientras las uñas crecen de manera constante, las fallas frágiles no se mueven de esa manera. De hecho, la mayoría de las veces no se mueven en absoluto, permitiendo que el estrés se acumule hasta que los poderosos motores de la Tierra superan la inútil resistencia local ofrecida por la falla. En ese momento se desencadena un terremoto, y los dos lados de la falla se separan y se alejan entre sí.

El deslizamiento repentino a lo largo de una falla durante un terremoto se mide en centímetros o, en los eventos más graves, metros. Por lo tanto hay una gran diferencia entre los movimientos promedio de la falla en el tiempo y el comportamiento real "pegado-deslizamiento" de la propia falla. La principal falla de Amer implicada en la crisis sísmica catalana tiene unos treinta y cinco kilómetros de largo y se calcula que se ha trasladado a una tasa media de menos (probablemente mucho menos) de medio milímetro al año durante los últimos veinte mil siglos. El estrés se habría acumulado a lo largo de estos siglos sin ninguna señal de peligro, para ser liberado repentinamente durante sucesivos terremotos. Si asumimos las estimaciones más lentas de deslizamiento calculadas a lo largo de esta falla (es decir, sólo cinco milímetros cada siglo), entonces se deduce que harían falta doscientos siglos para que la falla acumulase suficiente tensión como para producir una ruptura vertical de un metro. Si la falla ha estado activa durante más de veinte mil siglos (una estimación mínima), significa que, presumiblemente, se han producido más de cien crisis sísmicas en el sistema de fallas de Amer como la registrada en 1427-8.

VIII

Al sur de Barcelona, en la vecina provincia de Tarragona, la falla de El Camp es otra estructura destacada. En los tiempos modernos define el borde de la llanura costera al noroeste de la ciudad de Tarragona, discurriendo al suroeste por la localidad de Reus donde Gaudí nació y Mas de la Calderera a las afueras de Riudoms donde pasaba sus vacaciones de verano en la infancia. Desde aquí sigue su artístico trazado pasando por debajo de la ciudad de Montroig, durante mucho tiempo residencia de Joan Miró, para llegar a la costa entre l'Hospitalet de l'Infant y la central nuclear de Vandellòs. Esta zona no registra actividad sísmica en la actualidad, y las tasas medias de deslizamiento de esta falla se calculan inferiores a seis milímetros por siglo. Sin embargo, al igual que las fallas de Amer, se considera que ha generado eventos sísmicos en tiempos relativamente recientes. Las excavaciones en la zona de la falla sugieren que en los últimos mil siglos, más o menos, ha habido al menos seis grandes terremotos que se repiten a intervalos de varios cientos de siglos con magnitudes de hasta 6.7, comparables en términos generales a la magnitud estimada para el evento de la Candelaria en 1428. La última gran sacudida sísmica a lo largo de la falla de El Camp se cree que tuvo lugar hace unos treinta siglos.

¿Y qué ocurre con la falla del *Pla* de Barcelona que discurre por la misma ciudad de Barcelona? Esta estructura tiene más de veinticinco kilómetros de largo y muestra evidencias de prolongados períodos de actividad sísmica en al menos los últimos veinte mil siglos. En los tiempos modernos se ha registrado con instrumentos sísmicos una ligera actividad a lo largo de esta falla, con una velocidad media de movimiento estimadada entre dos y cuatro milímetros por siglo. No hay registro histórico escrito de terremotos importantes a lo largo de esta lenta falla, pero el último probablemente ocurrió antes de que los humanos inventaran la escritura. Viviendo en Cataluña uno tendría que tener muy mala suerte para resultar herido en un terremoto, aunque, como demostró la mujer del abrigo azul, el riesgo nunca es cero.

*****

Parte 2: El Experimento del Tiempo Gaudiniano

IX

Existe el tiempo humano, el tiempo por el que como individuos y como especie pasamos, y luego existe el tiempo profundo. Gaudí vive hasta los casi setenta y cuatro años antes de ser atropellado el 7 de junio de 1926 por el tranvía número 30 en Barcelona, en la intersección entre las calles Gran Vía y Bailèn. Es llevado al hospital como un anciano pobremente vestido, no identificado, y muere de las heridas tres días más tarde. Aunque prematuramente truncada, su vida sin embargo se ha acercado a los respetables cuarenta millones de minutos. Ahora imagina una línea continua de sesenta Antoni Gaudís inmediatamente sucesivos, que viven diez días menos de setenta y cuatro años, ligándose a través del tiempo desde 1926 como una fantástica cadena de arcos hiperbólicos separados por cada nacimiento y cada muerte. Los arcos ininterrumpidos enlazan a través de casi cuatro mil quinientos años hasta el siglo vigésimo sexto antes de Cristo y los comienzos de la civilización humana.

Este mundo humano pasado de hace casi cuarenta millones de horas es un mosaico de antiguas culturas, pero es suficientemente familiar. En Egipto la gran pirámide de Guiza se acaba de terminar, y en el sur de Irak los sumerios están bebiendo cerveza y averiguando cómo contar los días usando un calendario. Ellos llegan a desarrollar un sistema de meses que empiezan con la luna nueva y definen un año de 360 días, añadiendo días adicionales para tener en cuenta las correcciones matemáticas necesarias. Las vacaciones por lo general se producen los días 1º, 7º y 15º del mes, aunque cada ciudad tiene sus propios días de fiesta de acuerdo a las costumbres locales. Los reyes están aprendiendo a centralizar, militarizar, acumular excedentes de cereales, y controlar al pueblo con el poder imperial, mientras que sus vasallos se aglomeran en las ciudades amuralladas, socialmente volátiles, soñando con revoluciones.

Muy lejos de los poderosos faraones del antiguo Egipto y los conquistadores de Mesopotamia, las culturas del Mediterráneo occidental continúan sus actividades de agricultura, comercio y guerra, pero a una escala mucho más modesta. Ovejas, cabras, cerdos y otro ganado domesticado son algo familiar en esta escena, y la dependencia de la caza ha pasado hace mucho tiempo de moda en favor de la agricultura de tala y quema. Los seres humanos han aprendido a utilizar los metales, de modo que el uso del cobre es generalizado en toda la Península Ibérica, y el uso del oro acompaña al aumento en la desigualdad social y el desarrollo de los sistemas políticos.

Es un tiempo de transición. En una vuelta al pasado megalítico no metálico, las antiguas minas de Gavà en el delta del Llobregat de Barcelona están llegando al final de su vida neolítica, después de haber estado activas durante muchos siglos para la extracción de un mineral verde semi-precioso llamado variscita. Este mineral inusual y de atractivo color turquesa, también conocido como callaïs, es un fosfato de aluminio hidratado muy demandado para abalorios y pendientes. El comercio de artículos de lujo estimulado por la industria de la variscita trae a la zona herramientas de piedra exóticas, incluyendo sílex desde el sur de Francia, hachas de eclogita de los Alpes, obsidiana volcánica de las islas del Mediterráneo, así como cerámica y joyas de coral rojo igualmente traídas de zonas lejanas. Mientras tanto, en el este de California un pino de Bristlecone está comenzando una larga vida que abarca toda la historia de la civilización ibérica. Este mismo árbol estará todavía vivo para presenciar los retos del siglo XXI, y en todo este tiempo se habrá producido sólo un terremoto de gran magnitud en la falla de El Camp.

X

Cambia ahora la escala de cuarenta millones de horas a días, multiplicando las sesenta vidas de Gaudí por veinticuatro. Ahora la línea monumental de arcos hiperbólicos ha crecido en número hasta mil cuatrocientos cuarenta, lo que nos conduce hasta hace más de cien mil años al Pleistoceno superior. Los seres humanos en Iberia en este momento poseen la tecnología del Paleolítico medio (piedra) y son exclusivamente neandertales, dado que los humanos modernos aún no han salido de África para ocupar Europa. Grupos de neandertales nómadas con un estilo de vida de caza y recolección, cada uno formado típicamente por decenas de individuos sin conocimiento de la domesticación de animales, vagan por la Península Ibérica emboscando su presa con lanzas con punta de pedernal para satisfacer sus necesidades alimenticias. Llevan ropa, pero apenas joyas, y utilizan el fuego para cocinar, defenderse y mantener el calor en un clima cada vez más frio.

El mundo está entrando poco a poco en otra edad de hielo, y durante un tiempo Europa se ha ido volviendo cada vez más fría y seca a medida que las capas de hielo polares se expanden y los bosques ibéricos se contraen. La temperatura media sobre la Antártica está en las primeras etapas de un descenso de seis grados Celsius, poniendo en peligro el statu quo de los mamíferos. El clima será cada vez más inestable, con períodos muy fríos que alternan rápidamente con episodios más templados "interestadiales" dando como resultado un entorno más difícil donde competir y sobrevivir. Los mamíferos que cubren la mayoría de Iberia y que pueden rastrearse a través de la historia geológica se enfrentan a un mundo estresante. Muchos no consiguen sobrevivir el Pleistoceno superior al tener que pelear no sólo con la expansión de los glaciares y la disminución de los hábitats, pero también con las poblaciones humanas depredadoras en busca de alimento y refugio. Un eslabón se romperá en la cadena de las futuras generaciones y uno por uno desaparecerán, no habrá más rinocerontes, elefantes, bisontes, hipopótamos, leopardos, ciervos gigantes, leones y osos de las cavernas en Iberia.

Pero desde la perspectiva del Pleistoceno los problemas que se avecinan no son evidentes y hay, por ejemplo, miles y miles de osos de las cavernas (*Ursus spelaeus*) en la Europa del final de esta época. Viven más de cien mil años antes de Cristo de manera que no tienen ninguna necesidad de seguir las reglas sobre despertarse de la hibernación justo en el día de la Candelaria. De todos modos, teniendo en cuenta los inviernos más fríos en estos días, es mucho más cómodo seguir durmiendo hasta más adelantada la primavera. Son grandes animales, hermosos y robustos, con una frente empinada abombada y un poderoso y corto hocico, y se han adaptado al frío aumentando su tamaño corporal de modo que el macho puede llegar a pesar hasta quinientos kilos. En el noreste de Iberia hibernan en cuevas como la de Teixoneres cerca de Moià, cincuenta kilómetros al norte de Barcelona.

Durante los meses de verano estas mismas cuevas son visitadas esporádicamente por grupos errantes de humanos neandertales que llevan herramientas esenciales de piedra para cortar, pelar, y descarnar las mejoras piezas de carne obtenidas en la caza. Durante sus visitas transitorias los humanos prefieren ocupar la parte exterior de la cueva, donde hay menos humedad y más luz y espacio para hacer fuego y cocinar. Por el contrario, otros mamíferos que ocupan la cueva, como osos y hienas, hacen sus madrigueras invernales más profundamente dentro del refugio. En estos primeros días del Pleistoceno superior hay poca interacción entre los humanos y los osos de las cavernas, que prefieren esquivarse. Desde el punto de vista humano hay cosas mucho más fáciles de matar, mientras que para los osos los neandertales con sus palos afilados y puntiagudos no son recomendables en su dieta principalmente vegetariana.

XI

Continuando con el experimento del tiempo, cambia la escala de días a meses, aumentando el número de vidas de Gaudí a casi cuatro mil cuatrocientas. Estas, colocadas en fila, se remontan hasta hace unos treinta y dos mil siglos a una época conocida como el Plioceno. Ahora estamos penetrando en los inicios del tiempo profundo y no hay seres humanos en el planeta. Lo más cercano a algo parecido a nosotros solo se encuentra en África donde hay criaturas de homínidos, los australopitecinos, que pueden incluir nuestros antepasados directos. Midiendo metro y medio de altura, estos últimos modelos de evolución de los primates caminan por las sabanas y los bosques ralos, recolectando de los árboles y arbustos y buscando carroña, usando su altura para poder observar a los grandes felinos y otros depredadores. Su estilo de vida bípeda erguida ofrece una clara ventaja al cubrir más terreno y recibir la recepción de una menor exposición al sol que sus parientes cercanos los chimpancés y otros simios, y liberando las manos para el transporte y manipulación de herramientas. De cuello para abajo los australopitecinos parecen pequeñas versiones de los hombres y mujeres modernos, pero la cabeza es una cuestión diferente: la cara grande, y los dientes y mandíbulas poderosas contrastan con un cerebro de menos de la mitad de tamaño que el humano.

La época del Plioceno es nombrada así por el geólogo escocés del siglo XIX Sir Charles Lyell quien reconoce que muchos animales que viven en ese tiempo lejano no son tan diferentes de las formas modernas. De hecho, la geografía del mundo del Plioceno es también muy similar a la del nuestro, con el norte y el sur de América unidos en el istmo de Panamá, y todos los océanos y los continentes tienen ya el aspecto que muestran en un mapa de nuestro mundo. En detalle, sin embargo, hay diferencias. Por ejemplo, los animales y plantas que viven en Iberia disfrutan de un clima más cálido con menos hielo glacial en los polos, lo que resulta en un nivel del mar más alto que altera considerablemente la forma de la línea de costa.

Ahora imagina que Gaudí es capaz de convertir cada minuto de su existencia en un año, multiplicando su tiempo en la Tierra por más de medio millón. Esa cantidad de tiempo nos lleva a casi cuarenta millones de años al Eoceno, que es otra época del tiempo profundo definida por Sir Charles Lyell. En este mundo antiguo todavía hay muchos de los mamíferos placentarios, incluyendo antepasados reconocibles de caballos, rinocerontes, cerdos, gatos, perros y osos. Nuestros ancestros primates sin embargo son menos evidentes, ya que aún no existen simios o monos en la Tierra. En el Eoceno en Iberia, y en otros lugares, estos primeros primates alcanzan gran diversidad y abundancia. La mayoría viven discretamente en la copa de los árboles como pequeños animales peludos que se mueven por la noche. Tienen uñas en sus esbeltas garras en manos y pies, ojos y cerebro inusualmente grandes, y los descendientes de algunos de ellos algún día heredarán la Tierra moderna.

Existen claras diferencias también en el puzle continental de la geografía mundial en el Eoceno. India acaba de empezar su larga colisión con Asia para producir la cordillera del Himalaya, y hay una amplia vía marítima que conecta el área del Mediterráneo con el océano Índico. No existe el gran océano del Atlántico Norte como lo conocemos, y hay buenas conexiones terrestres entre América y Asia.

Las placas tectónicas que llevan los continentes se mueven sólo milímetros o centímetros cada año, pero desde la perspectiva del tiempo profundo es lo suficientemente rápido para cambiar la faz de la Tierra. Una masa de tierra que se mueve a tan sólo un milímetro al año se desplazará un kilómetro entero en un millón de años. La España moderna, por ejemplo, se está moviendo hacia el noreste a alrededor de veintiséis milímetros cada año, una velocidad que la ha trasladado veintiséis kilómetros en un millón de años. El movimiento de la placa ibérica a velocidades medias similares durante el Eoceno y luego Oligoceno, Mioceno, Plioceno, Pleistoceno y Holoceno ha traído a la futura Barcelona más de mil kilómetros desde algún lugar del sur, en la latitud del Marruecos moderno.

XII

Cambiando un orden de magnitud de un año a una década, el viaje ahora abarca el equivalente a más de cinco millones de vidas de Gaudí y llega a la mitad del período Devónico, hace cerca de cuatro millones de siglos. Lo suficiente para que el mundo terrestre sea radicalmente diferente. Por primera vez en la historia del planeta, la Tierra está siendo colonizada por plantas y animales. El "verdecimiento de los continentes" está en marcha, y en el tiempo del Devónico medio grandes extensiones de tierra están cubiertas por bosques de helechos, colas de caballo y otras plantas arbustivas. Dos grupos de animales primitivos terrestres han emergido del mar. Los tetrápodos incluyen los antepasados de todos los anfibios, reptiles, aves y mamíferos, mientras que los artrópodos con su peculiar exoesqueleto darán lugar a todos los insectos, crustáceos y arañas.

El mapa del mundo en el Devónico está dominado por el gigante océano Panthalasa y los dos grandes continentes de Laurasia (América del Norte y norte de Eurasia) y Gondwana (América del Sur, África, Arabia, India y la Antártida). Gondwana se está acercando a Laurasia y la colisión entre los dos va a crear la gran cadena montañosa Varisca. En algún lugar de la costa norte de Gondwana y bien al sur del ecuador, los sedimentos se están depositando lentamente en el fondo del profundo mar. Sedimentos que se consolidarán en roca para formar la parte de la placa ibérica en la que se construirá la futura Barcelona, a la deriva lentamente hacia el hemisferio norte durante la inmensidad de cuatrocientos millones de años. Los afloramientos rocosos en el Park Güell de Gaudí incluyen todavía restos de estos antiguos sedimentos del Devónico, ahora casi irreconocibles alterados por la compresión y calentamiento durante la colisión de la tectónica de placas a través de los tiempos.

La fase final de nuestro experimento en el tiempo requiere la conversión de décadas en siglos. Si un minuto de la vida de Gaudí durara un siglo entero, cuarenta millones de siglos nos llevarían de vuelta a los orígenes de la vida en nuestro planeta, la edad de las rocas más antiguas de la Tierra y aún más allá. No hay información sobre la geografía del mundo en un tiempo tan remoto. Existe un planeta joven, pero el inicial bombardeo masivo de asteroides esteriliza repetidamente cualquier intento de producir vida perdurable. Sin embargo una vez que las condiciones son más estables, la posibilidad de la creación de la vida se presenta. Charles Darwin, un colega cercano a Charles Lyell, especula ilustremente sobre la forma en que todo podría haber comenzado en un "pequeño charco templado, con todo tipo de amoníaco y sales fosfóricas, luz, calor, electricidad, para que se forme químicamente un compuesto de proteínas, listo para sufrir cambios aún más complejos".

Ya sea acogedoramente templado, frío como el hielo o casi hirviendo, toda la vida en la Tierra se remonta al "charco" de Darwin, y una vez que se afianza en nuestro planeta no hay quien pare su progreso o sus efectos sobre el medio ambiente. La atmósfera se comienza a oxigenar por lechos microbianos primitivos llenos de bacterias fotosintéticas, promoviendo el desarrollo de organismos multicelulares cada vez más complejos. Hongos, plantas y animales forjan su camino evolutivo hacia adelante. La colonización de la superficie de la Tierra durante el Devónico es tan exitosa que una sobreabundancia de árboles fija suficiente dióxido de carbono para reducir las temperaturas globales y contribuir a una edad de hielo. Los animales que respiran aire se desarrollan, aprenden cómo producir huevos que puedan subsistir en un ambiente seco, y que se conviertan en cocodrilos, dinosaurios y mamíferos. Los sistemas de vida en la Tierra sobreviven repetidas interrupciones por el cambio climático, las erupciones volcánicas, el impacto de meteoritos y cometas, y los resultados de la misma evolución, con grandes extinciones que interrumpen el aparente equilibrio y la continuidad del tiempo geológico.

Una de estas extinciones en masa, aunque sin duda no la mayor de la historia, se produce hace unos seiscientos sesenta mil siglos, elimina los dinosaurios no aviares y ofrece el mundo a los mamíferos. Para el Eoceno cien mil siglos después, las extendidas condiciones climáticas tropicales promueven la diversificación de la mayoría de los principales tipos de mamíferos, incluyendo nuestro propio grupo de los primates. Viajando en las etapas finales del tiempo profundo, la evolución de los primates produce lémures, lorinos, galagos, monos, gibones, orangutanes, gorilas, bonobos, chimpancés, y una serie de homínidos como los australopitecinos en el camino a la aparición del *Homo sapiens*. De pronto, aquí estás, emergiendo y naciendo en tu propia cadena del tiempo. Tú, consecuencia de la continuidad proporcionada por cada uno de tus antepasados, has hecho todo el camino desde el charco de Darwin. Aunque parezca sorprendentemente poco probable, como los terremotos en Cataluña, las posibilidades obviamente no son cero.

Notas

1. I. *Per la Candelera, l'os surt de l'ossera.* El idioma catalán es hablado y escrito en Cataluña por más de cuatro millones y medio de personas, además de unos dos millones y medio más en la vecina Valencia ("Valenciano") y las Islas Baleares ("Mallorquín"). A éstos se pueden añadir unos pocos cientos de miles de personas en Andorra (donde es la única lengua oficial), la antigua Cataluña en Francia (zona de Perpiñán), y a lo largo del borde con Aragón, así como algunos restos que quedan en el noroeste de Cerdeña, alcanzando un total de más de siete millones de catalanoparlantes (algunos dicen tanto como diez millones). En el contexto europeo se trata de una población mayor que la que habla noruego o finlandés (cinco millones cada uno), y en general similar a la que habla albanés, búlgaro o sueco.

El catalán es una de las lenguas romances en Europa occidental (incluyendo francés, gallego, italiano, portugués y castellano/español) que se desarrolló del latín durante lo que se denominó la "Edad Oscura" después del colapso del Imperio romano en Occidente. Para demostrar cómo han evolucionado estas lenguas, consideremos el siguiente ejemplo. Una más precisa, pero menos poética, referencia al oso catalán que emerge de su guarida sería *per la Candelera, l'os surt del seu cau.* En español se convierte en la expresión Por la Candelaria, sale el oso del cubil, cambiando a *Pela Candelária, sai o urso do covil* en portugués, *À la Chandeleur l'ours sort de sa tanière* en francés, y *Per la Candelora, l'orso esce dalla tana* en italiano. Muchas gracias a mis colegas Fulvio Amato, Vania Martins, Marco Pandolfi, Norma Planas y Ana Pulido por su asesoramiento sobre las traducciones.

1. II. La magnitud de un terremoto es una medida cuantitativa de su tamaño en base a la amplitud de las ondas sísmicas generadas, asignándole un número (por ejemplo moderado = 5-6; fuerte = 6-7; mayor = 7-8; grande = >8). La escala Mercalli para la intensidad de terremotos es una medida cualitativa del movimiento generado y se expresa típicamente en números romanos en mayúscula de I-XI (por ejemplo VII = Muy fuerte: grietas en las paredes, colapso de chimeneas; VIII = Severo: daños estructurales graves, derrumbe de edificios vulnerables; IX = Violento: destrucción de numerosas construcciones). Los terremotos experimentados en 1427 en Amer y Olot se calcula que alcanzaron magnitudes de 5-6 e intensidades de VIII, mientras que el terremoto de la Candelaria bajo Camprodon alcanzó una magnitud de 6.5 y una intensidad de IX. Los antecedentes de estos eventos se

resumen en el trabajo del *Journal of Geodynamics* 2009 titulado *The Catalan seismic crisis (1427 and 1428; NE Iberian Peninsula): Geological sources and earthquake triggering*, escrito por Héctor Perea y disponible de forma gratuita en la Web. Una fuente más detallada e histórica es el libro publicado en 2006 titulado *Els terratrèmols dels Segles XIV i XV a Catalunya* por Carlos Olivera y colegas.

1. III. El libro entusiasta, detallado y divertidamente pertinaz *Barcelona* de Robert Hughes, publicado en 1992 y escrito por "yo más joven cuando quedé atrapado por primera vez bajo el hechizo de la ciudad", es un buen punto de partida para los visitantes que quieran aprender más acerca de la historia, el arte y la arquitectura local.

1. IV. La Iglesia de Santa María del Mar ya había sufrido daños el 3 de marzo de 1373, cuando una de las torres se derrumbó durante un fuerte terremoto con hipocentro bajo los Pirineos al noroeste de Cataluña. Después del terremoto de 1428 el rosetón no fue restaurado a su antigua gloria hasta 1459.

1. V. La Torre de Sant Joan fue construida en 1249 como parte del convento gótico de Santa Clara. Gravemente dañada durante la batalla de 1714 (ver el Segundo Cuento), fue reparada y construida aún más alta para estar por encima de la ciudad como advertencia permanente contra cualquier insurrección más. Utilizada para alojar prisioneros políticos catalanes, se convirtió en un símbolo odiado de la opresión borbónica y fue demolida en 1868.

1. VI-VIII. Una visión general de las fallas en Cataluña se muestra en la publicación de 2012 titulada *An active zone characterised by slow normal faults, the northwestern margin of the València Trough (NE Iberia): a review* de Héctor Perea y colegas, en la revista *Journal of Iberian Geology*, y disponible de forma gratuita en la Web.

1. IX. Para los visitantes que buscan algo diferente, la antigua industria de la variscita puede ser investigada en un fácil viaje en tren desde Barcelona hasta el *Parc Arqueològic Mines de Gavà*: véase también el trabajo del 2015 titulado *Life and Death in the Neolithic variscite mines at Gavà (Barcelona, Spain)* por Ferran Borrell y colegas, publicado en la revista *Antiquity* (no disponible en acceso abierto).

1. X. Una esclarecedora visión del estilo de vida neandertal en Cataluña es ofrecida en la publicación en acceso abierto del 2010 por Jordi Rosell y colegas titulado *A stop along the way: The Role of Neanderthal Groups at*

Level III of Teixoneres Cave (Moià, Barcelona, Spain) y publicada en la revista *Quaternaire*. Nuevos hallazgos arqueológicos en esta localidad (abierta parcialmente al público a 50 kilómetros al norte de Barcelona) y en otros yacimientos neandertales importantes de Cataluña están estimulando las continuas publicaciones sobre este tema.

1. XI-XII. El experimento del tiempo profundo introduce un poco del vocabulario necesario en la subdivisión del tiempo geológico. Se invita al lector a descargar la última escala cronoestratigráfica publicada por la comisión internacional de estratigrafía (www.stratigraphy.org). Es demasiado detallada para memorizarla, pero aprendiendo solo los nueve períodos desde el Cámbrico hasta el Cretácico, y las siete épocas desde el Paleoceno al Holoceno, le dará los elementos básicos utilizados por los geólogos para subdividir la historia geológica de la Tierra desde que los fósiles preservados en las rocas se volvieron relativamente comunes después de la explosión de formas de vida multicelulares en el "Big Bang" del Cámbrico.

HOLOCENO
PLEISTOCENO
PLIOCENO
MIOCENO
OLIGOCENO
EOCENO
PALEOCENO

CRETÁCICO
JURÁSICO
TRIÁSICO
PÉRMICO
CARBONÍFERO
DEVÓNICO
SILÚRICO
ORDOVÍCICO
CÁMBRICO

2

LA OSA CANELA Y SANTA CLARA

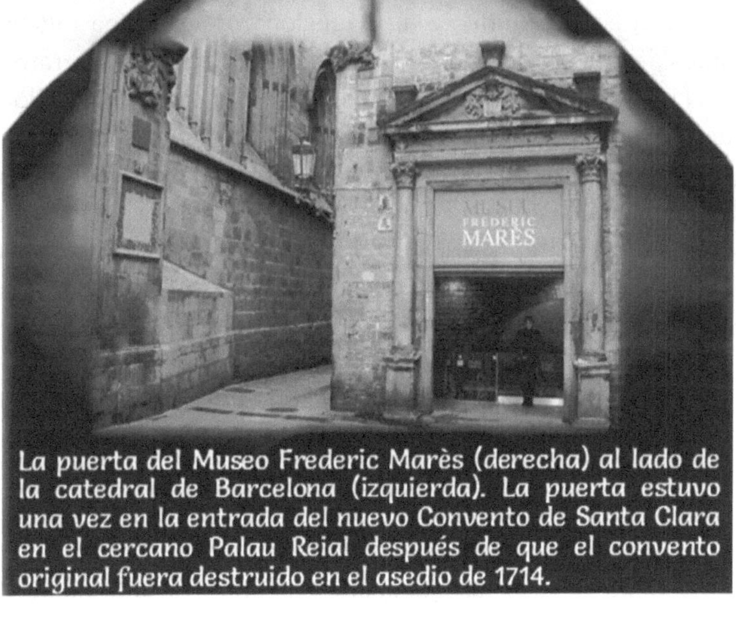

La puerta del Museo Frederic Marès (derecha) al lado de la catedral de Barcelona (izquierda). La puerta estuvo una vez en la entrada del nuevo Convento de Santa Clara en el cercano Palau Reial después de que el convento original fuera destruido en el asedio de 1714.

2

LA OSA CANELA Y SANTA CLARA

I

Los antepasados de los osos pardos que fueron despertados por el terremoto de la Candelaria en el Pirineo catalán vivieron en el este de Asia. Evolucionaron en China mucho antes de la aparición de los humanos en la Tierra, y migraron hacia el oeste de Europa hace en torno a un cuarto de millón de años. Desde entonces decenas de miles de generaciones europeas del *Ursus arctos* han disfrutado de su posición privilegiada como depredadores alfa en la cadena trófica, con otros animales representando poca amenaza hasta hace unos pocos cientos de siglos, cuando los osos comenzaron a encontrarse con el *Homo sapiens,* la perturbadora nueva especie de África ahora en su territorio.

Presumiblemente se alcanzó algún tipo de equilibrio entre estos dos omnívoros en la prehistoria de los Pirineos, con grupos itinerantes dispersos de humanos cazadores-recolectores que no suponían un peligro para los osos como para producir la extinción de su especie. Sin embargo, con el posterior avance del asentamiento humano y de la tecnología, y especialmente una vez que las armas de fuego aparecen en este equilibrio, hubo un inevitable serio declive en la población de osos. En tiempos recientes el período napoleónico fue especialmente duro para los osos, como de hecho lo fue para los catalanes. Durante un breve período de tiempo (1812-1814) Cataluña fue anexionada a Francia, uniendo por fin todos los osos del Pirineo oriental bajo la misma bandera, aunque con poco éxito. En 1900 quedaban sólo ciento cincuenta osos pirenaicos, este número cayendo catastróficamente a lo largo del siguiente siglo, lo que lleva a la introducción en el último minuto de algunos osos pardos eslovenos en un tímido intento de reponer las existencias.

Las señales han sido evidentes desde hace mucho tiempo sin embargo, y para comienzos del siglo XXI los números son tan bajos que cada oso tiene nombre. El 1 de noviembre de 2004 René Marquèze, que también tiene nombre, dispara a Canela, una osa de quince años y la última osa pura de los Pirineos. Canela estaba protegiendo a su osezno en su encuentro con René, sus amigos y sus perros en una cacería de jabalí cerca del pueblo de Urdos. Su cuerpo es llevado en helicóptero a la facultad de veterinaria de Toulouse, pero es demasiado tarde para salvarla. Su cachorro medio esloveno de diez meses escapa y sobrevive.

Monsieur Marquèze, un camionero jubilado de sesenta y dos años de edad, afirma que había actuado en defensa propia. La investigación judicial en 2004 está de acuerdo y en un principio no encuentra caso para juzgar, pero la gran indignación pública promueve una apelación y envía al cazador a juicio. Después de una prolongada batalla legal, que probablemente no es exactamente lo que René había planeado para su temprana jubilación, es finalmente absuelto en abril de 2008. Se dictamina que no ha incumplido la ley por cazar en la zona, y que actuó en defensa propia. No obstante, el caso continúa con varias organizaciones medioambientales reclamando daños y perjuicios en su contra. Por último, el 10 de septiembre de 2009, un tribunal de apelación decide que como cazador experimentado Marquèze debería haber sabido que no se caza en una zona donde se sabe que Canela está con un osezno. Es declarado culpable de conducta indebida y multado con once mil euros. En abril del 2013 con el caso finalmente extinguido (como el oso pirenaico no esloveno), Canela es descongelada y disecada para su exhibición en un museo.

II

No menos dramática en su destino fue la aparición, evolución, resistencia y extinción del convento medieval de Santa Clara en Barcelona. Una historia alrededor de un millar de veces más breve que la larga aventura del oso pardo desde su pasado asiático hasta el Pirineo catalán, pero desde una perspectiva humana la existencia del convento cubre más o menos unas respetables dieciséis generaciones: los cuatrocientos setenta y ocho años entre 1236 y 1714, un período que abarca el ascenso y caída del sueño catalán. Es tiempo entonces, considera la Viajera desde su posición actual en la Torre de Sant Joan, de retroceder a la época del rey Jaime y dejar que la historia se desarrolle.

Jaime el Conquistador es conocido indistintamente como *Jaume el Conqueridor* (catalán), *Chaime lo Conqueridor* (aragonés), Jaime el Conquistador (castellano), y *Jacme Conquistaire* (occitano), dependiendo de dónde vivas bajo la Corona de Aragón. Sus antepasados provienen de la antigua gran Casa de Barcelona, una poderosa dinastía medieval que en 1236 ya ha florecido durante trescientos años y ha tenido el control de la Corona de Aragón desde 1162. Él es, pues, rey de Aragón, conde de Barcelona, señor de Montpellier y, en general, un hombre a tener en cuenta. Su largo reinado entre 1213-1276 ve la expansión del dominio económico y político catalano-aragonés al este en las Islas Baleares, al sur en Valencia y al norte en Francia. Al oeste, un pacto de no agresión con el rey de Castilla permite a Jaime concentrarse en el dominio por mar. Bajo su reinado Barcelona se convierte en la única ciudad en la Península Ibérica centrada en un imperio, y florece como una joya brillante de la civilización del Mediterráneo occidental cristiano en el siglo XIII.

Estos son los días de gloria del rey Jaime, mientras la economía próspera de la Alta Edad Media se mueve hacia su cenit. El joven rey, alto, rubio y orgulloso de su herencia, ataca a los musulmanes de Mallorca en 1229, los de Menorca en 1231, Ibiza y Formentera en 1235, y entra en Valencia en 1238. A medida que la franja costera entre Barcelona y Valencia se va catalanizando progresivamente durante la mitad del siglo XIII, la amenaza del resurgimiento islámico retrocede. Con la victoria militar viene la recompensa, y el crecimiento de empresas grandes y potentes asegura un suministro de dinero que a su vez impulsa la renovación urbana y promueve el desarrollo de habilidades artísticas en la pintura y escultura góticas.

Este es un momento perfecto para fundar un convento cerca de la costa de Barcelona, al lado del centro económico del imperio militante y en expansión. El permiso se concede por el obispo de Barcelona, Berenguer de Palou, el 10 de junio de 1237 y el plan es ambicioso. Para el 1249 la iglesia y la torre se han completado, y en 1254 comienza el trabajo del espléndido claustro gótico, con el objetivo de crear un nuevo foco importante en la actividad religiosa de la ciudad. Este es el primer convento en Cataluña dedicado a Santa Clara de Asís, y su primera abadesa es Agnès (Inés) de Peranda, una sobrina de la misma Santa Clara. Bajo la dirección de Agnès la influencia del nuevo convento crece como el imperio, y nuevos conventos emergen progresivamente a través de una España cada vez más cristianizada, guiados por el primer ejemplo situado en las orillas del Mediterráneo en Barcelona.

Agnès, como su rey, tiene una vida al mando larga y exitosa. La inscripción en su lápida lee: "Aquí yace enterrada la Santa Virgen Agnès, que durante 47 años fue la primera abadesa, que, tanto en su muerte como después de ella, brilló gloriosamente a través de sus milagros, como también brilló con santidad y gran notoriedad mientras vivió. Murió en el año del Señor de 1281, el miércoles 17 de septiembre".

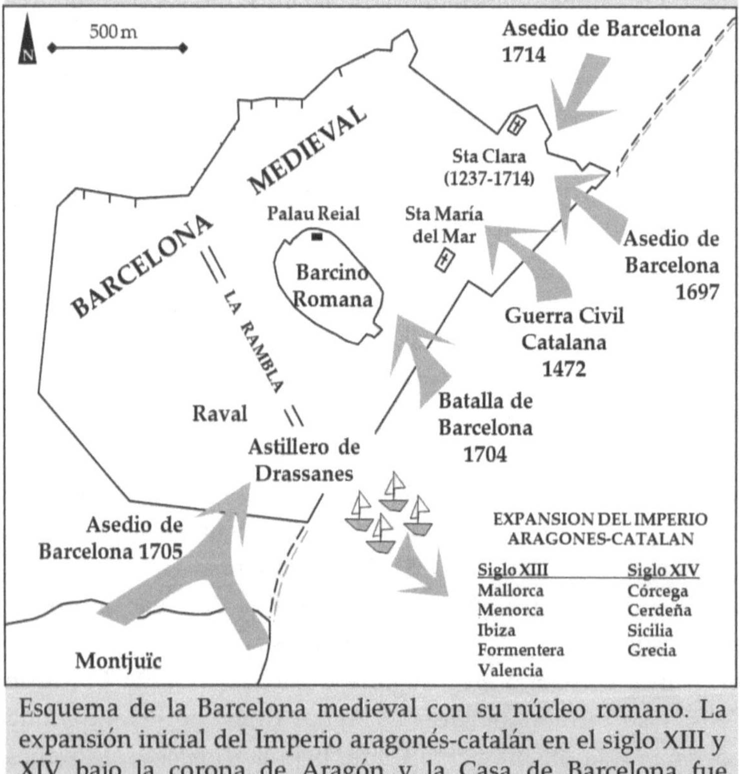

Esquema de la Barcelona medieval con su núcleo romano. La expansión inicial del Imperio aragonés-catalán en el siglo XIII y XIV bajo la corona de Aragón y la Casa de Barcelona fue seguida por una serie de retrocesos a medida que el poder en la Península Ibérica iba hacia el oeste bajo un control castellano cada vez mas centralizado.

III

A principios del siglo XIV la Corona de Aragón ha ampliado su alcance militar hasta incluir Córcega, Cerdeña y Sicilia, así como hacia el sur en Iberia más allá de Valencia para tomar la ciudad de Murcia. En el verano de 1305 las tropas catalanas y aragonesas luchan con éxito contra los bizantinos hasta tan lejos como Grecia, tomando Atenas en 1311. La bandera roja y amarilla del rey de Aragón y conde de Barcelona ondeará sobre el Partenón durante más de setenta y cinco años y, con el establecimiento de embajadas extranjeras, el catalán se habla extensamente a través del Mediterráneo.

El Convento de Santa Clara sigue creciendo, con las monjas ayudando a promover la apertura de nuevos monasterios de clarisas, incluyendo (en 1326) el de Pedralbes, seis kilómetros al oeste. Tres años más tarde, en la celebración de la reciente conquista de Cerdeña por la Corona de Aragón con Alfonso el Benigno, se colocan las primeras piedras para la reconstrucción de la basílica gótica de Santa María del Mar en la inicial iglesia románica. En medio de este optimismo y éxito la población de Cataluña ha crecido hasta un máximo histórico, alcanzando más de medio millón de personas. Es un número que pronto será reducido drásticamente.

No sólo Cataluña sino también gran parte de Europa ha disfrutado de una relativa prosperidad y crecimiento desde el siglo XI, impulsado por la mejora en las prácticas agrícolas bajo un clima benigno. Sin embargo para el año 1300 la tierra está empezando a perder la capacidad de alimentar a la creciente población, y la sociedad está volviéndose sin darse cuenta cada vez más vulnerable a los cambios ambientales. Vinculado al éxito en la Alta Edad Media ha estado un clima europeo más cálido y seco, pero ahora las cosas están empeorando. El invierno inusualmente frío de 1306-7 es la primera alerta del mal por venir, y el tiempo excepcionalmente frío y lluvioso en 1315 y 1316 desencadena una hambruna masiva en el norte de Europa. Esta es la primera de una serie de crisis que harán estragos en la población europea y desafiarán severamente las estructuras sociales en los años siguientes.

Iberia se escapa al principio de los peores efectos de los nuevos factores de estrés climático. Los Pirineos ofrecen una barrera geográfica a los horrores de la gran hambruna en el norte, donde millones de muertes prematuras se están produciendo. Pero en 1333 viene *lo mal any primer en Catalunya*: el primer mal año en Cataluña. Los cultivos se pierden, el precio del trigo sube en espiral, y los suministros de emergencia que llegan por barco se bloquean en Génova, aún dolida por la pérdida de sus intereses en Cerdeña. Para Navidad las cosas se han deteriorado hasta tal punto que, incitados por un sermón del fraile carmelita Bernat Puig, los barceloneses se revuelven contra los concejales de la ciudad, que piensan están acaparando el grano. En un informe se habla de diez mil personas muriendo de hambre o por enfermedades relacionadas con la escasez de alimentos, un número de muertos que representa alrededor de una cuarta parte de la población de la ciudad.

IV

Si el primer siglo en la historia del Convento de Santa Clara comienza bien pero termina mal, en el siguiente Cataluña está a punto de ir de "Guatemala a Guatapeor". En abril de 1348 la peste negra alcanza Barcelona, gracias a la llegada de una embarcación contaminada desde otro puerto del Mediterráneo (informes sugieren Mallorca o El Rosellón). Los escritores de entonces se refieren al evento como "La Gran Mortandad" y la tasa de mortalidad es particularmente elevada entre el clero, que está más en contacto con los enfermos y moribundos. Los registros diocesanos indican unas tasas de mortalidad de alrededor del 60% entre los sacerdotes, y del 35-40% en la población general. Incluso aquellas que viven un estilo de vida penitente, enclaustradas dentro de los conventos de clarisas, no escapan a la pestilencia y muchas monjas mueren.

Una vez establecida en Cataluña, hay brotes repetidos de la peste durante más de tres siglos, con dos eventos graves solo en el siglo XIV en Barcelona (1362 y 1371). La enfermedad ha desarrollado para entonces su habilidad para transmitirse por aire, produciendo síntomas de carácter pulmonar (peste neumónica) y castigando especialmente a los niños lactantes y ancianos. Junto con otros deleites similares, como hambruna y epidemias de viruela y tifus, la Viajera no es la única en hacerse una opinión de este desfavorable comienzo de la Baja Edad Media como un período de cotidiana muerte y declive desesperado. Se sorprende, entonces, al observar que la realidad diaria en Barcelona muestra una considerable mejora urbana. Durante el largo reinado de Pedro el Ceremonioso (*Pere el Cerimoniós*: 1336-1387) se supervisan obras públicas a gran escala, tales como los nuevos suministros de agua, fuentes y drenajes bajo la Rambla. Otra nueva adición es el Palau Reial gótico que incluye esplendores arquitectónicos tales como la gran sala de ceremonias conocida como el Saló del Tinell.

Inmediatamente debajo observa el efecto de este auge en la construcción con la muralla medieval extendiéndose hasta incluir el Convento de Santa Clara en 1362, formando un destacado baluarte al noreste de la ciudad. Ve la finalización de Santa María del Mar en 1384 y a lo largo de la costa hacia el suroeste la construcción de otro gran muro defensivo para proteger el estratégico lugar clave del astillero de Drassanes, que encierra una superficie de tierra cultivable destinada a garantizar el suministro de alimentos en tiempos de asedio. Esta área, en algunos lugares pantanosa e insalubre, será más tarde urbanizada para convertirse en el barrio del Raval, aún manteniendo su reputación como el lado de la Rambla a evitar por la buena gente de la ciudad.

V

Las nuevas murallas son necesarias porque son tiempos de guerra continua. Además de las zonas de conflicto del Mediterráneo, en el interior, al oeste de Barcelona entre 1356 y 1375 dos reyes Pedros, el Cruel de Castilla y el Ceremonioso de Aragón, están luchando entre ellos hasta un punto muerto agotador y costoso. En junio de 1359 la lucha se acerca peligrosamente a la ciudad durante una importante batalla cuando una gran flota de barcos dirigida por Pedro el Cruel es rechazada por una fuerza defensiva mucho menor comandada por Pedro el Ceremonioso usando artillería naval. Durante los casi veinte años de conflicto hay muchas demandas de la monarquía aragonesa para obtener más dinero con el que mantener un estado cada vez más centralizado. La deuda pública aumenta y con ello viene el empobrecimiento, el hambre y las enfermedades.

El sucesor de Pedro el Ceremonioso es su hijo mayor, Juan el Cazador (*Joan el Caçador*), que pierde gran parte del territorio anteriormente ganado por la Corona de Aragón y continúa con la mala gestión financiera. Su hábito de mantener zoológicos con animales exóticos, como leones y rinocerontes, no hace nada por aliviar la situación y en 1391 hay disturbios en la ciudad. Se inician con un pogromo contra los judíos, pero luego se expanden con manifestaciones contra los impuestos y el sistema en general que obligan a un cambio de gobierno y un descenso en los precios de los alimentos. En medio de toda esta contienda, en 1396 el rey Juan se cae de su caballo, según los informes durante un ataque epiléptico, y muere en una caza de más.

De esta manera, el final del siglo XIV es un reto. La recesión ha producido una caída en el nivel de vida y la deuda pública de Barcelona ha aumentado desde alrededor del 40% a mediados de siglo hasta más del 60% en 1403. Esta debilidad es seguida poco después por una serie de quiebras bancarias y devaluaciones de la moneda, y habrá más de diez visitas más de la peste a medida que el siglo XV progresa. Sin embargo los catalanes todavía son fuertes. Su idioma sigue siendo hablado en los puertos del Mediterráneo, y al menos en principio siguen siendo una fuerza poderosa en la Corona de Aragón. Con el hermano menor de Juan, Martín el Humano (*Martí l'Humá*) inicialmente al mando, la corona disfruta de un breve período de relativa paz.

Pero entonces en 1409 el único hijo y heredero del rey Martín, Martín el Joven (*Martí el Jove*) muere. El 31 de mayo del año siguiente el propio rey Martín también muere, algunos dicen que debido a la indigestión después de comer un ganso entero y luego reír descontroladamente con una broma de su bufón favorito. Puede que fuera una broma excelente, pero el desastre amenaza ahora la Casa de Barcelona. El rey Martín no tiene ningún heredero legítimo, y después de un interregno incierto y peligroso, con no menos que seis contendientes, la corona pasa finalmente a Fernando el Justo. Fernando es alto y delgado, y se supone que un hombre paciente, pero también es castellano, nacido lejos del Mediterráneo en Medina del Campo al sur de Valladolid. Pertenece a la dinastía castellana de los Trastámara y definitivamente no es la elección de la mayoría catalana, que en su lugar apoya a Jaime II de Urgel (*Jaume II d'Urgell*), bisnieto de Alfonso el Benigno.

Los partidarios de Jaime II se niegan a aceptar la decisión en favor de Fernando, recurriendo a la insurrección armada durante más de un año. En septiembre de 1413 Fernando hace una visita a la Virgen de Montserrat, ganando fuerza para sitiar y superar con éxito a Jaime el mes siguiente en Balaguer, en la Cataluña oriental. Jaime es enviado a la cárcel de por vida, claro perdedor en una complicada lucha de poder. El dominio del poderoso linaje combinando la Casa de Barcelona y la Corona de Aragón se ha evaporado, y con su pérdida el poder y la influencia se alejan rápidamente de Cataluña hacia el centro de España.

VI

Fernando el Justo empieza bien pero, después de una visita a Barcelona y un último viaje a la Virgen de Montserrat para confesar sus pecados, muere en las cercanías de Igualada a la temprana edad de treinta y cinco años, sólo cuatro después de su coronación. Su sucesor e hijo mayor, Alfonso el Magnánimo, tiene un reinado largo y militarmente espectacular, pero está más interesado en gobernar Nápoles que en la Corona de Aragón o, menos aún, los pendencieros catalanes. Incluso el terremoto de la Candelaria que sacude Barcelona doce años después de su coronación no le interesa en especial, y Cataluña está cada vez más marginada al tiempo que el poder aragonés se centra más en las rivalidades entre Italia y Castilla. Después de su muerte en 1458 sin embargo, los acontecimientos en el este de Iberia aparecen de nuevo en el escenario con peleas entre el futuro rey Juan sin Fe, hermano de Alfonso, y las Cortes catalanas. Los asuntos llegan a un punto crítico cuando una amarga rivalidad entre el rey y el hijo de su primer matrimonio, el príncipe Carlos de Viana, hace tomar posiciones. Muchos catalanes apoyan a Carlos, y la guerra con los partidarios de Juan comienza. Este conflicto, la guerra civil catalana, empieza en 1462 y termina finalmente con el rey Juan atacando con éxito Barcelona con un cerco naval y terrestre que dura desde noviembre 1471 a octubre 1472.

Hasta esta guerra, a pesar de la turbulencia política, y el desafío ocasional causado por eventos naturales como la peste, terremotos, sequías e inundaciones, la vida en el Convento de Santa Clara ha seguido una estricta rutina diaria. Ahora, sin embargo, sin saberlo a mitad de camino en su existencia, el convento va a experimentar la primera de varias crisis derivadas por desgracia de su estratégica posición. Aunque aparentemente perfectamente protegido bajo las murallas medievales que a finales del siglo XV rodean por completo la creciente ciudad, su vulnerabilidad tanto por tierra como por mar en tiempos de asedio es cada vez más evidente. La pólvora había sido introducida ya en el campo de batalla europeo en la segunda mitad del siglo XIII, más o menos en la época de la fundación del convento, cuando los combatientes musulmanes desplegaron los cañones contra los cristianos en el sur de Iberia. Por lo tanto en el siglo XV una amplia gama de armas está disponible para sitiar un centro urbano, incluyendo potentes bombardas capaces de disparar pesadas bolas de piedra contra las murallas defensivas. El convento se encuentra a pocos metros de la playa, así que, lejos de ser seguro, está directamente en la línea de fuego. Dados los peligros que presentan el rey Juan y sus bombardas, se toma la decisión de abandonar temporalmente el edificio, y las monjas clarisas se dispersan por la ciudad en casas de familias locales.

La capitulación final en el año 1472 se firma en el convento de las hermanas clarisas de Pedralbes, y es seguido por la concesión por parte del rey Juan del perdón general que permite algo así como volver a la normalidad. Pero la ciudad ha quedado económicamente arruinada, y frente a la perspectiva de un conflicto prolongado con Francia, al tratar Juan de recuperar tierras rendidas a cambio de ayuda durante la guerra. A pesar del sombrío escenario político, sin embargo, la vida monástica se restaura, incluso es mejorada, con la finalización del claustro grande en el Convento de Santa Clara en 1482. Pero parece que ha pasado muchísimo tiempo desde la confianza y el optimismo de los primeros fundadores, casi dos siglos y medio antes. A estas alturas ya han pasado tres años de la muerte de Juan, y la coronación de su sucesor Fernando II (1452-1516), cuyo matrimonio con Isabel I de Castilla unirá España y pondrá a Cataluña definitivamente bajo el control castellano. Para finales del siglo XV, con la población de Cataluña cayendo muy por debajo de los trescientos mil, cualquier idea de un Imperio catalán es algo de los fantasmas del glorioso pasado.

VII

Las monjas clarisas llevan una vida de estricta penitencia, trabajo y contemplación, sin posesiones mundanas. Santa Clara, siguiendo el ejemplo de San Francisco de Asís, se inspira en una idea: el privilegio de la pobreza absoluta. Pero no es faltar a la verdad, sin embargo, pensar que en Barcelona y Pedralbes estas "pobres" clarisas son consideradas un poco pijas. Muchas de ellas son de familias nobles y con conexiones con la realeza, y su reputación de élite se ve reforzada por la ropa negra que visten. El tinte negro es caro en estos tiempos medievales, y sienta bien, a diferencia de las monótonas prendas de color gris o marrón que tradicionalmente lucen las monjas franciscanas.

La razón aparente de su apariencia muy poca franciscana es que, cuando Santa Clara fundó por primera vez su comunidad a principios del siglo XIII, el papa inicialmente la situó dentro de la orden benedictina, cuyos monjes eran conocidos por llevar hábitos negros (o si son cistercienses benedictinos escapularios negros sobre un hábito blanco). No sólo es el uniforme negro atractivo y con distinción, pero pone de relieve el auténtico origen de las monjas clarisas y sus conexiones directas con la vida de Santa Clara de Asís.

El control castellano en aumento sobre los asuntos catalanes trae sin embargo consigo un clima religioso más estricto. La Inquisición española llega a Barcelona en 1487, erradicando a los judíos y conversos e infligiendo en el proceso un daño aún mayor a la salud comercial de la ciudad. También están lo que parecen ser intentos de tener a las monjas clarisas de Barcelona bajo una rienda más estricta. En febrero de 1494 el Convento de Santa Clara es visitado por dos sacerdotes franciscanos enviados por Isabel y Fernando. Hay quejas acerca de la naturaleza no franciscana, y por lo tanto inapropiada, de los hábitos de las monjas. Los sacerdotes, Juan Daza de Jaén y Miguel Fenals de Mallorca, son vistos por los ojos de la abadesa y sus colegas como extranjeros no deseados interfiriendo en sus asuntos. Una larga confrontación comienza con las monjas que apelan directamente a Roma y termina en 1513 con ellas finalmente logrando un acuerdo del papa para transferir la orden de franciscana a benedictina. A pesar de las vigorosas apelaciones de los franciscanos españoles, sin duda ofendidos por los argumentos exitosos de la resistencia femenina, las reglas del papa prevalecen y las monjas se salen con la suya.

VIII

La Viajera está cada vez más incómoda con el tiempo humano. Parece haber solo un problema auto infligido tras otro. ¿Por qué está Alfonso el Magnánimo de Aragón tan obsesionado con reinar en Nápoles? ¿Y por qué es tan importante el color del hábito de las monjas? Hubiera sido más divertido seguir a los osos pardos durante su migración hacia el oeste de Asia en el Pleistoceno. Así que comienza a avanzar rápidamente. Efectivamente, más conflictos. De 1640 a 1659 la guerra de los Segadores o *Revolta Catalunya* trae más miseria a los catalanes al rebelarse contra la monarquía castellana, ahora sumida en una larga lucha con Francia durante la guerra de los Treinta Años.

Hay todavía más problemas casi treinta años después, cuando se toma una decisión paneuropea para frenar las excesivas ambiciones territoriales de Luis XIV, el rey Sol. Una gran alianza incluyendo los ejércitos holandés, inglés, español y alemán instiga la guerra de los Nueve Años. Dada la naturaleza del objetivo, la mayor parte de los combates se concentran alrededor de las fronteras francesas, especialmente en forma de grandes asedios a las ciudades. Por lo tanto, una vez más Cataluña y el Convento de Santa Clara se encuentran en un punto caliente, geográficamente estratégico e incapaz de defenderse eficazmente. Hay repetidos ataques sobre Barcelona y de nuevo se abandona el convento de las monjas clarisas. En una gran ofensiva los franceses invaden desde el noreste, tomando Roses en 1693, Girona en 1694 y finalmente Barcelona en 1697 durante la última batalla importante de la guerra. Esta vez el tratado del fin de la guerra muestra a los franceses de acuerdo en retirarse, devolviendo Cataluña a la monarquía española en Madrid, justo a tiempo para la próxima pelea: la guerra de Sucesión española (1701-1714). En este caso, España se une con Francia contra la Gran Alianza en el norte. Esto, para el Convento de Santa Clara, va a ser "el premio gordo".

IX

Barcelona está una vez más en la línea de fuego, incluso más que antes, situada peligrosamente en el centro de la política y la ambición europea. Inicialmente, después de intensas negociaciones, el ayuntamiento ofrece apoyo al borbón Felipe V y su pretensión a la corona española. Un primer ataque en Barcelona en 1704 es rechazado, pero en el verano de 1705 un formidable ejército de tropas holandesas e inglesas de la Gran Alianza y dirigido por Lord Peterborough, en apoyo del archiduque Carlos de Austria, navega hacia Barcelona. El desembarco de soldados para rodear y sitiar a los defensores produce una dura lucha que resulta en un asalto exitoso a la fortaleza de la colina de Montjuïc. El control de esta posición clave permite una mayor ofensiva bombardeando la ciudad hasta que la resistencia borbónica es finalmente superada, y los aliados entran en Barcelona en octubre de 1705.

Un fuerte contra-ataque franco-español en la primavera siguiente casi tiene éxito, pero se abandona con la llegada de refuerzos navales ingleses. En noviembre de ese año los catalanes cambian de bando, rompiendo su juramento a Felipe y prometiendo lealtad a Carlos, que establece su residencia oficial en la ciudad. Carlos se queda en Barcelona hasta 1711 cuando regresa a Austria para ser proclamado Santo Emperador Romano, dejando a su esposa la emperatriz Isabel todavía en la residencia oficial.

El apoyo aliado para Cataluña, sin embargo, no va a durar y se desmorona como le ocurre al futuro del Convento de Santa Clara. El Tratado de Utrecht en 1713 reparte las posesiones en el exterior de España para el gran beneficio del Sacro Imperio romano, la recientemente unida Gran Bretaña y Portugal, con una concesión menor que deja a los catalanes con sus propios recursos y, por tanto, sin defensa para ser absorbidos por el rey de España. A finales de la primavera de 1713 las tropas aliadas han abandonado la ciudad, seguidas poco después por la emperatriz Isabel. La Pérfida Albión ha accedido a abandonar Cataluña, Mallorca e Ibiza, pero en el proceso gana Menorca y Gibraltar, así como concesiones extranjeras en el Nuevo Mundo.

X

El ejército borbónico vengador llega a las afueras de Barcelona en el verano de 1713, dirigido por Restaino Cantelmo-Stuart y Brancia, octavo duque de Pópoli, tercer príncipe de Pettorano, grande de España, patricio napolitano y actualmente capitán general de Cataluña. Pópoli ya ha demostrado su actitud sin contemplaciones frente a cualquier resistencia por parte del ejército rebelde al colgar prisioneros catalanes después de una escaramuza en la costa en Torredembarra, poco más de una semana antes. Ya en sus sesentas, hace ocho años que formó parte de la fallida defensa de Barcelona contra la Gran Alianza, y no ha olvidado la humillación de la capitulación el 9 de octubre 1705 frente a las tropas leales al austriaco archiduque Carlos. Ni tampoco ha perdonado la confiscación de sus tierras y poder como noble napolitano, cuando las tropas austriacas invadieron el reino de Nápoles en 1707. Esta vez, él, Restaino Cantelmo-Stuart y Brancia, duque de Pópoli, es el que exige la capitulación.

Las tropas españolas están estacionadas a las afueras de la artillería enemiga e inmediatamente comienzan la construcción de un largo cordón defensivo en forma de zanja con barricadas diseñada para aislar la ciudad. Se envía una carta a los defensores ofreciendo el perdón del rey si se entregan, o ninguna piedad si se elige continuar la inútil resistencia. Es una cuestión sencilla, y los líderes catalanes eligen la resistencia. Su comandante, el general Antonio de Villarroel, es a todas luces un hombre notable. Un informe posterior del teniente coronel Joaquín de la Llave y García sobre su actuación le alaba sin límites: "Está bastante claro que don Antonio de Villarroel combinaba una impresionante energía, capacidad de mando e inteligencia que le ha hecho sobresalir entre sus contemporáneos. La defensa de Barcelona, dirigida por él, fue realmente excepcional".

El destino de Antonio de Villarroel guarda una estrecha relación con el de Barcelona. Nacido en la ciudad condal en 1656 como hijo de un oficial gallego del ejército español y madre asturiana, su carrera militar lo lleva a Madrid y luego a Ceuta desde donde es enviado a ayudar en la defensa de Barcelona durante el asedio en 1697 por el ejército francés, al final de la guerra de los Nueve Años. Villarroel comienza la subsiguiente guerra de Sucesión española luchando para el ejército borbónico de Felipe V, primero en Italia y después en el este de España, bajo la dirección del duque de Orleans, participando en los asedios de Lleida (1707) y Tortosa (1708). Para entonces ascendido a general, la progresión de su carrera cambia de manera espectacular cuando el ambicioso duque de Orleans y el general inglés James Stanhope traman un complot contra Felipe V, según los informes, con el plan de dividir España entre la Corona de Castilla (para Orleans) y la Corona de Aragón (para Carlos de Austria). La trama sin embargo se descubre antes de que Felipe pueda ser derrocado, y Villarroel, implicado como leal al duque de Orleans, es exiliado a Galicia en 1709.

Los eventos son cada vez más confusos cuando el ejército de Carlos toma con éxito Madrid en 1710 y Felipe se ve obligado a huir. Villarroel ofrece su apoyo al comandante borbón, pero no consigue ganar su confianza y cambia de lado para convertirse en teniente mariscal del ejército austríaco. Bajo la amenaza de refuerzos franceses los hombres de Carlos se retiran de Madrid en diciembre soportando una larga y ensangrentada marcha de regreso al este durante la cual Villarroel se distingue como buen soldado, pero finalmente es hecho prisionero al final del mes. Un año más tarde es liberado en un intercambio de prisioneros y, tras más de un año después de formular una petición y hacer una visita personal a Viena, es readmitido en el ejército austríaco a principios de 1713 solo para recibir noticias sobre el Tratado de Utrecht y el abandono de Cataluña por la Gran Alianza.

Para entonces las tropas borbónicas están volviendo a tomar la mayor parte de Cataluña, encendiendo un foco de resistencia radical en Barcelona. Villarroel acepta la oferta de comandar la defensa de la ciudad a pesar de ser consciente del alto nivel de discordia que hay en el ayuntamiento en cuanto a rendirse o no. La Viajera está fascinada por este hombre, al observar su expresión impasible mientras se compromete a asumir lo que desde una perspectiva profesional militar parece una tarea casi imposible.

XI

En la desesperación del momento, la junta de gobierno de Barcelona decide sorprender a las tropas borbónicas enviando una fuerza de asalto por barco, desembarcando detrás de las líneas enemigas para conseguir el apoyo del campo catalán y atacando desde la retaguardia. La aventura está mal organizada y deja a la ciudad mucho peor que antes. Sin embargo, tampoco Pópoli tiene mucho éxito con el bloqueo castellano. Las eficaces tácticas de defensa de Villarroel, respaldadas por las frecuentes incursiones nocturnas atacando las tropas castellanas, agotadas por la combinación del arduo trabajo físico y frustrantes escaramuzas durante el duro invierno de 1713, están manteniendo a raya al enemigo.

Pópoli, sorprendido por la intransigencia de los defensores y la inteligencia de su mando que se niega a exponer a las tropas defensoras para abrir la batalla durante el día, se ve obligado a esperar durante meses mientras se organiza un ejército de refuerzo en su mayoría de tropas francesas. Estas llegan a finales de la primavera de 1714, cuando Pópoli es relevado de su mando por el duque de Berwick, James Fitz-James, hijo bastardo del duque de York. La llegada de Berwick, con decenas de miles de tropas bien suministradas, no es una buena noticia para los catalanes. El bastardo es un comandante militar experimentado y despiadado que siete años antes ya ganó la batalla de Almansa, la batalla ibérica más decisiva en la guerra.

Con los concejales de la ciudad aun resistiendo, buscando una solución política a la crisis, cualquier iniciativa hacia la rendición es rechazada por los radicales en control. Esta obstinada negativa a aceptar la derrota culmina en una votación del consejo de guerra el 16 de mayo para continuar la lucha "hasta la última gota de sangre", una posición extremista no compartida por Villarroel. A pesar de mucho debate y apretones de manos entre la Gran Alianza, las opciones políticas para poner fin al estado de sitio se acaban a medida que los hombres de Berwick inician la construcción de una compleja red de zanjas de ataque y de suministro fuera de la muralla noreste de la ciudad, entre los baluartes de Santa Clara y el Portal Nou.

El trabajo avanza inexorablemente durante julio y agosto, a pesar de la pérdida diaria de hombres por disparos de francotiradores, los bombardeos de la artillería, y las salidas sorpresa de defensores de la ciudad que tratan de retrasar la invasión del sistema de trincheras. Con las tropas enemigas ahora tan a mano, la amenaza inminente para el Convento de Santa Clara y sus habitantes es más que evidente. El 23 de julio las reliquias de las fundadoras Santa Agnès y Santa Clara son movidas de sus tumbas y llevadas fuera del convento para su custodia, con el sonido del canto litúrgico mezclado con el del cañón enemigo.

Para agosto la proximidad de la línea de trincheras está permitiendo a Berwick dirigir el fuego de corto alcance de la artillería hacia las murallas. Un colapso importante en el bastión de Santa Clara obliga a los hombres de Villarroel a construir una línea de defensa secundaria. Berwick está dispuesto a completar el trabajo, frustrado por la continua defensa bien coordinada desde el interior de la ciudad, y ordena un importante asalto que comienza el 12 de agosto. Después de una serie de ataques y contra-ataques, acompañados de al menos una gran explosión en la madrugada al encenderse por el fuego de un rifle las reservas de pólvora, los combates con bayoneta se concentran alrededor de la Torre de Sant Joan, y las tropas atacantes son finalmente enviadas de nuevo a su posiciones originales. Berwick está perdiendo demasiados hombres, miles de ellos. En la ira, amargura y falta de contención que acompaña a una guerra total, más de cien cañones son utilizados para destruir finalmente lo que queda de las murallas al este de la ciudad.

A principios de septiembre con las murallas en ruinas Berwick envía un ultimátum: rendirse o sufrir un ataque con consecuencias inimaginables. Esta vez Villarroel está totalmente convencido de que ya basta y cualquier resistencia continuada es simplemente suicida, pero no es la primera vez que es anulado por los Consejeros. No habrá rendición.

Y así sucede. El ataque definitivo sobre Barcelona comienza temprano en la mañana del 11 de septiembre con una descarga de artillería seguida inmediatamente por una carga de miles de soldados que invaden la ciudad. Furiosos contra-ataques continúan siendo organizados por los cientos de defensores que aún pueden plantar cara a los invasores, pero no hay ninguna esperanza para ellos. La Viajera es testigo de escenas de brutalidad indescriptible en este final frenético de la guerra de Sucesión española. Con la mayoría de los jugadores clave dentro de la ciudad ya sea muertos o heridos, la capitulación es inevitable. El esplendor gótico del Convento de Santa Clara se reduce a escombros. La Torre de Sant Joan sobrevive, dañada, pero lo suficientemente intacta para ser reparada y utilizada para encarcelar a disidentes políticos catalanes bajo el estricto poder borbón subsiguiente hasta su demolición definitiva en 1868. El 11 de septiembre se convierte en el Día Nacional de Cataluña, la *Diada Nacional de Catalunya,* una meditación sobre la gloria de la obstinada, sangrienta y total derrota.

XII

La venganza precisa se deja en manos de Felipe, rey de un país arruinado y humillado. Villarroel es recompensado por sus esfuerzos como soldado profesional en la defensa de Barcelona con su encarcelamiento en el castillo de Alicante y finalmente su muerte como un inválido en una prisión de Galicia que se inunda en cada marea alta. Mientras tanto, de nuevo en control de lo que queda de Barcelona el rey español disuelve el aparato político catalán y militariza la ciudad, construyendo una gran fortaleza, la Ciutadella, en el lugar donde una vez había estado el Convento de Santa Clara. La ley y el idioma catalán se suprimen bajo un estado castellano estrictamente centralizado. El sometimiento político hace a los principales edificios administrativos redundantes y, en 1718, tomando ventaja de esto, Felipe da permiso a las monjas clarisas para ser reubicadas en el Palau Reial, en el corazón romano y medieval de la ciudad. Una vez dentro amplían el antiguo edificio y convierten el Saló del Tinell del siglo XIV en una iglesia. Uno de los edificios más históricos de Barcelona es ahora propiedad de las monjas de clausura, con acceso denegado a los de fuera.

Las clarisas ocupan el Palau Reial de manera continuada durante tres siglos hasta la víspera de otra gran revolución social, la Guerra Civil española. Una vez más, las monjas deciden moverse ante la amenaza militar, vendiendo su convento palaciego de nuevo al gobierno catalán en 1936 (según los informes por 900.000 pesetas) y emigran a Italia. Después de la Guerra Civil el edificio es restaurado a su antigua gloria, el olvidado Saló del Tinell redescubierto, y una de las grandes obras de Pedro el Ceremonioso y sus arquitectos es nuevamente abierta al público.

Mientras tanto las monjas vuelven a España y encuentran alojamiento en la calle de Copèrnic, en la periferia norte de la ciudad, cerca de la falla del *Pla* de Barcelona, en los niveles superiores del piedemonte. Sin embargo no se establecen ahí, y en 1947 se trasladan a Ripollet al otro lado de la sierra de Collserola. En 1952 están incluso más lejos de la ciudad, viviendo en la antigua abadía benedictina de Santa Cecilia de Montserrat. Por último, habitan el nuevo convento benedictino de Sant Benet, aún en el entorno montañoso de Montserrat, siete siglos retiradas desde los primeros días de sus precursoras en las orillas de la Barcelona medieval.

Sólo unos pocos fragmentos del Convento de Santa Clara se conservan en tiempos modernos. Un retablo encuentra su camino a la Iglesia de Sant Vicenç de Sarrià en el norte de Barcelona. Fragmentos rotos y piezas del delicadamente esculpido claustro gótico se encuentran en el Museo Marès, junto a la Catedral de Barcelona. El portal de la iglesia del siglo XVIII de Santa Clara en el Palau Reial forma ahora la entrada de este mismo museo. Está también el dañado grabado en piedra de la tumba de la abadesa Agnès de Peranda en el cercano Museo de Historia de la Ciudad, y los ecos del perdido convento persiguen la pequeña calle llamada Baixada de Santa Clara.

Notas

2. I. El destino de Canela es en miniatura el mismo que el de miles de especies, subespecies y variedades de formas de vida en la Tierra que han estado o están en proceso de ser extinguidas, debido a la proliferación de la especie humana en el tiempo del Holoceno. Para una visión general de esta realidad en la historia de la Tierra véase el libro de Elizabeth Kolbert *The Sixth Extinction*. Desde un punto de vista geológico es probable que la presencia de esta extinción masiva en el Holoceno sea en el futuro el marcador en el registro rocoso más obvio de la aparición de nuestra especie en el planeta.

2. II. Jaime el Conquistador es en gran medida un héroe catalán, no sólo por su exitosa expansión de "Los Países Catalanes", sino también por su enérgica promoción de la lengua. Tiene el honor de una estación de metro que lleva su nombre (Jaume I: línea 4), cuya entrada se sitúa en el extremo opuesto de la calle Argenteria desde la Iglesia de Santa María del Mar. El historiador del siglo XX Alberto Boscolo ha escrito un ensayo sobre la expansión catalana en el Mediterráneo que ha sido resumido y revisado en la Web por Jeff Matthews. Matthews señala que aunque muchas personas nunca han oído hablar de la Corona de Aragón (a diferencia por ejemplo de las ciudades-estado de Génova, Pisa y Venecia), los catalanes y aragoneses jugaron un papel muy importante en el comercio y el poder medieval en el Mediterráneo.

2. III. Las aventuras en el siglo XIV de los soldados mercenarios catalanes dirigidos por Roger de Flor en Europa del Este son una lectura curiosa. Conocida como la Compañía Catalana del Este estuvieron inicialmente (en 1303) involucrados en la campaña de los bizantinos contra los turcos. Sin embargo, su violenta falta de disciplina, combinada con la ambición de usurpación de tierras de de Flor, condujo a un conflicto con el emperador bizantino. De Flor murió en la lucha que siguió, pero el resto de la Compañía logró sobrevivir pasando a Grecia donde gobernaron casi hasta el final del siglo.

2. IV. Horribles detalles acerca de la transmisión de la peste bubónica están explicados en el Octavo Cuento.

2. V. La broma que supuestamente mató al rey Martín fue hecha por el bufón Borra. John Doran, en su *The History of Court Fools*, relata cómo el bufón entró en la habitación mientras el rey yacía en la cama gimiendo por la indigestión tras comer un ganso. Cuando el rey preguntó dónde

había estado el bufón Borra respondió "fuera en la siguiente viña, donde he visto un joven ciervo colgando de su cola en un árbol, como si alguien lo hubiese castigado por robar higos". Es posible que algo se haya perdido en la traducción.

2. VI. Los Reyes Católicos Isabel y Fernando completaron la *Reconquista* cristiana tomando el último resto del reino musulmán de Granada en 1492. Este fue el año en que bajo su financiación Colón llegó a América y comenzó la colonización que financiaría la transformación de España en una gran potencia mundial. El rey y la reina también introdujeron la Inquisición en España y expulsaron a todos los judíos del país.

2. VII. Santa Clara nació en Asís a finales del siglo XII d. C., se inspiró escuchando la predicación de San Francisco, y llegó a dirigir una orden de monjas de clausura que siguieron una vida de pobreza inflexible. En sus últimos días, demasiado enferma para moverse de la cama, se dice era capaz de ver la misa en la pared de su habitación y así en 1958 el papa Pío XII la proclamó Santa Patrona de la televisión.

2. VIII. El conflicto de la guerra de los Segadores entre Barcelona y Madrid es el tema de la canción *Els Segadors*, que exhorta el uso de hoces para ahuyentar a los enemigos arrogantes y deshacerse de las cadenas de la opresión. El 25 de febrero de 1993, en un acto del parlamento catalán fue declarada himno nacional oficial catalán.

2. IX. El tratamiento a los catalanes por parte de sus aliados británicos es una lectura incómoda. En 1713 el Secretario de Estado de Asuntos Exteriores de Gran Bretaña, Henry St John Bolingbroke, proclamó que "no está en el interés de Inglaterra preservar las libertades catalanas".

2. X-XI. El increíble personaje de Antonio de Villarroel, luchando primero con los castellanos y más tarde con los catalanes, aparece como figura central en la popular novela histórica *Victus* de Albert Sánchez Piñol. Esta novela está disponible en catalán, castellano e inglés y es una lectura útil para aquellos que deseen comprender la guerra de Sucesión española desde un punto de vista nacionalista catalán y, en particular, el horrible desenlace final en Barcelona en el verano de 1714.

2. XII. El lugar para ver fragmentos que han perdurado del Convento de Santa Clara es el sótano del Museo Marès. Una experiencia igualmente inquietante es visitar el lago del parque de la Ciutadella, donde el convento estuvo una vez. Ya no queda nada: la historia ha sido borrada.

3

UNA GOTA FRÍA EN LA PEQUEÑA EDAD DE HIELO

El Arc de Triomf de estilo Neo-Mudéjar de finales del siglo XIX, justo fuera de los límites de la muralla de la ciudad antigua, está construido en la cabecera de un gran abanico aluvial producido por sucesivas inundaciones.

3

UNA GOTA FRÍA EN LA PEQUEÑA EDAD DE HIELO

I

La tremenda tormenta que descargó durante la tarde y noche del 5 de septiembre de 1389 llegará a ser conocida por causar la primera inundación catastrófica de Barcelona en el registro histórico. Durante alrededor de tres horas el suelo del piedemonte de la sierra de Collserola y el *Pla* que baja al mar es empapado por la lluvia torrencial. El agua vierte por la docena de arroyos normalmente secos conocidos como *rieras* o *torrentes* que drenan las colinas detrás de la ciudad, cada estrecho valle tiene un flujo tan fuerte que limpia el lecho de la corriente de los detritos acumulados durante el verano. Los árboles son arrancados, los viñedos destruidos, y las riberas socavadas y erosionadas hasta aflorar la roca madre, piezas angulares de la cual son arrancadas y mezcladas con guijarros y otros bloques que fluyen hacia la ciudad y el mar. Las aguas furiosas congestionan los valles de Sant Gervasi y Vallcarca, confluyendo en la zona donde en tiempos modernos estará la estación del ferrocarril subterráneo de Gràcia. A partir de este punto las fuerzas combinadas de los dos torrentes convergen para formar la riera d'en Malla y se precipitan a continuación hacia la ciudad medieval.

Fluyendo ladera abajo a velocidades superiores a tres metros por segundo, la ola de crecida tarda sólo unos minutos en alcanzar el perímetro amurallado de Barcelona en el Portal de Sant Sever (Puerta de San Severo). La zona que luego será la Plaça de Catalunya, al final de la línea de ferrocarril dos paradas después de Gràcia, está en el siglo XIV al aire libre en las afueras de la ciudad. Acompañados por masas de agua y desechos de otras corrientes (la riera de la Creu d'en Malla, el torrent de l'Olla, el torrent d'en Vidalet, el torrent de Pecat, el torrent d'en Mariner), todas dirigiéndose hacia las paredes defensivas de la muralla, los habitantes de la ciudad quedan atrapados entre las laderas inundadas y el mar, y parecen de pronto estar viviendo en una isla atacada por los elementos.

II

Siendo un centro urbano medieval fortificado, Barcelona es geográficamente curiosa porque las murallas del norte están en realidad en un terreno más elevado que la ciudad, siguiendo la línea de un acantilado bajo que termina repentinamente la suave pendiente del *Pla* bajando desde las colinas detrás. Esto tiene sentido en términos de defensa militar, pero no en términos de defensa contra inundaciones repentinas. Con su curso natural obstaculizado por el hombre medieval, el exceso de agua sube a niveles peligrosamente altos contra la muralla norte y se producen escenas caóticas alrededor de las puertas principales.

El peligro ha sido, sin saberlo, exacerbado por las nuevas obras de edificación resultantes de los planes del rey Pedro el Ceremonioso y el ayuntamiento local para incluir la zona oeste del Raval en el centro urbano. Como respuesta a los tiempos de guerra la nueva muralla había sido planeada con las mejores intenciones, pero expone Barcelona a un mayor conflicto con la naturaleza. Nunca más puede el agua de la riera d'en Malla discurrir fácilmente más allá de la ciudad sin obstáculos por el lado occidental de la muralla construida en el siglo anterior por Jaime el Conquistador. Este es el curso natural del río conocido como la riera de Santa Anna (y más tarde inmortalizado como la Rambla) y está allí por necesidad geográfica, proporcionando una salida a las inundaciones repentinas mucho antes de que existiera Barcelona. Ahora enfrentadas a paredes de diez metros de altura las riadas se estancan ominosamente contra las torres de piedra circulares que flanquean el Portal de Sant Sever.

Si hay alguien encargado de proteger a los habitantes del extremo oeste de la ciudad, manteniendo la aún inacabada entrada de Sant Sever cerrada e impermeable en tiempos de inundación, no cumple con su deber. La inundación se abre paso y vierte más allá del portal, encontrando por sí misma su curso original que se llena en un instante. El pánico se genera sucesivamente en cada una de las cinco puertas de la ciudad de Santa Anna, Portaferrissa, La Boquería, Trentaclaus y Framenors a medida que el torrente desgarra la muralla del rey Jaime en su camino hacia el mar. Pronto se hace evidente que incluso con esta liberación, la urgencia de la inundación es demasiado grande y la capacidad del canal de la Rambla no es en absoluto suficiente para contener tanta agua.

Subiendo y rompiendo contra el dique del lado oeste, el agua se vierte repentinamente sobre la válvula de seguridad hidrográfica del Raval a menor altitud. Utilizando las calles como canales tributarios, la inundación se extiende en silencio pero rápidamente a través de las parcelas y las grandes extensiones de campos de cultivo y zonas pantanosas que caracterizan esta zona relativamente aun poco desarrollada. Para los pocos desafortunados que han elegido o (más a menudo) se han visto obligados por las circunstancias a vivir en el Raval, en lugares como los alrededores del hospital de San Lázaro o por debajo del antiguo Monasterio de Sant Pau del Camp, se avecina una noche terrible. Más vulnerables aún son las calles situadas cerca y más abajo de los diques de la Rambla. Es particularmente grave el daño y el colapso de edificios en la calle Xuclà, una zona de reciente construcción situada justo al norte del mercado abierto de la Boqueria. Esta es una de las zonas más pobres de la ciudad, y hay muchas historias no escritas de pérdida y destrucción.

III

Otro foco de amenaza fluvial a lo largo de la muralla norte se desarrolla en el Portal dels Orbs (Puerta de los Ciegos), una de las principales entradas a la ciudad vieja. Esta puerta cambiará después su nombre al Portal de l'Àngel (Puerta del Angel), después de la milagrosa aparición de un ángel de la guarda a San Vicente Ferrer. Por desgracia, el ángel no aparece por ninguna parte esta noche del 1389 y por lo tanto nada puede detener el flujo atrapado que va ganando un poder aún mayor a medida que el exceso de agua desviado de la cargada riera d'en Malla, se fusiona con el torrent de l'Olla que baja por la colina del Carmel.

La llegada de sucesivas crecidas de las diferentes corrientes y sus afluentes da poco tiempo para reaccionar. Como Raval, esta es también una parte de Barcelona habitada principalmente por personas muy pobres, muchos de los cuales en este caso son ciegos y viven en chozas improvisadas junto a las murallas de la ciudad, contando con limosnas para sobrevivir. El terror al diluvio es palpable a medida que el agua se desborda por estas barriadas periféricas y baja calles abajo. Dentro de la muralla, un punto importante es la calle Orbs, donde los edificios que albergan personas ciegas colapsan bajo la presión de la inundación.

Es a lo largo del lado oriental de la ciudad sin embargo donde el poder destructivo de esta inundación va a quedar mejor preservado para las generaciones futuras. En este punto, centrado en la zona cercana al Portal Nou y la Iglesia de Sant Pere, los flujos combinados de aguas de no menos que cinco rieras convergen. Cargadas con piedras de río desde guijarros a rocas, las aguas inundan abrumadoramente el acueducto conocido como el Rec Comtal (Canal del Conde), bajando en cascada por la línea del acantilado y girando alrededor del bastión noreste de la ciudad. Un daño inmenso se inflige sobre el canal, fuente críticamente importante de agua y energía para la población. A partir de aquí el abanico de agua fluye hacia el sudeste a través de la llanura costera, ya no tan limitado por la construcción humana. Con esta mayor libertad de espacio para fluir se produce un descanso rápido de la velocidad y la fuerza de transporte, por lo que gran parte de su carga sólida se deposita antes de que las aguas finalmente agotadas desemboquen en el mar, vertiendo grandes masas de detritos fluviales contra las murallas al este de la ciudad y en toda la llanura costera.

Por la mañana la vista hacia el este sobre la llanura costera desde la Torre de Sant Joan es asombrosa. Prácticamente no queda nada de los muelles y barcos, los edificios improvisados y otros signos de vida humana que existían el día anterior. Sólo la arena y las piedras están ahí, un nuevo depósito sedimentario que ha enterrado el pasado y eleva el nivel del suelo del abanico a nuevas alturas contra la muralla defensiva. Tiene la forma de una mano extendida, un abanico gigante de sedimentos frescos que cubre el dañado acueducto y que extiende sus dedos conglomeráticos al sur y este más de un kilómetro hasta la playa de arena. Esto es geología en acción. Por eso los geólogos piensan comúnmente en términos de "eventos" repentinos que marcan el equilibrio de cada día: terremotos, volcanes y tormentas, todos ellos alteran el paisaje en un instante. Es sorprendente ver cómo la normalidad del día anterior ha sido arrasada por la tormenta. Llevará doce largos días de duro trabajo reparar el acueducto, reiniciar los molinos de agua, llevar comida una vez más a la ciudad, contener las quejas y disturbios, y dejar que el proceso de recuperación siga su curso.

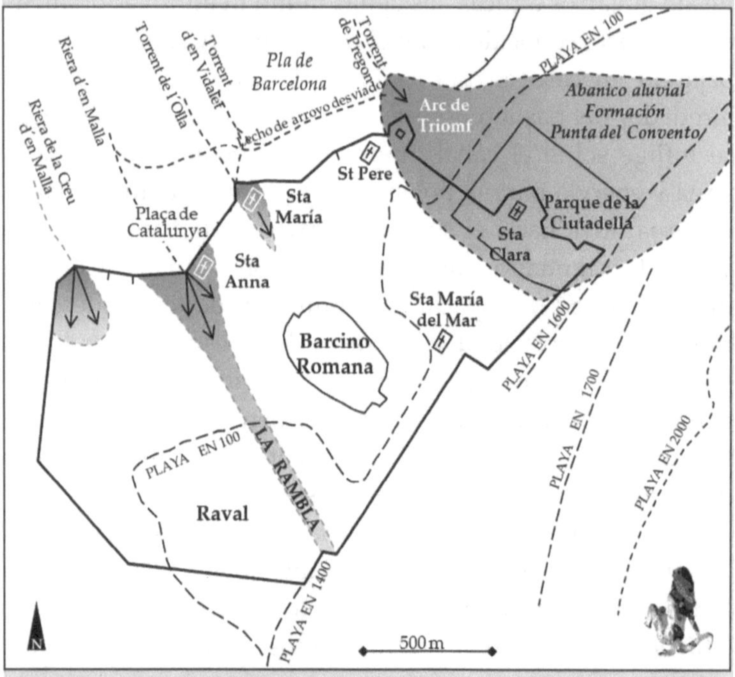

Mapa mostrando la distribución del sedimento aluvial (en gris) depositado en la zona baja que se convirtió en la ciudad medieval. El más prominente de estos abanicos, honrado con el título geológico de Formación Punta del Convento, fue amplificado por la construcción de las murallas defensivas medievales, cuando varios arroyos (rieras o torrentes) se desviaron para converger en un punto. Se muestran también como áreas sombreadas otros abanicos y conos aluviales más pequeños mencionados en el texto incluyendo la Rambla. Nótese la posición aproximada de la playa en la época romana cuando Barcino fue construida en una pequeña, ligeramente elevada península protegida de estas inundaciones repentinas, así como de ataques hostiles por tierra. Desde entonces la playa ha ido moviéndose progresivamente hacia el mar. Las localidades y edificios son los mencionados en el texto.

IV

Las arenas y gravas depositadas por generaciones de inundaciones repentinas que fluyen más allá de las murallas de la ciudad son una fuente constante de molestia y preocupación para los habitantes de la ciudad. Son una molestia ya que bloquean regularmente las distintas rutas que conducen a las puertas de la ciudad, y una preocupación porque en tiempos de guerra cualquier acumulación de detritos sedimentarios contra las murallas las hace más vulnerables a los ataques. Tal fue el caso en 1714: no es casualidad que el duque James Fitzjames eligiera la muralla oriental que protege el Convento de Santa Clara y el Portal Nou para ser el foco de su ataque. Aquí no sólo habían sido dañadas las defensas de la ciudad durante las muchas batallas previamente infligidas a Barcelona, pero los efectos geológicos de la deposición de arena y grava durante más de tres siglos de tormentas habían dejado su huella. Los metros de sedimentos que habían sido apilados contra las murallas, las hace un poco menos eficaces cada año que pasa. La geología en este caso favoreció al invasor.

Muchos años más tarde los depósitos sedimentarios dejados por las sucesivas inundaciones de rieras en este lado oriental de la ciudad, junto al desaparecido Convento de Santa Clara, se harán famosos teniendo su propio nombre: la "Formación Punta del Convento". El tamaño, profundidad y la forma del cono de deyección de esta formación se describen en un estudio clásico de geología urbana de Barcelona escrito por dos geólogos locales, Oriol Riba i Arderiu y Ferran Colombo i Piñol.

Si cavas una zanja debajo del nivel del suelo bajo el Arc de Triomf en la ciudad moderna expondrás las arenas gris-marrón-rojizo, gravas y arcillas de la Formación Punta del Convento. Esta unidad sedimentaria, en algunos lugares de más de diez metros de espesor, está crudamente estratificada, con cada capa representando un evento geológico. Todas y cada una de las riadas deja su marca, barriendo inicialmente parte de las pruebas de los eventos anteriores antes de aportar su propia contribución al registro sedimentario. Después de la inundación de 1389 se registrarán más inundaciones en el próximo siglo -1402, 1427, 1447, 1449, 1450, 1459- y el siguiente -1542, 1578, 1581, 1591- y el siguiente -1605, 1617, 1643, 1644, 1678- y el siguiente -1740, 1754, 1777- y sobre todo en el próximo -1803, 1807, 1840, 1842, 1844, 1846, 1850, 1853 y 1854. Riba y Colombo calculan que en promedio se producen inundaciones catastróficas en el área de Barcelona una vez cada trece o catorce años, y mientras las murallas medievales estén ahí para bloquear las aguas en cada una de estas inundaciones desviarán su carga de piedras sobre las zonas costeras a ambos lados de la ciudad.

V

Así hasta que los muros medievales son demolidos en 1859 se le niega un mayor crecimiento a la Formación Punta del Convento. En su lugar, es incorporada en la nueva expansión urbana, sepultada debajo de asfalto y hormigón, y sus piedras perdidas para el mundo de la superficie. Con la construcción de las murallas y el desvío de las aguas de las rieras alrededor de la ciudad, los seres humanos en primer lugar producen, sin saberlo, un magnífico abanico aluvial de detritos de inundación. Luego, al demoler posteriormente las murallas y desarrollar nuevos suburbios y sistemas de drenaje subterráneos, la deposición fluvial termina abruptamente y, como todas las unidades sedimentarias a lo largo de la historia de la Tierra, la Formación Punta del Convento termina su historia. Sin embargo todavía está allí, enterrada bajo la ciudad.

En los tiempos modernos la formación yace congelada en el paisaje como una forma de relieve sutil pero distintiva, como una larga loma elevándose lentamente para formar la gran pasarela del paseo Lluís Companys que baja desde el

Arc de Triomf hacia el parque de la Ciutadella. Es inusual, piensa la Viajera, con sus coordenadas aun centradas en la Torre de Sant Joan, encontrar un ejemplo tan clásico de un depósito geológico realzado antropogénicamente. No todo el mundo se entusiasma con un montón de piedras, pero ella es geóloga y ve las cosas de manera diferente.

VI

La interferencia humana en la sedimentología de las rieras que convergen en Barcelona, bloqueando su salida al mar, había durado desde el siglo XIII hasta el siglo XIX. Este es, pues, un experimento geológico que duró menos de seiscientos años. Teniendo en cuenta este intervalo de tiempo uno necesita acumular grava, arena y lodo a una tasa media de entre uno y dos centímetros por año para crear un depósito sedimentario de diez metros de espesor, tal como el que se ve en algunas zonas de la Formación Punta del Convento. Pero este no es un cálculo especialmente útil porque gran parte de la deposición de sedimentos se produce durante eventos repentinos de corta duración. Por lo tanto aquí la sedimentología fluvial se asemeja más a las descripciones de guerras, que incluyen largos períodos de aburrimiento interrumpidos por cortos períodos de terror.

Una inundación extrema arrancará energéticamente restos de por donde pasa, similar al daño causado por los nuevos invasores humanos a las sociedades y especies precedentes. La erosión elimina la evidencia, o al menos la mueve aguas abajo. Mirando los registros que ofrecen las capas de arenas y gravas que forman la Formación Punta del Convento, a uno se le puede perdonar estar más impresionado con la idea de que hay más tiempo ausente que presente. Tiempos durante los que las cosas son normales, cuando los animales se alimentan en la superficie del cono de deyección y el sol brilla, las nubes pasan, y las vides producen repetidamente su fruta de temporada. Tiempos en los que el agua se filtra a través de los aluviones permeables, fomentando reacciones químicas y el lento proceso de litificación que cambia gradualmente a los sedimentos en piedra, y parece que nada esté sucediendo.

Sin embargo, mucho antes de que las murallas defensivas existieran había momentos de tormentas y lluvias intensas, vientos fuertes y granizo, y las inundaciones bajaban por las rieras. Como resultado de estas tormentas pre-medievales, una línea de cuatro conos de deyección yace conservada en la llanura costera por debajo del *Pla* mirando hacia abajo en lo que más tarde se convertirá en Barcelona. De oeste a este, el primero de estos abanicos emerge en la riera de la Creu d'en Malla, que vierte su carga de arena en forma de delta sobre el área alrededor del actual museo MACBA. El segundo marca el largo canal desde la Rambla que baja como la trompa de un elefante por la riera d'en Malla, en lo que hoy es la Plaça de Catalunya, hasta el mar. El tercero es un depósito relativamente pequeño producto del conjunto de flujos de torrent de l'Olla y el torrent d'en Vidalet y sobre el cual está construida la Iglesia de Santa María de Jonqueres. Por último existe el gran Arenal de Llevant, producto del torrent de Pregón y sus afluentes que drenan desde las colinas de les Turons. De manera que los sedimentos de la Formación Punta del Convento se encuentran sobre el más antiguo Arenal de Llevant y representan una continuación del mismo proceso de sedimentación natural, aunque intensificado antropogénicamente por la desviación de la riera alrededor de las murallas medievales.

Es sobre estas arenas y gravas fluviales más antiguas que las murallas laterales de Barcelona fueron construidas durante los siglos XIII y principios del XIV. Por el lado de la pared del Raval se construyeron sobre sedimentos previamente desbordados por las sucesivas inundaciones que afectan a la Rambla: la superficie curva y lisa de la trompa del elefante proporciona el sustrato convenientemente firme para los albañiles. Y en el otro lado de la ciudad el lecho de roca arenosa del cono de deyección del Arenal de Llevant proporcionó la base para la nefasta muralla que va desde el Portal Nou hasta el Convento de Santa Clara. Primero la ciudad fue dada forma por su geología, y luego la geología fue moldeada por la ciudad.

VII

La Viajera por su parte está observando los difíciles años inmediatamente después de 1714 y la construcción forzada de la enorme ciudadela militar (*la Ciutadella*) en el lugar de las ruinas del Convento de Santa Clara. No es un lugar cómodo para estar y decide pasar de la Torre de Sant Joan y explorar un poco más la forma y textura del paisaje urbano de Barcelona. Una ventaja adicional de ser capaz de moverse a través del espacio-tiempo es el hecho de poder ver las rocas que subyacen bajo la ciudad, lo que no es poco para una geóloga. Entrando en el siglo XIX, los signos más evidentes de la opresión borbónica pronto desaparecen ya que tanto la Ciutadella como la Torre de Sant Joan son demolidas, las murallas medievales destruidas, y la moderna ciudad se expande desde su antiguo confinamiento y hacinado núcleo.

La población comienza a disfrutar de un período de rápido crecimiento económico, con la inyección de dinero desde el Caribe y el rejuvenecimiento industrial. En 1888, la ciudad acoge la Exposición Universal (Expo) y la Viajera ve la construcción del Arc de Triomf en la cabecera de las arenas y gravas de la Formación Punta del Convento. La exposición ofrece una nueva oportunidad a los padres de la ciudad para enterrar su historia ya que la zona previamente militar se transforma en el espacio verde del parque de la Ciutadella y un zoológico. La tranquilidad de esta zona verde está muy lejos de la extrema violencia de su pasado y quedan pocas pistas de lo que aquí sucedió menos de dos siglos antes.

Decidida a visitar cada uno de los otros conos de deyección debajo de la antigua ciudad la Viajera desciende desde el Arc de Triomf hacia la Iglesia de Sant Pere de les Puel·les. Se trata de un edificio con una historia tempestuosa, comparable a la de las capas de arena y grava de la Formación Punta del Convento a medida que una tormenta tras otra altera el presente y borra parcialmente el pasado.

La iglesia fue fundada como parte de un convento del siglo X durante el dominio de Sunyer, conde de Barcelona, que fue saqueado cuando Al-Mansur y sus fuerzas musulmanas entraron en la ciudad en 985. Su reconstrucción gloriosa en la Alta Edad Media añadió un claustro gótico a su base románica y el complejo del convento, que para entonces albergaba hasta cincuenta monjas, logrando un estatus importante dentro de la ciudad. El declive sin embargo llega antes del final del siglo XVII, con graves daños durante las guerras en 1697, 1714, y especialmente en un ataque de las fuerzas napoleónicas en 1808, después del cual la iglesia es utilizada como prisión. En 1873 el convento y sus claustros han sido demolidos y sólo los restos de la iglesia permanecen para contar lo que queda de la historia.

Sant Pere está en la parte baja entre dos conos de deyección, con el acueducto del Rec Comtal originalmente justo por delante y los acantilados del *Pla* de Barcelona detrás. La Viajera continua, siguiendo la calle de Sant Pere Mes Alt que sigue la base de la línea del *Pla*. A la derecha el pequeño Passatge de les Manufactures conduce a un tramo de escaleras que da acceso a la superficie del *Pla*: la forma geológica, la geomorfología, de la ciudad puede descubrirse en lugares ocultos como éste.

Pero queda ruta por delante, ya en el siglo XX pasa la obra maestra modernista del Palau de la Música Catalana para alcanzar el siguiente depósito aluvial. Aquí, en la antigua convergencia de los torrentes estacionales de l'Olla y Vidalet, el cono de arena y grava proporciona la base para otra iglesia remanente de un antiguo convento medieval, en este caso el de Santa María de Jonqueres. El destino de Santa María, sin embargo, es aún más radical que el de Sant Pere. Para cuando el Palau de la Música está siendo construido en el año 1905 la iglesia ha desaparecido totalmente, después de haber sido retirada piedra por piedra y reconstruida en otro lugar de Barcelona años antes. Al igual que algunos bloques glaciares erráticos ya no están donde estaban, añadiendo otra confusión a la interpretación de la historia de la ciudad.

Continuando por la calle de Comtal y la de Santa Anna, la Viajera pasa la iglesia y antiguo monasterio del mismo nombre, que anidan en la zona que marca el límite entre el *Pla* de Barcelona y la parte baja de las murallas de la ciudad medieval. En el siglo XV el claustro de Santa Anna ha tenido por necesidad que seguir la línea de este escarpe discreto pero sólido como una roca, colocándola curiosamente en un ángulo de la iglesia adyacente: un caso de como la geología tiene la última palabra sobre la arquitectura. Situado inmediatamente debajo de la Plaça de Catalunya, el claustro se encuentra en el borde de los depósitos de la riera de la Rambla que definen el ligero elevamiento de la superficie de la ciudad hacia el monumento de Colón. Esta larga lengua de sedimentos proporciona un ejemplo clásico de canal de flujo y gradación elevado por encima de su entorno por los sucesivos eventos de depósitos de inundación.

Manteniendo el rumbo la Viajera pasa a través de las calles de Bonsuccés y Elisabets para llegar a la Plaça dels Angels donde el cuarto de los cuatro depósitos principales de riera yace sepultado bajo el construido entorno de la ciudad moderna. Observa la presencia de hasta cuatro metros de limo arenoso de color marrón rojizo y grava que vierten aquí en la parte baja de la salida de la riera de la Creu d'en Malla. Muchos siglos de lluvias están registrados en estos depósitos, siglos de erosión y sedimentación, siglos de repetidos eventos meteorológicos extremos.

VIII

La precipitación media anual en Barcelona es de alrededor de seiscientos milímetros, lo cual no es nada especial, similar a Londres y Beijing, la mitad que Nueva York y Sídney y menos que el promedio mundial de poco más de setecientos milímetros. Al igual que todas las cifras promedio, sin embargo, oculta la realidad de la variabilidad anual y estacional. Durante un año húmedo, como 1951, más de mil milímetros de lluvia pueden caer sobre la ciudad, mientras que el promedio de un año seco puede ser inferior a un tercio de este valor, como ocurrió en 1878. Por otro lado, gran parte de esta lluvia cae a finales de verano y en otoño durante tormentas episódicas. Los españoles tienen una expresión para ello: "la gota fría", derivada de la palabra alemana del siglo XIX *Kaltlufttropfen*. Este término, mal visto por los respetables meteorólogos modernos por ser populista y poco definitorio, proporciona sin embargo un nombre conveniente para las familiares tormentas violentas otoñales del Mediterráneo con granizo, fuertes vientos, daños a los cultivos y extensas inundaciones.

La secuencia típica de eventos comienza cuando un meandro demasiado entusiasta en la corriente del chorro del polo norte empieza a divagar y aísla una gran masa, similar a una burbuja, de aire frío a gran altura. Esta masa se mueve hacia el sur por del océano Atlántico, amenazando Iberia con contrastes inusuales de temperatura. El escenario perfecto para el combate climático es ofrecido por el cálido mar Mediterráneo occidental, la superficie del cual a finales del verano puede estar a más de 25°C, proporcionando una potente fuente de aire cálido y húmedo. La invasión lateral de una de estas masas polares aisladas a gran altura es conocida como DANA (Depresión Aislada en Niveles Altos), y sitúan al este de Iberia aire más frío y pesado por encima del aire más caliente y ligero.

La respuesta a esta anomalía térmica será dramática si la diferencia de temperatura es lo suficientemente grande. El aire caliente marino alcanza rápidamente al aire frío arriba, siendo normales las corrientes ascendentes de diez mil metros que desarrollan enormes nubes tormentosas de cumulonimbos. Se pueden necesitar menos de treinta minutos para que el aire caliente, cargado de humedad, haga el viaje vertical de diez kilómetros hasta el equilibrio en la parte alta de la nube de tormenta. Las células de circulación de aire asociadas con esta inestabilidad atmosférica se alimentan y crecen al absorber más aire caliente y húmedo del mar, creando vientos en tierra que pueden alcanzar fuerza de huracán (más de ciento veinte kilómetros por hora) al nivel del suelo.

La precipitación resultante de la condensación del aire marino enfriado que surge de estas colosales colisiones entre masas atmosféricas opuestas puede ser espectacular, con más de cien milímetros de agua precipitados en un solo día. En casos muy extremos más de ochocientos milímetros pueden caer en un día, como ocurrió en Oliva, Valencia, el 3 de noviembre de 1987. La inundación repentina de Barcelona en 1389 fue en comparación una tormenta de finales de verano de menor importancia. Inundaciones mucho más extensas se producen en Cataluña cuando una gota fría en toda regla crea una inestabilidad atmosférica que dura días en lugar de horas. Un buen ejemplo son los eventos del 2-6 de noviembre de 1617.

IX

Al darse cuenta de que ha pasado por alto casi irrespetuosamente todo el siglo XVII, después de haberse cansado de las guerras de la Baja Edad Media y la Edad Moderna y haber perdido la concentración durante la repetida rutina diaria de las monjas clarisas, la Viajera decide volver a 1617: el año del diluvio (*l'any del diluvi*). El otoño de ese año trajo un clima excepcional que dio lugar a la peor inundación que se haya registrado en la zona de Barcelona. Los registros describen lluvia a partir del día de San Miguel Arcángel, 29 de septiembre, continuando de forma intermitente durante más de un mes.

El gran final de este otoño deprimente, sin embargo, llega a principios de noviembre. En ese momento una depresión del Atlántico se ha movido al golfo de Cádiz y está imponiendo una influencia dominante sobre el tiempo en Iberia. El giro contra las agujas del reloj de esta masa de aire frío, a medida que se mueve hacia el este a través del estrecho de Gibraltar, atrapa el aire cálido del Mediterráneo en su órbita, alimentando un frente frío que invade el norte hasta la zona costera. El 31 de octubre la precipitación torrencial llega ya a Valencia, y al día siguiente las fuertes lluvias se han movido hacia Cataluña, alimentadas por los vientos marinos del este.

Durante el 2 y 3 de noviembre las lluvias costeras en Barcelona se vuelven torrenciales, las rieras alrededor de la ciudad están una vez más en su apogeo, y el río Besòs, justo al noreste, está desbordado. Lo que podría haber pasado como una tormenta fuerte pero transitoria se está intensificando como una pesadilla a medida que la depresión Ibérica se desplaza lentamente hacia el interior, cubriendo gran parte de la Península. Los vientos costeros están ahora soplando desde el sureste, pero luego giran lentamente hacia el sur, alimentando el aire aún más cálido del Mediterráneo y fomentando que el cinturón de lluvias intensas se expanda hacia el norte en las montañas. Para la tarde del 3 de noviembre ya hay inundaciones en los Pirineos, cuyo ascenso orográfico está exprimiendo aún más la lluvia. Durante la noche y todo el día siguiente, las lluvias torrenciales caen en las cabeceras de los ríos más importantes de Cataluña. En el oeste, los ríos de Noguera Ribagorçana y Noguera Pallaresa desde los Pirineos hacia el Segre, desembocando en el Ebro.

Al este los ríos Muga, Fluvià y Ter que drenan las aguas del Pirineo oriental a través de la provincia de Girona hasta la Costa Brava. Y en el centro, el río Llobregat y sus afluentes en las montañas del interior que llevan agua hacia Barcelona.

X

Para gran alivio de la población de Barcelona, los cielos aclaran en la costa la mañana del 4 de noviembre. Lejos de las montañas parece al menos que lo peor ha pasado, a pesar de que el nivel de los ríos sigue aun peligrosamente en aumento. Pero entonces esa misma tarde una mayor inestabilidad atmosférica se propaga a lo largo de la costa y una línea de células tormentosas de gran alcance trae aún más lluvias torrenciales por la noche. El 6 de noviembre el mal tiempo se ha extendido ya al norte de los Pirineos y todavía está lloviendo en gran medida desde la Costa Brava hasta la ciudad catalana de Perpinyà (más tarde rebautizada Perpignan por el gobierno francés).

Bajo el generalizado estrés pluvial casi todos los ríos en Cataluña se desbordan. Cientos de edificios se desploman, docenas de puentes se destruyen, y muchos molinos de agua son gravemente dañados quedando inutilizados para llevar alimentos a la población. Las lluvias de octubre y noviembre de ese año dejan lagunas costeras con agua durante meses, lo que agrava la miseria al proporcionar un caldo de cultivo para mosquitos y sus patógenos.

La fase más dañina de la inundación es su manifestación final a medida que la lluvia se va apagando y las inundaciones se mueven montaña abajo, creciendo en poder hacia el mar. Las áreas más afectadas se encuentran por lo tanto en la parte baja del Segre (alrededor de Lleida), Ebro (Tortosa), Ter (Girona) y, lo peor de todo el Llobregat. El 6 de noviembre en el valle del Llobregat, justo al norte de Barcelona, el río ha subido más de quince metros, depositando sedimentos de inundación hasta la altura de un edificio de cinco plantas por encima del lecho normal del río. Nunca se han registrados estos niveles, antes o después.

XI

La miseria climática de 1617 en Cataluña refleja una historia más amplia. En ese momento el hemisferio norte estaba ya en la llamada (y mal definida) "Pequeña Edad de Hielo". Este período fue de media más frío y más inestable climáticamente que el anterior "Período Cálido Medieval"; de hecho se ha argumentado que fue el peor tiempo durante más de cien siglos. Las razones subyacentes para esto han sido muy debatidas, pero permanecen sin probarse. Acontecimientos inusuales que influyeron posiblemente en el clima en ese momento incluyen los períodos de baja actividad de manchas solares, en especial el "mínimo de Maunder" de 1645 a 1715, cuando la luz solar fue excepcionalmente tenue.

Otra idea popular es el efecto del punto de inflexión de una serie de grandes erupciones volcánicas a finales del siglo XIII (el final del Período Cálido Medieval), que fomentaron durante los siglos posteriores un clima más frío a medida que la mayor cobertura de hielo refleja más el calor del sol y enfría los océanos. Sin embargo otro factor que puede haber contribuido son los propios europeos. El drama de finales del siglo XV del descubrimiento de las Américas por los europeos trajo la devastación a la población indígena al norte y sur del ecuador. Durante el siglo XVI la mayoría, a decir de algunos más del noventa por ciento, de estas personas murieron a causa de una serie de enfermedades infecciosas que incluían la gripe, las paperas, el sarampión, la viruela y la peste bubónica. La conquista de estas tierras por los europeos fue por lo tanto facilitada de forma inesperada por los microorganismos, con enfermedades que generalmente viajan cómodamente por delante de los conquistadores.

La pérdida de tantas personas tan repentinamente en el continente americano ofreció una enorme oportunidad al reino vegetal para reclamar tierra y regenerar grandes extensiones de bosques previamente destruidas por los seres humanos, especialmente en las zonas tropicales. Las plantas absorben y almacenan dióxido de carbono (CO_2), secuestran los gases de la atmósfera, y algunos sostienen que la caída a mediados y finales del siglo XVI de los niveles de CO_2 en la atmósfera fue un resultado directo de esta gran oleada botánica americana. Antes de este tiempo, al menos desde el final del primer milenio, los niveles de CO_2 atmosférico habían permanecido estables dentro del estrecho rango de 280-284 partes por millón (ppm). Sin embargo, a partir de mediados del siglo XVI en adelante los niveles del gas comenzaron a caer, de modo que para el año 1614 se habían hundido hasta 272 ppm, su nivel más bajo en alrededor de dos mil años. El enfriamiento global asociado con una caída tal en gases de efecto invernadero no hizo nada por mejorar el clima, y el siglo XVII resultó ser especialmente estresante para la sociedad humana en todo el mundo, como se refleja en el nivel inusualmente agresivo de guerras.

XII

A la Gran Bretaña del siglo XVII le podría haber venido bien un poco de ese nuevo bosque virgen en América. Dentro de un país cada vez más poblado y deforestado la crisis energética británica era inminente y la estresada población tenía las luces de advertencia encendidas. La crisis fue evitada, o al menos pospuesta, por la brillante idea de explotar las reservas de combustibles fósiles, una fuente de energía más concentrada que elimina la necesidad de árboles. La invención del siglo XVIII por Thomas Newcomen de la primera máquina de vapor con éxito comercial, y su refinamiento por James Watt, permitió que la idea se convirtiera en una realidad. La revolución industrial posterior, fundada sobre la quema de formas de energía no renovables, revirtió una tendencia a la baja en las concentraciones de CO_2 atmosférico. En 1910 los niveles aumentaron por encima de 300 ppm, y alrededor de cien años después llegan a 400 ppm, preparando el escenario para el cambio en las reglas del juego que tiene lugar a finales del siglo XXI.

Pero sin embargo para las personas que viven en Barcelona en 1617 estos sucesos están imposiblemente lejos en el futuro. Los seres humanos en este momento ni siquiera son conscientes de la existencia del dióxido de carbono, un gas descubierto por el escocés Joseph Black el 11 de junio de 1754. Las manchas solares y las erupciones volcánicas han sido razonablemente bien documentadas, pero no relacionadas con el cambio climático. Lo que está suficientemente claro, sin embargo, es que desde el primer mal año de 1333, el año en que los efectos de la Pequeña Edad de Hielo entraron por primera vez en la imaginación del pueblo catalán, nada ha sido igual. La causa de estas calamidades naturales obedece claramente a los caprichos de Dios, como queda encapsulado en "lo que viene del cielo no está en las manos del hombre", y lo único razonable que queda por hacer es rezar.

Notas

3. I. Para una visión general de las grandes inundaciones en Barcelona vease *Estimation of extreme flash flood evolution in Barcelona County from 1351 to 2005*, publicado por Antonio Barrera y colegas en *Natural Earth Hazard Systems* (2006) y disponible de forma gratuita en la Web.

3. II. Las ilustraciones en la publicación del Museu d'Història de la Ciutat titulada *La muralla medieval de Barcelona i els seus portals* (disponible de forma gratuita en la Web) muestran cómo la ciudad creció a partir de su núcleo romano y se hizo cada vez más fortificada. También se dan detalles de sus doce puertas medievales.

3. III. El Rec Comtal era originalmente un acueducto romano. Fue reconstruido y desviado en el siglo X, cuando se instalaron molinos de harina para ayudar a alimentar a la población medieval en expansión.

3. IV-V. No es fácil encontrar copias impresas de la monografía escrita en el 2009 sobre la geología urbana (en catalán) por Oriol Riba i Arderiu y Ferran Colombo i Piñol titulada *Barcelona: la Ciutat Vella i el Poblenou. Assaig de geologia urbana*, aunque puede verse en la Web. Cada ciudad debería tener una publicación como ésta. Una apreciación de la contribución a la geología de Riba i Arderiu, que murió el 31 de mayo de 2011, ha sido escrita por su co-autor Colombo i Piñol, y publicada en la Revista de la Asociación Geológica Argentina (disponible gratuitamente en la Web).

3. VI. Las rocas están llenas de vacíos en el tiempo por lo que gran parte de lo que sucedió en el pasado geológico está perdido para siempre, una pérdida que tiende a ser más marcada cuanto más se viaja en el tiempo geológico. Lo mismo presumiblemente ocurre con la historia humana. Los geólogos llaman a las interrupciones de tiempo obvias "discordancias" pero hay muchas otras menos obvias. La delgada línea entre diferentes capas de arena y grava en un depósito aluvial como la Formación Punta del Convento, por ejemplo, podría representar muchos años para los que no hay registro rocoso.

3. VII. *Pero queda ruta por delante, ahora en el siglo XX* .... ver el famoso comentario de Albert Einstein sobre su visión como físico acerca de que la aparente separación en el tiempo entre el pasado, presente y futuro es ilusoria.

Igual que algunos bloques glaciares erráticos no están donde estaban. Un bloque glaciar errático es un gran bloque de roca transportado por el hielo que se funde, abandonando la roca lejos de su lugar inicial. Estos bloques fueron descritos por los científicos antes de que se supiera de la existencia de capas de hielo regionales, el cambio climático, y el comportamiento de los glaciares, produciendo varias teorías desde la más prosaica, como dejados por icebergs a la deriva (Charles Lyell), a la más fantástica, como mega-tsunamis (James Hall) o una inundación bíblica (William Buckland). El tema está bien explicado en el libro del año 2014 *Earth's Deep History* de Martin J. S. Rudwick publicado por *University of Chicago Press.*

3. VIII. Una visión experta sobre eventos extremos de temporales de lluvia se presenta por Charles A. Doswell III en su *Severe Convective Storms: an overview* (disponible en la Web) y la monografía que acompaña publicada por la *American Meteorological Society* en 2001.

3. IX-X. El evento extremo de la inundación de 1617 se aborda en un documento del 2006 de Robert Varyl Thorndycraft y colegas, publicado en *Journal of Hydrological Sciences* y titulado *The catastrophic floods of AD 1617 in Catalonia (northeast Spain).* Las condiciones meteorológicas que provocan este tipo de eventos se describen en el documento de 2005 de María-Carmen Llasat y colegas, publicado por la revista *Journal of Hydrology* y titulado *Floods in Catalonia (northeast Spain) since the early 14th Century: Climatological and meteorological aspects from historical documentary sources and old instrumental records.* Ambos documentos están disponibles de forma gratuita en la Web.

3. XI. Para un análisis de los efectos epidémicos de las enfermedades en las poblaciones que carecen de inmunidad véase por ejemplo la lista de acontecimientos en las Américas dada por Jared Diamond en sus *Guns, Germs and Steel* publicado por Norton en 1999. Una relación detallada de las epidemias inducidas por la llegada de los europeos a Australia se puede encontrar en la tesis de 1997 de Peter J. Dowling titulada *"A Great Deal of Sickness": Introduced diseases among the Aboriginal People of colonial southeast Australia 1788-1900* (disponible gratuitamente en la Web).

3. XII. Con respecto a nuestro incontrolado experimento en curso con el cambio climático global, nuevas publicaciones aparecen continuamente, al mismo tiempo que las consecuencias del experimento en sí. Los que se preocupan por "salvar el planeta" sin embargo pueden consolarse con el hecho geológico de que el planeta Tierra lo está haciendo muy bien: es la sociedad humana y otras especies que aún viven en la biosfera del Holoceno las que están en peligro.

4

EL HOLOCENO, LOS SANTOS Y LA SEQUÍA

Cruce entre carrer de Sant Sever y la Baixada de Santa Eulàlia, inmediatamente al suroeste de la Catedral de Barcelona, conmemorando dos de los mártires más famosos de la ciudad.

4

EL HOLOCENO, LOS SANTOS Y LA SEQUÍA

I

La procesión del miércoles emerge de la catedral y se abre paso lentamente hacia el sureste a través del centro romano de la ciudad. Es toda una exhibición. Los más destacados son los tejedores de lino, vestidos de blanco puro, descalzos y conspicuamente adornados con las insignias de los santos mártires. A los tejedores les siguen el obispo y todo su cabildo y muchos otros amontonándose por las estrechas calles. De hecho, parece como si casi toda Barcelona hubiera venido a ver las reliquias de San Severo desfilando por la ciudad.

La leyenda de San Severo (*Sant Sever* en catalán) dice que era un humilde tejedor ascendido a obispo de Barcelona y posteriormente asesinado por un soldado romano en el siglo IV d. C., en un momento en el que el emperador Diocleciano estaba tratando de imponer el sacrificio universal a los dioses romanos. En los años venideros los esfuerzos del emperador siembran un terreno fértil para adornar con historias sobre terribles martirios. Esta historia en particular es más o menos como sigue.

Severo, al oír que los soldados están viniendo a por él, es convencido por sus seguidores de que huir es mejor que pelear. Deja la catedral acompañado por cuatro sacerdotes y comienza a subir la llanura inclinada de piedemonte del *Pla* detrás la ciudad, utilizando un camino que sigue el torrent de l'Olla. Alcanzando el cambio brusco de pendiente en el lado noroeste del *Pla,* el camino sube rápidamente para cruzar las colinas de Collserola, ofreciendo a Severo y sus compañeros espléndidas vistas de la costa antes de bajar hacia Castrum Octavianum. En tiempos post-romanos este asentamiento que inicialmente llevaba el nombre del castillo de Octaviano, pasará a llamarse Sant Cugat del Vallès en honor a San Cucufato del norte de África, otra supuesta víctima de la correctiva reeducación de Diocleciano en el siglo IV.

Mientras tanto en Barcelona, Damiano, un enviado de Roma para perseguir a Severo, llega sólo para encontrar que su presa se ha escapado. Un pequeño grupo de soldados marcha inmediatamente con el fin de traer vivo al obispo de vuelta o acabar con él.

Poco antes de su llegada a Castrum Octavianum Severo observa a un campesino a quien reconoce como cristiano, sembrando semillas de habas en sus campos. El obispo hace todo lo posible para animar al campesino, cuyo nombre es Emeterio, a mantenerse fuerte en estos tiempos de persecución. Agrega que si algunos soldados romanos pasan buscándole (a Severo) entonces él (Emeterio) debería no tener ningún remordimiento en decir la verdad. Severo luego continúa su camino, seguido no mucho tiempo después por los soldados romanos en su persecución. Durante este breve tiempo, sin embargo, Emeterio se sorprende al ver que sus semillas de haba han germinado milagrosamente, crecido, y ya están en floración. "¿Has visto a Severo?" demandan los soldados a Emeterio, que responde afirmativamente. Sí, por supuesto. "¿Cuánto tiempo hace?" interrogan y Emeterio explica que ha estado hablando con el obispo mientras sembraba las semillas de estas habas con flores. Los soldados a sabiendas de que esto es imposible ya que Severo no podía estar a más de unas pocas horas de distancia como máximo no lo encuentran divertido. Detienen al honesto Emeterio y marchan hacia Castrum Octavianum.

II

Pero Severo ha decidido jugar limpio y se entrega junto a su grupo a los soldados a su llegada al pueblo. Lo que resulta ser más bien un error de cálculo, ya que Severo ha subestimado el grado en que los soldados han enfurecido con la pequeña broma de Emeterio. Los cuatro sacerdotes que le acompañan, al no ser ciudadanos romanos, son considerados adecuados para el tradicional *horribile flagellum* mencionado por el poeta Horacio, e inmediatamente son desnudados y azotados. Después de haber iniciado debidamente la justicia los cuatro sacerdotes pasan por el filo de la espada.

Ahora los soldados se fijan en Emeterio que se niega obstinadamente a renunciar a su fe, sobre todo porque está de pie delante del obispo de Barcelona, que ha estado claramente implicado en la milagrosa fertilidad de sus semillas de haba. El campesino no está a salvo, y se encuentra con un destino similar de flagelación hasta casi un estado de shock hipovolémico, seguido misericordiosamente por la ejecución. Finalmente se vuelven a Severo, seguramente a estas alturas lo suficientemente intimidado para estar de acuerdo en ofrecer sacrificio a los dioses romanos. Pero no. Ni siquiera los látigos con piezas de plomo pueden inducir al obispo a apostatar. Ha sido un día duro y frustrante. Uno de los soldados sujeta un clavo largo sobre el cráneo del obispo, mientras que otro lo golpea dentro con un mazo.

Hay sin embargo un final feliz para la historia. Los soldados dejan a Severo dándole por muerto y salen de Castrum Octavianum para viajar de regreso a Barcelona, presumiblemente cada vez más nerviosos por el hecho de que está anocheciendo y tardarán más de tres horas a través de tierras de jabalí. Una vez la costa está despejada, los habitantes locales de la aldea se sorprenden al encontrar a Severo aún con vida, que muere en sus brazos mientras les da su bendición.

Mapa mostrando la ciudad medieval, la Vía Augusta romana, la ruta de escape de San Severo, la ermita de la Santa Madrona en Monjuïc, y el camino de peregrinaje al supuesto lugar de nacimiento de Santa Eulalia hecho durante épocas de sequía.

*****

III

La historia de San Severo ha atraído a muchos aficionados a través de generaciones, incluso al rey Martín el Humano, el último en la línea de la Casa de Barcelona, que atribuyó la salvación de una de sus piernas gangrenada al resultado directo de la intervención divina del santo. Tal era su gratitud que en 1405 Martín logró convencer a los monjes de Sant Cugat para donar una porción de las santas reliquias de Severo a la Catedral de Barcelona. Son estos restos los que están actualmente siendo paseados por la ciudad.

En verdad se trata de un asunto serio. Ha llovido tan poco hasta el momento esa primavera que, de acuerdo con el joven Miquel Parets, *La Collita perdent-se per moments* ("la cosecha se está perdiendo con cada día que pasa"). Las reliquias de Severo han sido ya sacadas previamente de su reposo normal en la capilla durante varios días y ahora se muestran en el altar mayor, donde reciben súplicas y veneración incesante. Pero, como Parets concluye sin pestañear *La nostra culpa va ser prou gran per mantenir els cels clars i tancar les orelles de la divina misericòrdia, així doncs, sembla que res no pot calmar la justícia de Déu* ("Nuestra culpa ha sido tan grande como para mantener los cielos claros y tapar los oídos de la misericordia divina, por lo que parece que nada puede aplacar la justicia de Dios"). Por lo tanto se ha vuelto necesario cumplir con el protocolo adicional de ceremonia rogativa y llevar las reliquias sagradas por la ciudad hasta el Convento de Santa Clara.

IV

Al dejar la pequeña colina sobre la que está construida la catedral, la procesión avanza hacia el mar y gira a la izquierda para llegar a la calle principal conocida como Boria, que une el centro de la ciudad con el fortificado Portal Nou y sigue la línea de la antigua carretera romana de la Vía Augusta. Con dieciocho años de edad, Miquel Parets, que vive cerca del cruce entre las calles de Colomines y de Sant Jacint (en frente del mercado moderno de Santa Catalina), observa el desfile que ahora gira a la derecha para pasar las grandes mansiones a lo largo de la calle Montcada. Es un muchacho precoz, que ya está escribiendo su crónica sobre la vida cotidiana de principios a mediados del siglo XVII en la ciudad, entre marzo de 1626 y marzo de 1660, y que se alegraría de saber cuán útiles los volúmenes de su trabajo serán para los posteriores historiadores. Él tiene la ventaja y la desgracia de vivir en tiempos interesantes y difíciles.

Saliendo de la calle Montcada para llegar a la entrada de la parte posterior de la parroquia de Parets, Santa María del Mar, la procesión ha hecho ya la mitad del camino de su viaje. Aquí se ha dispuesto una parada de descanso para el obispo y su cabildo a medida que la multitud llega al mercado del Born. Para ser principios de abril es inusualmente caluroso y polvoriento, y se realiza una gran venta de refrescos. La Viajera por su parte está también observando la escena, pero más desde una perspectiva geomorfológica, meditando sobre el hecho de que aunque Barcelona es una ciudad costera la superficie del terreno no es de ninguna manera plana. El lento viaje desde la catedral hasta Santa María del Mar, por ejemplo, implica un descenso de casi quince metros. En comparación con Collserola y la cercana Montjuïc, la colina de la catedral es ciertamente mucho menor en altura pero de roca sólida que se levanta lo suficiente sobre los humedales adyacentes y el mar para proporcionar un refugio seco y un sustrato firme. Después de todo, es aquí donde los romanos eligieron fundar Barcino, nombrando la colina Mons Taber, luego conocida en catalán como Mont Tàber.

V

Antes de ser desviadas por las murallas medievales, las rieras de torrent de l'Olla y torrent d'en Vidalet drenaban en la zona baja de separación entre Mont Tàber y el Arenal de Llevant sobre la que se construyó el Convento de Santa Clara. Esta tierra baja y pantanosa ha sido en su mayoría urbanizada desde que la ciudad comenzó a expandirse fuera de sus muros romanos alrededor del final del siglo X, pero ha mantenido durante mucho tiempo una reputación de tener mal olor y ser poco salubre. De hecho, el tramo inferior de la riera, ahora un canal de riego pasando Boria y la parte superior de la calle Montcada, se conoce más sucintamente como El Merdança. Como cualquier estudiante de catalán (*merda*), francés (*merde*), italiano (*merda*), gallego (*merda*) o portugués (*merda*), pero no euskera (*kaka*), reconocerá al instante, este no es un lugar para ir a pescar.

Y así la procesión continúa, cruzando el mercado y la parte baja de El Merdança, para finalmente subir las suaves pendientes de los jardines del convento y llegar al Convento de Santa Clara. Las masas congregadas son recibidas por la abadesa y se lleva a cabo una misa solemne, implorando a San Severo que interceda en favor de la población desesperada. Es un alivio hacer algo proactivo, pero es agotador. Al final del día, cuando los huesos de San Severo se vuelven a colocar con cuidado en la catedral, la procesión ha cubierto una distancia de unos tres kilómetros: un mini-maratón para los más enfermos, ancianos y obesos. Sin embargo, es evidente para las autoridades municipales que aún queda mucho por hacer, y esgrimen al poder eclesiástico que la grave situación justifica un protocolo ceremonioso por la vía rápida. El obispo, Joan Sentís i Sunyer, ordena por lo tanto una peregrinación completa de emergencia a la capilla de la Virgen Santa Eulalia en Sarrià, al noroeste de la ciudad. Tendrá lugar sólo dos días después, el viernes 7 de abril de 1628: este no es momento de dilaciones.

VI

A pesar de que el pan es el alimento básico de la Edad Media y comienzos de la Europa moderna, en el marco del clima mediterráneo esta dependencia no es necesariamente algo bueno. Un suministro continuado de trigo requiere de una precipitación adecuada, predecible y fiable, un lujo que no es posible en gran parte del sur de Europa. En Barcelona, las alarmantes variaciones en las precipitaciones anuales son reflejadas regularmente en las incluso aún más alarmantes subidas en el precio del pan. Algo así como el ochenta por ciento de los gastos de la clase obrera son para comida y bebida, de manera que una mala cosecha no sólo golpea el bienestar económico de la ciudad, pero además puede convertirse fácilmente en una crisis general de subsistencia, especulación, hambre y la consiguiente infracción de la ley. Hay poca innovación tecnológica que fomente nuevos tipos de riego y, con la Iglesia católica en los siglos XIV y XV firmemente en control de la gestión de la sequía, se establece un protocolo ceremonioso de rogativa bien definido que mantenga las cosas en orden. Bajo la amenaza de la falta de lluvias el protocolo requiere una serie de ceremonias pro pluvia, pagadas por las autoridades de la ciudad, en una escala que va desde el nivel 1 al 5.

La primera alerta de cualquier amenaza potencial para una buena cosecha viene de los trabajadores del campo. Los rumores iniciales, el chisme y la preocupación se traducen después en una solicitud formal del gremio de agricultores a las autoridades municipales que encargan informes sobre los niveles de los pozos, los canales de riego (especialmente en el Rec Comtal) y el flujo de los ríos Llobregat y Besòs. Si la amenaza se considera lo suficientemente importante para la acción y la inversión financiera, una delegación se reúne con las autoridades eclesiásticas competentes. La Iglesia entonces activa el protocolo tradicional, comenzando con simples oraciones y moviéndose a través de los distintos niveles de urgencia a medida que las necesidades y solicitudes lo requieren. Si la inclusión inicial de peticiones de lluvia durante los servicios religiosos normales, respaldadas por oraciones personales dentro de la congregación, no tiene el efecto deseado, y hay dinero disponible en el ayuntamiento, se activa el protocolo de pro pluvia de alerta nivel 2 (3PAN2). Lo que implica llevar las reliquias de la Santa Madrona desde su santuario en Montjuïc hasta el altar de la catedral.

La historia de Madrona se complica por el hecho de que es una santa tanto de la Iglesia católica romana (con sede en Barcelona) como de los ortodoxos orientales (con sede en Tesalónica). Para explicar esto algunos dicen que nació en Barcelona pero más tarde fue llevada por su padre viudo a Tesalónica, donde encontró su destino como mártir cristiana en algún momento alrededor del año 300 a. C. La historia continúa con sus reliquias vendidas más tarde por los turcos a comerciantes franceses y traídas de nuevo al Mediterráneo occidental, en ruta hacia Marsella. Cerca de la costa de Barcelona, sin embargo, una poderosa tormenta encalló el buque bajo las faldas de Montjuïc. Dicen que una multitud de alegres golondrinas dieron la bienvenida a las reliquias en la playa con un saludo ensordecedor, y que para conmemorar la ocasión los pájaros vuelven ruidosamente a Barcelona cada 15 de marzo, el día de la Santa Madrona.

Mientras tanto, los marineros, agradecidos por haber sobrevivido a la tempestad, y habiendo entendido el mensaje, colocaron las reliquias de la Santa Madrona en la capilla de la ermita de San Fructuoso en la colina de Montjuïc, a poco menos de un kilómetro al sur del Portal de Sant Antoni (Puerta de San Antonio) en las murales de la ciudad. A pesar de la importancia eclesiástica de San Fructuoso, el obispo del siglo III de Tarragona que es visto como un prototipo de mártir cristiano por su estoicismo ante su cremación en vida por los romanos y el ascenso desde las llamas directamente al cielo, su capilla en Montjuïc será rebautizada en honor a la Santa Madrona. Aumentando aún más su prestigio, Madrona tendrá también su propia puerta en la ciudad, la única que aún existe en tiempos modernos.

VII

Las reliquias de Madrona son llevadas colina abajo a través del Portal de Sant Antoni, cruzando el Raval a través del carrer del Carme, hacia la Rambla y finalmente la catedral en el Mont Tàber, para ser colocadas en el altar. Como esto no produce una respuesta significativa, es entonces el turno de implorarse a San Severo que es llevado por las calles hasta el Convento de Santa Clara (protocolo pro pluvia de alerta nivel 3: 3PAN3). Algunos de los miembros más ancianos de la comunidad de Barcelona ya opinan que lo más correcto según el estricto protocolo es llevar la Santa Cruz desde la catedral hasta el puerto y sumergirla en agua (3PAN4). Pero la inmersión de objetos religiosos se prohibió unos años antes, así que lo único que queda por hacer es una peregrinación al lugar de nacimiento de Santa Eulalia (3PAN5).

A primeras horas de la mañana de este viernes el obispo conduce el camino desde la catedral, esta vez hacia el oeste a través de la ciudad y con el aire de solemnidad apropiado para una procesión "Rogativa Extrema 3PAN5". El grupo desciende por Mont Tàber, sigue por la calle Canuda, y se acerca a la Rambla, sin darse cuenta que están caminando por un terreno sagrado porque enterradas bajo sus pies se encuentran las tumbas olvidadas de cientos de habitantes de la ciudad original. En la época romana hubo aquí una extensa necrópolis, justo al noroeste de las murallas de la ciudad. A estas alturas, con más de diez siglos de antigüedad, las tumbas están ya enterradas bajo dos metros de sedimentos de la riera, depositados por las sucesivas inundaciones y situados por Riba y Colombo en la "Formación de Ribera".

Si los cálculos de estos dos geólogos urbanos pueden ser extrapolados hacia atrás a través de la "Edad Oscura", entonces para 1628 no estaban muy lejos de las cien inundaciones catastróficas en Barcelona desde la caída del Imperio romano en España: tiempo suficiente para enterrar sus tumbas e incorporarlas al registro fósil. Así, estos cuerpos se han convertido en parte de la estratigrafía, la ciencia que estudia los estratos. Representan un "Estrato Romano", que yace bajo los sedimentos más jóvenes de la "Edad Oscura" en la Formación de Ribera del Holoceno superior.

VIII

El Holoceno es la porción más joven del tiempo terrestre. En el momento de escribir este texto, 31 de marzo de 2014, la época del Holoceno comenzó hace sólo 11.764 años, después del Pleistoceno, que por el contrario duró más de veinticinco mil siglos. El tiempo del Holoceno puede haber sólo comenzado, pero ya ha sido trascendental. Es dentro del Holoceno donde encontramos toda la historia de la humanidad, la introducción de la agricultura y el ascenso y caída de las ciudades e imperios. Como telón de fondo a esta frenética actividad humana, los niveles del mar han aumentado claramente a medida que el hielo se retiraba bajo una temperatura global agradablemente caliente (con la notable excepción de la Pequeña Edad de Hielo). Ha sido, en definitiva, un momento propicio para que una especie salga adelante, se multiplique y domine la biosfera.

Es en el Holoceno cuando se depositan las rocas sedimentarias más jóvenes en todo el mundo, generalmente en áreas costeras en donde proporcionan el terreno sobre el que la mayoría de las grandes ciudades humanas se construyen. La deposición o la erosión de los sedimentos a lo largo de toda la costa es un equilibrio delicado entre fuerzas opuestas. Durante el inicio de la época del Holoceno se registra una transgresión y la consiguiente sumersión marina de amplias áreas de tierras costeras. Alrededor de hace sesenta o setenta siglos, sin embargo, el nivel global del mar alcanzó su nivel de máxima inundación hasta que el ritmo de ascenso se desaceleró y comenzó a estabilizarse. Fue en ese momento cuando los ríos pudieron ganar terreno más fácilmente, edificando deltas en sus estuarios.

En el caso de la costa de Barcelona hay dos estuarios, los de los ríos Besòs y Llobregat. De estos dos es el río Besòs el que ha suministrado la mayor parte del sedimento necesario para construir una nueva línea de playa para la futura ciudad. Así, por lo menos en los últimos cuarenta siglos, el río ha llevado sedimentos al mar Mediterráneo y ha creado un triángulo asimétrico que en algunos lugares tiene cincuenta metros de espesor. Cincuenta metros de arena, limo y barro del Holoceno superior. Los materiales erosionados llevados al mar por el río Besòs fueron distribuidos por las corrientes costeras hacia el suroeste a lo largo de la costa, y mezclados con detritos suministrados por las rieras hasta producir la franja costera en la que Barcelona ha sido construida.

En el centro de la ciudad medieval estos sedimentos del Holoceno superior rodean Mont Tàber. Se encuentran sobre sedimentos anteriores y son más profundos hacia el mar, por lo que se ven sucesiones muy diferentes en los lados de tierra y mar de la catedral. La ruta seguida por la procesión de Santa Eulalia los lleva por el borde norte de esta joven sucesión sedimentaria. Desde el lugar del enterramiento romano el cabildo progresa sobre el abanico aluvial de la trompa del elefante en la Rambla y continua entonces a lo largo de la calle Tallers, donde los sedimentos del Holoceno bajo sus pies solo tienen unos pocos metros de espesor. El camino discurre junto a las murallas construidas en la parte baja del acantilado que une los portals de Sant Sever y Tallers.

A pesar de ser una de las principales rutas en la ciudad, que conduce directamente a la Rambla y al Portal de Santa Anna, ha sido durante mucho tiempo un barrio difícil. Es en esta calle en el Raval, en el lado oscuro de la Rambla, donde se registran quejas sobre "mujeres públicas" ya en el año 1326. Muchos de los trabajadores concentrados en este barrio son carniceros y fabricantes de baldosas, unos son considerados antihigiénicos y los otros incendiarios, sucios y contaminantes. Ambas actividades se mantienen fuera de la vista y de la mente, no deseadas en el centro de una ciudad densamente poblada, y adaptadas mejor a la periferia urbana. Este bisel de la sedimentación del Holoceno no es un lugar para descansar, especialmente por la noche.

IX

Mientras el obispo fija su mirada con firmeza en la ruta por delante tratando de ofrecer algún tipo de ejemplo a los pecadores del Raval que le rodean, la Viajera, habiendo decidido acompañar la procesión, observa la geología subyacente de la ciudad. A la izquierda la zona de pantanos y arenas de la playa del Raval y los astilleros de Drassanes, por debajo de la cual los sedimentos del Holoceno tienen en algunos lugares más de veinte metros de espesor. A medio camino entre la costa y la calle Tallers esta sucesión del Holoceno se adelgaza hasta menos de cinco metros, y al acercarse a las murallas de la ciudad se estrecha por completo, dando paso a un delgado nivel de piedra erosionada en el acantilado holoceno adyacente. Aquí debajo de las murallas la sedimentación holocena termina, y por encima se encuentra el más elevado y de pendiente suave piedemonte del *Pla*. En el Holoceno el nivel del mar sube pero, a pesar de su poder, no es capaz de sumergir todo el terreno hasta la Collserola.

La procesión sube a través del Portal de Tallers, cruzando el abanico aluvial depositado por la riera de la Creu d'en Malla. Escapando los confines claustrofóbicos de las murallas de la ciudad, la procesión emerge en el campo abierto agrícola del *Pla*. Por delante el camino mira al noroeste, siguiendo una ruta diagonal a través de la llanura usada previamente por los romanos para acceder al camino a lo largo de las tierras altas de la Collserola. Este no es el camino seguido por San Severo en los años desafiantes de la persecución de Diocleciano, sino que sigue una vía menos directa más al suroeste, a través del poblado de Sarrià. La peregrinación implica una subida constante a través del terreno polvoriento expuesto al sol caliente de la mañana, así como una travesía incómoda sobre la grava de al menos tres secos lechos de rieras. A diferencia de los valles más hacia el este, estos tres drenan al oeste, en el delta del Llobregat al otro lado de Montjuïc, pero sigue siendo la misma historia. Sobre el *Pla*, los procesos sedimentarios recientes se han caracterizado más por erosión que por deposición, la cual ha diseccionado y desfigurado la suave pendiente de la superficie del piedemonte pleistoceno por debajo de la sierra de Collserola.

X

Va lentamente a través de este erosionado piedemonte. Cada valle de riera, aunque sólo un canal de drenaje relativamente menor, presenta bastantes dificultades a los clérigos. El obispo Joan Sentís i Sunyer está en especial sintiendo definitivamente su años tras una larga y distinguida carrera. Nacido en una rica e influyente familia en el pueblo de Xerta, cerca de Tortosa en las orillas del río Ebro, a ciento ochenta kilómetros de distancia al sur de Cataluña, fue nombrado obispo de Barcelona en 1620. Sólo dos años más tarde el rey Felipe lo ascendió a la prestigiosa posición de virrey de Cataluña, que mantuvo hasta 1626. Pero a pesar de todo el prestigio, a los 67 años de edad aquí está en la rutina de la peregrinación, esclavo de las exigencias del protocolo de la ceremonia de rogativa, bajo el sol de abril de 1628.

Lo que hace el trabajo más exigente no es sólo su edad, pero el hecho de que las cosas no parecen estar mejorando. El verano del año anterior también fue excepcionalmente seco y causó muchos problemas, con la repetida activación del protocolo de pro pluvia. Es por eso que hay tal preocupación este año: un año malo puede aguantarse, ¿pero dos? Todo requiere de una tremenda organización y esfuerzo, e incluso el obispo está comenzando a albergar sus dudas. ¿Y si el clima ha sido creado como los seres humanos, y abandonado a seguir su propio camino errático? ¿Para qué vale el protocolo de rogativa si en lugar de invocar a Dios a través de los santos martirizados uno está rogando al viento y las nubes? ¿Por qué iban a preocuparse por los asuntos de los humanos? Sus colegas en el cabildo notan que Joan está entrando en uno de sus estados de ánimo, y le dejan solo rumiando en su aparente realidad. Es cada vez más introvertido desde que la posición de virrey pasó a Luis Díez de Aux de Armendáriz, obispo de Urgel, en 1626. No es que le sirviera a Luis de mucho, ya que murió en enero del año siguiente. Pero después de eso, seguramente sólo para echar sal en la herida, dieron el cargo a Miguel Santos de San Pedro, obispo de Solsona. Entre todos los posibles ¡Solsona! No es fácil ser obispo de Barcelona.

Siguen el paso, entonando sus imploraciones a Santa Eulalia, mientras que los trabajadores alrededor toman un descanso en la tarea de Sísifo de tratar de cultivar la tierra seca. Algunos de los campesinos deciden dejar las herramientas y se unen a la procesión, en lo que parece una manera más productiva de pasar el tiempo que sonsacando una respuesta biológica al polvo. Pero, incluso con la adición de nuevos seguidores el viaje de ida parece una eternidad. El gradiente del piedemonte *Pla* no es complicado, una inclinación de aproximadamente 1:50, pero es implacable, y más abrupto al acercarse a las colinas de la Collserola que se levantan justo delante.

Los ánimos suben temporalmente después de una parada en el camino en el pueblo de Sarrià, momento en el cual se ha ascendido hasta ochenta metros sobre el nivel del mar, pero a partir de aquí la subida es notablemente más difícil. Al pasar el contorno de los ciento veinte metros pueden ver a la izquierda el convento de clarisas de Santa María en Pedralbes, un edificio perfectamente protegido en una localización apartada que servirá bien en los años venideros. El destino de los conventos de Santa Clara y Santa María no puede ser más diferente. Cuatrocientos años después, el todavía bien conservado esplendor gótico de Santa María de Pedralbes le convertirá en un refugio zen para los turistas más exigentes, mientras que los escombros en el sangriento campo de batalla de Santa Clara se habrán evaporado y transformado en zonas verdes urbanas y en un estanque ornamental lleno de ruidosas familias disfrutando en botes de remos de alquiler.

XI

Por fin la procesión de rogativa llega a la capilla que marca el lugar de nacimiento de Santa Eulalia, a seis kilómetros de la ciudad y ciento cincuenta metros sobre el nivel del mar al otro lado del *Pla*. Aquí es donde la Barcelona moderna terminará, en la ruptura de la pendiente donde el piedemonte da paso a las duras rocas graníticas expuestas a los pies de la sierra de Collserola.

La historia de Santa Eulalia dice que nació aquí a finales del siglo III d. C. y estaba condenada a convertirse en otra obstinada víctima más del emperador Diocleciano. De niña ya había mostrado notables poderes al reactivar milagrosamente un pozo seco para convertirlo en la fuente de un nuevo río. A la edad de trece años, indignada por el trato injusto a los cristianos, tiene la temeridad de hacer el viaje a caballo desde su casa en Sarrià a la ciudad de Barcino, y expresar sus objeciones al gobernador romano. Por su gran celo, y al igual que a San Severo, se le ordena renunciar a su fe y sacrificarse a los dioses imperiales. Cuando, de alguna manera de forma predecible, ella se niega, es encarcelada bajo las murallas de la ciudad en una calle estrecha que será nombrada Carrer de l'Arc de Santa Eulàlia, en lo que se convertirá en la parte judía de la ciudad conocida como el Call.

El gobernador romano, siendo un hombre razonable, y teniendo en cuenta la edad de la niña, decide darle trece oportunidades para retractarse, una por cada año de su vida. Cada una de estas generosas oportunidades implica una sádica tortura, empezando con simple flagelación y desgarre de la carne con garfios, para luego ir ascendiendo a través de quemaduras en los pies, amputación, aplicación de aceite hirviendo, plomo fundido y cal viva (óxido de calcio), hasta la creativa pena de ser colocada en un barril que contiene cristales rotos y agudos objetos de metal, y rodar trece veces por una pendiente cercana a la catedral (más tarde llamada la Baixada de Santa Eulàlia), antes de ser encerrada en un establo lleno de pulgas feroces. A partir de aquí la historia se vuelve un poco confusa en cuanto al número exacto y carácter de las restantes torturas, de hecho no está claro si quedaba alguien aun contando en ese momento, pero todo termina con su crucifixión y decapitación en la plaza del Pedró, próxima al hospital de leprosos en el Raval, en la Vía Augusta romana, el 12 de febrero de 303 d. C.

Santa Eulalia es enterrada en la capilla costera de Santa María de les Arenes, la precursora de la futura basílica de Santa María del Mar, pero sus restos son exhumados y más tarde ocultados a la invasión musulmana en la primera parte del siglo. Perdidos durante generaciones, se descubren y se trasladan a la catedral, un viaje durante el cual se produce el misterioso incidente del Enorme y Repentino Aumento de Peso de los Restos de Santa Eulalia.

Durante la procesión el cofre que contiene los restos sagrados se vuelve imposiblemente pesado, y se coloca en la plaça de Blat, el punto local para la venta de trigo. El obispo pide a la congregación que ore pidiendo una señal sobre lo que esto podría significar, provocando la aparición de un ángel que señala con severidad a uno de los sacerdotes, que admite el robo de un dedo de Eulalia. Al regresar el dígito al lugar que le corresponde, la procesión es capaz de continuar, y el sitio donde se produce el milagro es renombrado plaça del Àngel.

Santa Eulalia ha sido la santa patrona de Barcelona desde la Edad Media, pero no ha estado exenta de competidores en este papel. En 1563 los concejales de la ciudad en su sabiduría deciden elevar a la Santa Madrona a la categoría de co-patrona de la ciudad. Sin embargo, Madrona, a pesar de, o quizás debido a, su exótico origen griego, nunca ha logrado alcanzar totalmente el mismo nivel que Eulalia. Las dos co-patronas son veneradas en el claro entendimiento de que Eulalia yace en la catedral, en el centro de todo, mientras que Madrona es más relevante para los asuntos de la periferia de la ciudad. Ella está, después de todo, sólo en el nivel 2 del protocolo pro pluvia, por debajo de San Severo, y ciertamente, muy por debajo del nivel de emergencia 5 en el que es necesario invocarse a Santa Eulalia.

Sin embargo, un desafío más grave a la autoridad de Eulalia ocurre en el próximo siglo, concretamente en 1637, cuando Barcelona es amenazada por una plaga de langostas. En este caso en cambio, al no estar el agua implicada, se realiza la ceremonia de rogativa a la Santa Virgen de la Merced (la Mare de Déu de la Mercè). Las langostas fracasan en infligir el temido daño, y el sentido universal de alivio es tan grande que justifica la propuesta de que la Mercè tenga el título de Patrona de la Diócesis de Barcelona.

Esto resulta ser algo así como un desastre para Eulalia, y es en gran medida agravado por el ayuntamiento de 1871 que, tres años después de que el papa finalmente (después de un retraso de más de doscientos años) dé su bendición a la propuesta, declara el día de la Mercè (24 de septiembre) festivo en Barcelona. Esta fiesta es inmensamente popular y se convierte en la mayor celebración anual que tiene lugar en la ciudad moderna, con una duración total de cinco días, del 21 al 25 septiembre. Dicen que cada mes de septiembre durante la fiesta las lágrimas de Santa Eulalia, abandonada tras sus terribles sufrimientos, caen en forma de lluvia sobre la ciudad.

XII

Menos mal que el obispo Joan no puede adivinar el futuro porque las ceremonias rogativas para pedir lluvia en Barcelona se convierten en la norma. En el otoño de 1630 la situación se vuelve crítica, los cereales se venden a precios de hambruna, y la Santa Madrona queda instalada de forma permanente en el altar de la catedral. En Barcelona la gente empieza a pensar que el fin del mundo es inminente a medida que durante los próximos meses la escasez de alimentos resulta ser la peor que se recuerda, con condiciones de extrema necesidad para algunas familias en diciembre.

Miquel Parets registra detalladamente cómo el 15 de marzo 1631 las personas en Barcelona pelean sanguinariamente con los concejales de la ciudad por más suministros de pan y arroz. Parets se queja con amargura de la actitud altiva del virrey, una posición que para entonces había pasado a Enrique de Aragón Folc de Cardona y Córdoba, que incendia a los pobres hambrientos al permitir a su nuera que celebre ese invierno un espléndido, y extremadamente costoso, carnaval en la ciudad. La brecha entre los ricos y los hambrientos se ha vuelto peligrosamente difícil de tolerar.

Después de otra procesión con San Severo al Convento de Santa Clara el 9 de abril 1631 llega el alivio de algunas precipitaciones y la cosecha se salva de la destrucción total ese año. Pero los tiempos siguen siendo difíciles, y habrá más ceremonias rogativas en el verano del siguiente año. El obispo, que consigue seguir adelante a pesar de todo este estrés, y que por ahora se acerca a su septuagésimo cumpleaños, organiza una peregrinación una vez más para llevar a la Santa Madrona a la catedral. Es 19 de agosto de 1632, el calor es brutal, y al obispo Sentís i Sunyer le quedan menos de dos meses de vida. Muere el 7 de octubre y se le echará mucho de menos, como escribe Parets en sus crónicas, por su bondad y caridad.

Notas

4. I-II. El tema de la persecución de los cristianos por los romanos centra el libro del 2014 escrito por Candida Moss titulado *The Myth of Persecution: How Early Christians Invented a Story of Martyrdom.*

4. III. Las frecuentes sequías que afectan a Cataluña son generalmente el resultado del anticiclón seco de las Azores al instalarse en una posición más noreste de lo usual, actuando como un bloque que desplaza sistemas de baja presión del Atlántico hacia el norte. Aunque Barcelona está muy lejos de la costa atlántica de Galicia y Portugal, se ve sin embargo muy afectada por los patrones del tiempo en el océano.

4. IV. La crónica del siglo XVII escrita en catalán por Miquel Parets se titula *De molts successos que han succeït dins Barcelona i molts altres llocs de Catalunya dignes de memòria.* Fue traducida al español y se convirtió en una importante fuente histórica.

4. V. La Vía Augusta fue una de las vías romanas más importantes en España, se mantuvo durante alrededor de cuatro siglos, y atravesaba toda España hasta la lejana Cádiz, en el sur. Un bucle costero de la Vía Augusta se desvió de la carretera principal hacia el interior para pasar a través de Barcelona donde, en la medida que el autor puede asegurar, transcurría entre el antiguo Portal Nou (cerca del Arc de Triomf) a lo largo de la calle Carders, pasando la Capilla de Marcus del siglo XII (cerca de la casa de Miquel Parets), carrer de la Llibretería y la plaça de Sant Jaume (pasando el foro romano del siglo I en el centro de Barcino), y luego continuó hacia el oeste a través de lo que ahora son las calles de la Boquería y Hospital hasta el Portal de Sant Antoni y el cercano mercado moderno.

En la época romana la ciudad de Barcino yacía en un istmo bajo que hizo más fácil su defensa en un asalto militar y lo protegía de inundaciones de las rieras que drenan en las zonas de playa a ambos lados. Durante mil años después de la ocupación romana las ensenadas marinas a cada lado de la ciudad se han ocupado y la playa trasladado de nuevo hacia el sureste, como se muestra en el mapa que acompaña a este cuento. Estos terrenos rellenados fueron por mucho tiempo mal drenados y caracterizados por lagunas pantanosas.

4. VI. Una visión general de cómo el registro de las ceremonias rogativas de la iglesia puede ayudar a revelar los pasados fenómenos climáticos es proporcionada por Javier Martín-Vide y Mariano

Barriendos Vallvé en su artículo de 1995 titulado *The use of rogation ceremony records in climatic reconstruction: A case study from Catalonia (Spain)* y publicado en la revista *Climatic Change*. Otro trabajo útil (y en este caso disponible de forma gratuita en la Web) de un tema similar, pero en relación con los registros en la Catedral de Toledo es el de Fernando Domínguez-Castro y colegas titulado *Reconstruction of drought episodes for central Spain from rogation ceremonies recorded at the Toledo Cathedral from 1506 to 1900: A methodological approach* (2008).

4. VII. Hay varios cementerios romanos conocidos en las zonas justo fuera de los muros de Barcino. El que está en la plaça de la Vila de Madrid contiene más de noventa tumbas, muchas de las cuales tienen monumentos funerarios semicilíndricos conocidos como *cupae* y tallados en arenisca de Montjuïc. Un documento de 1981 (en francés) sobre éste tema escrito por Jean-Noël Bonneville se titula *Les Cupae de Barcelone: les orígins du type monumental* publicado en la revista maravillosamente llamada *Mélanges de la Casa Velázquez*, que está disponible de forma gratuita en la Web.

4. VIII. Un desafío reciente para el Holoceno es la propuesta de que estamos viviendo en la llamada época del Antropoceno, que se define como el tiempo en el que el impacto ambiental de la raza humana comenzó a afectar los ecosistemas terrestres. Aunque el uso del término Antropoceno es cada vez más frecuente, la pelea todavía está ahí sobre cuando empezó exactamente. Las propuestas se extienden hacia atrás desde tiempos muy recientes, tales como la fecha de la primera detonación de una bomba nuclear (la prueba de la Trinidad el 16 de julio 1945), o a finales del siglo XVIII con el comienzo de la revolución industrial, o el surgimiento de la sociedad predominantemente agrícola hace miles de años, negando tal vez por completo la necesidad del término Holoceno.

El uso del término ha sido defendido de manera convincente por el científico Premio Nobel Paul J. Crutzen; ver sus publicaciones en las revistas *Nature* (2002) y *Climate Change* (2003), y la continua corriente de artículos (muchos disponibles gratuitamente en la Web) que tratan sobre este fascinante tema. Una decisión de la Comisión Internacional de Estratigrafía con respecto a si aceptan formalmente la definición de época del Antropoceno como parte de la escala de tiempo geológico se espera sea oficial pronto.

4. IX. El *Pla* de Barcelona es una zona de pendiente, más o menos rectangular, de seis por once kilómetros en el área que se encuentra

entre los deltas del Llobregat y Besòs y que conecta la sierra de Collserola con la ciudad medieval. Los sedimentos de piedemonte depositados en esta vertiente son muy variables, reflejando los cambios en el clima durante las sucesivas glaciaciones más al norte en el Pleistoceno. Tienen comúnmente de quince a treinta metros de espesor y descansan sobre una superficie erosionada de rocas del Plioceno. Muchos son arcillas depositadas bajo un clima húmedo, y más tarde enrojecidas por la oxidación durante su meteorización en períodos más secos (y después empleadas extensivamente en tiempos modernos para fabricar ladrillos, por ejemplo en l'Hospitalet).

Cuando el clima del Pleistoceno era más seco, en condiciones similares a las actuales en el sureste español, la evaporación y deposición de carbonato cálcico a partir de aguas subterráneas produjo nódulos de color pálido y costras conocidas como *caliche.* Las condiciones más secas ocurrieron durante el avance glaciar a través del norte de Europa, cuando los vientos fríos periglaciales soplaban sobre el *Pla* y erosionaron los suelos de arcilla dejando detrás limos amarillos de los que el viento se llevó el material más fino.

4. X. Más de cuarenta hombres fueron nombrados sucesivamente virreyes de Cataluña durante el siglo XVII por el rey español. No parece haber sido un trabajo especialmente fácil, atrapado entre la insistencia de los catalanes sobre sus antiguos derechos y privilegios, y el a veces lento, insensible e indiferente gobierno central de Madrid.

4. XI. En su libro (ver 4. I) Candida Moss explica cómo las historias de martirio estaban más interesadas en la creación de una ficción dramática que en registrar un hecho histórico. La historia de Santa Eulalia ofrece un ejemplo particularmente gráfico de esto.

4. XII. La climática y políticamente estresante década de 1630 en Cataluña resultó ser precursora de acontecimientos mucho más terribles en la guerra que se avecina: véase el Quinto Cuento.

5

MUERTE EN LA PLAYA DE DRASSANES

Vista aérea de la colina alargada de Montjuïc sobre el puerto moderno en la aproximación al aeropuerto de Barcelona. La ladera detrás de Montjuïc tiene al fondo las colinas de la Collserola. La geología de Barcelona ha influido fuertemente en el desarrollo de la ciudad, confinándola a un terreno bajo densamente poblado.

5

MUERTE EN LA PLAYA DE DRASSANES

I

A menudo ha vuelto a casa aterrizando en el aeropuerto de Barcelona, las ruedas del avión arañando la piel de la pista de hormigón asfáltico que cubre los sedimentos depositados por el río Llobregat donde encuentra el mar. Se tardan apenas unos minutos en cruzar la ciudad y la boca del río en el camino antes del aterrizaje. Diez siglos antes, cuando estas tierras deltaicas pacíficas y aisladas estaban cubiertas de trigo y viñas, el viaje a la ciudad duraba casi dos días. En esos tiempos medievales el cruce seco más próximo que conecta el delta con Barcelona está a veintitrés kilómetros de la costa y cincuenta y ocho metros sobre el nivel del mar en el Puente del Diablo, junto al pueblo de Martorell.

El crecimiento significativo en el delta inferior vino solamente mucho más tarde, en el siglo XVIII, con el desarrollo del pueblo agrícola de El Prat (El Prado) de Llobregat. Aquí se instaló un transbordador para cruzar el río, y el sentido del aislamiento se perdió cuando el viaje a Barcelona fue reducido a sólo ocho kilómetros. Esto a su vez fue superado por el puente del siglo XIX, la llegada del ferrocarril, y en 1893 el descubrimiento del agua artesiana en la sucesión de sedimentos deltaicos debajo. La anacrónica recolección de cereales secos fue sustituida por cultivos de regadío más lucrativos. El Prat se hace famoso por sus alcachofas, lechugas y melones cantalupo. Pero el terreno ahora está demasiado cerca de la ciudad, y el estilo de vida agrario da paso cada vez más a la industrialización, la urbanización y la señal de nuevos enlaces de transporte en el Àrea Metropolitana de Barcelona que envuelve lo que queda de sus planas tierras holocenas.

Un camino frecuente de llegada de los vuelos es descender hacia el suroeste, paralelamente a la costa mediterránea, dando a los viajeros que están sentados a la derecha del avión una vista panorámica de toda la ciudad y sus alrededores. Primero, en anticipación, la estrecha franja costera urbanizada de la Costa Brava y Costa del Maresme, respaldada por las colinas graníticas de la Cordillera Costero Catalana. Luego, anunciando la entrada a Barcelona, aparece la histórica "central térmica de las tres chimeneas", alzándose doscientos metros por encima de la desembocadura del río Besòs y sus sedimentos deltaicos.

A medida que el vuelo entra en su descenso final, la cuadrícula con chaflanes del l'Eixample (el Ensanche) se hace claramente perceptible. Esta parte de la ciudad, diseñada por Ildefonso Cerdá a mediados del siglo XIX, fomenta el crecimiento de Barcelona desde su núcleo medieval, y conecta con centros poblados periféricos como Gràcia y Sarrià. La red de urbanización está dibujada en el piedemonte del *Pla* de Barcelona, como lo estaba antes la red de caminos romanos, orientada hacia el noreste-suroeste de manera que los caminos de montaña a mar son cruzados por los que discurren paralelos a la costa. El orden extremo de este diseño termina repentinamente en el caótico núcleo medieval de la ciudad, reconocible desde el avión por su densidad de calles estrechas y las grandes iglesias dominantes de Santa María del Mar, Santa María del Pi y la catedral. Entonces algo extraño sucede en la vista aérea. Cuando el avión desciende por el núcleo urbano, en lugar de repetir el mismo patrón de centro medieval anidado rodeado por un moderno caparazón, una prominente colina arbolada se alza repentinamente en la ciudad, desafiando con su geología el desarrollo urbano. Esta colina es Montjuïc.

II

El perfil de Montjuïc depende mucho de desde dónde estes mirando. Desde la costa es un fuerte y peligroso acantilado, exponiendo rocas marrones alteradas que se levantan abruptamente desde el moderno puerto y coronadas por una fortaleza a casi doscientos metros sobre el nivel del mar. Visto desde el interior, en la dirección opuesta, digamos desde el lugar de nacimiento de Santa Eulalia en Sarrià, tiene la acogedora forma de un suave domo inclinado que se eleva por encima de la ciudad, paralelo a la costa y cubierto de terreno abierto, verde y semi-boscoso. Esta diferencia entre el acantilado y las pendientes más suaves hacia tierra puede apreciarse cuando la colina se ve paralela a la costa, como por ejemplo desde el final de la Rambla, o desde el aeropuerto.

La pendiente y forma (la "geomorfología") de Montjuïc están determinadas por su geología. La colina está hecha principalmente de niveles de arenisca marrón que se inclinan (o "buzan") alejándose del mar. Al referirse a las rocas, en lugar de "niveles" los geólogos prefieren utilizar la palabra "estratos", de modo que "los estratos de piedra arenisca marrón de la sucesión de Montjuïc buzan suavemente hacia tierra". El lento proceso de erosión por la lluvia y el viento tiende a seguir el buzamiento de los estratos, por lo que la forma de la colina viene a reflejar la estructura geológica subyacente que en este caso se denomina "pendiente de buzamiento". Por el contrario, el empinado lado marino de la colina es el escarpe. En lugar de haber podido seguir los estratos, la erosión aquí ha cortado un acantilado a lo largo de grietas y fallas a través de los sedimentos marrones. Originalmente, hace millones de años y mucho antes de que los seres humanos existieran, estos sedimentos se depositaron horizontalmente en el fondo del lecho marino. Más tarde, sin embargo, en respuesta a lentas pero persistentes fuerzas tectónicas rotaron alrededor de un eje horizontal, inclinándolos hacia un lado. La parte superior se elevó para formar la colina de Montjuïc, mientras que el otro lado se inclinaba suavemente hacia abajo, lejos de la costa. La erosión de la parte elevada de esta sucesión de sedimentos inclinados produjo lentamente el clásico "relieve en cuesta", el perfil topográfico asimétrico de Montjuïc, familiar para los humanos desde que pusieron sus pies en las tierras deltaicas de los ríos Llobregat y Besòs.

III

Inmediatamente al noreste de Montjuïc, en el punto más meridional de la ciudad amurallada, se encuentra Les Drassanes, el astillero real de Barcelona. La parte más antigua de esta estructura civil gótica fue construida durante el reinado de Pedro el Grande, hijo mayor de Jaime el Conquistador, a finales del siglo XIII. Inicialmente adyacente al terreno pantanoso del Raval y fuera de los límites de la ciudad medieval, se incorporó dentro de las murallas cuando éstas fueron expandidas durante el siglo XIV. Posteriormente ampliado y modificado durante varios siglos, funcionó con una historia larga y distinguida siendo un lugar clave en el Mediterráneo como arsenal naval.

En 1640 este astillero y la playa rocosa que se extiende quinientos metros al suroeste desde los acantilados de Montjuïc, proporcionan el telón de fondo para un gran drama que culmina en la chispa que enciende una guerra. En la tarde del jueves 7 de junio, un grupo de hombres es visto saliendo de las murallas que protegen el lado suroeste del astillero. Luchan a través del terreno pedregoso en la boca de la riera que drena la tierra baja entre la ciudad y Montjuïc, y comienzan a correr hacia la orilla. Se escuchan tiros desde la dirección del astillero, y está claro que están en apuros. El grupo comienza rápidamente a dispersarse ya que algunos de los más ágiles sacan el máximo provecho de su ventaja alejándose de los rezagados detrás. Algunos de los primeros en llegar a la orilla, como Don Ramón de Sagarriga i Argençola que todavía está en sus veinte años, se desnudan y nadan para salvar sus vidas. Sagarriga y varios otros son capaces de evitar ser capturados encontrando refugio en una cueva erosionada en la sucesión sedimentaria de Montjuïc. Miembros más ancianos del grupo, como Don Miquel d'Alentorn i de Salbà, hasta hace poco presidente de la Generalitat de Catalunya, son incapaces de intentar nada tan ágil, y huyen a través de la playa rocosa lo mejor que pueden. Por último, y claramente en gran peligro, va tropezando un hombre gordo ayudado por dos criados y un alfarero local llamado Dalmau Prats. No lejos detrás, y acercándose rápidamente, un pequeño grupo de hombres armados se está aproximando a su presa.

El sol de media tarde en junio aprieta sobre la escena que cada vez se está poniendo más fea. Con disparos detrás, el hombre gordo trata de refugiarse tras un bloque de piedra arenisca. Está indignado ante la ignominia de todo esto, además de aterrorizado por su vida. ¡Dalmau de Queralt i de Codina, conde de Santa Coloma, virrey de Cataluña, siendo perseguido por la playa como un criminal común! Todo esto está siendo demasiado para él y, sudando profusamente por el calor y la obesidad, temblando de miedo, agotamiento, ira y vergüenza, se derrumba sobre su espalda en la playa. Ayer mismo escribió al conde-duque Don Gaspar de Guzmán y Pimentel Ribera y Velasco de Tovar, conde de Olivares, duque de San Lúcar la Mayor, ministro en jefe del rey Felipe

IV y grande de España, un hombre de inmenso poder al que se conoce más sencillamente como "Olivares". En su carta Santa Coloma predijo con exactitud que al día siguiente, Corpus Christi, su vida estaría al límite. Le prometió a Olivares afrontar el día con un corazón valiente, pero en la playa de Drassanes su valentía ha llegado a su fin.

Prats busca en vano un pequeño bote para escapar, pero ya es demasiado tarde: sus perseguidores llegan para robarles todo lo que tienen. Llegan más hombres, varios de ellos vestidos como segadores, y alguien reconoce con sorpresa que uno de los detenidos es un sirviente del virrey. ¡El virrey! Uno de los segadores, dándose cuenta de que inesperadamente han descubierto al más poderoso, y en los ojos de muchos, el hombre más buscado de Cataluña, ofrece al virrey su protección. Sin embargo este respeto no es compartido por todos sus colegas, y un marinero, que no siente la necesidad de un debate democrático, saca su cuchillo y apuñala a Santa Coloma en el vientre. La violencia ha comenzado y otro de los individuos vestido como segador termina el trabajo apuñalando al virrey repetidamente.

El cuerpo de Santa Coloma queda tendido en la playa el resto de la tarde, mientras la noticia se extiende por la ciudad y los acontecimientos dan lugar a disturbios incontrolados. Durante cuatro días más las multitudes vagan por las calles atacando a su voluntad, y centrándose en objetivos propiedad de funcionarios y jueces reales conectados con el odiado gobierno real de Madrid. Se informa de que un hombre, Josep Vincens, está alardeando de ser el responsable del asesinato del virrey. Otro segador, Joan Vert, que viene de El Prat, es acusado de vender joyas robadas del virrey. Pero todos los esfuerzos para capturar a los autores de los crimenes durante la revuelta son infructuosos. El único juez con suficientes agallas para intentarlo, un hombre llamado Miquel Carreras, es intimidado por la multitud y obligado a correr para salvar su vida.

IV

Las cosas han estado girando fuera de control durante algún tiempo. Felipe IV y Olivares tienen a España enredada en un conflicto tras otro, el último comenzando con la humillación del fallido intento de invadir Francia desde la frontera catalana (batalla de Leucate, 1637). En estos días la frontera noreste entre España y Francia se encuentra en El Rosellón , al otro lado de los Pirineos. Un punto central para la aventura militar allí es la fortaleza de Salses, una magnífica estructura defensiva construida alrededor de 1500 bajo el reinado del rey Fernando II y diseñada para proteger esta esquina de Cataluña de la invasión francesa. El 19 de julio de 1639 los franceses toman la fortaleza después de cuarenta días de sitio.

La respuesta española no tardará en venir, con la llegada seis semanas más tarde de un gran ejército, que incluye catalanes y que comienza el contra-asedio. El 2 de noviembre, después de varios días de lluvias torrenciales, los franceses intentan sin éxito levantar el contra-asedio en una sangrienta y dura batalla. Durante la pelea Carlo Andrea Caracciolo, segundo marqués de Torrecuso, adopta un papel importante distinguiéndose por su previsión y valentía y recibe una carta personal de agradecimiento y admiración de Olivares.

Sin embargo, el 29 de noviembre, la gloria de Torrecuso se disipa repentinamente durante una violenta discusión con el virrey Santa Coloma que casi llega a las armas, y deja a Torrecuso y su hijo, Carlo María Caracciolo, duque de San Jorge, languidecer en la ciudadela de Perpiñán. Mientras tanto, los franceses todavía atrapados dentro la fortaleza de Salses están muriendo de hambre y se rinden el 6 de enero de 1640. La victoria española, liderada por Felipe Espinola, con Santa Coloma como segundo al mando, ha dejado sin embargo alrededor de diez mil de sus propios hombres muertos o desertados, y hay una gran tensión, incluso lucha abierta, entre catalanes y no-catalanes (que son principalmente castellanos, holandeses, napolitanos e irlandeses) del ejército español. Los catalanes, colocados a regañadientes en la línea de frente y tratados sin el respeto que saben que merecen, se ven obligados a defender su territorio a un coste terrible, tanto en vidas como en recursos.

Se ordena a la mayor parte de las unidades de infantería (conocidas como tercios) que pasen el invierno en otros lugares de Cataluña, y a muchas de las tropas no-catalanas desplazarse hacia el oeste, más cerca de Aragón y Valencia. Esto significa mucho tráfico a lo largo de un número limitado de vías de servicio, de modo que las mismas aldeas sufren repetidamente la carga de apoyar a las tropas reales. La constitución catalana requiere que cada casa del pueblo de a un soldado como mínimo: agua, sal y vinagre, cama, una luz, y una mesa. Los apurados campesinos catalanes no están legalmente obligados a alimentar a las tropas, pero es lo que Madrid espera de ellos. Olivares es un ferviente centralista que exige obediencia al rey en todas las tierras del Imperio español, y desprecia a los nacionalistas locales. "No soy yo *nacional*, que es cosa de muchachos" dice. Por supuesto los malditos campesinos alimentarán a su ejército.

Debido el desprecio de Olivares por los derechos constitucionales de los catalanes y su percepción de falta de apoyo del rey, poco amor se pierde entre el ejército y sus irrespetuosos anfitriones. Los soldados descontentos, endurecidos por la lucha y el saqueo en los campos de batalla de Flandes e Italia, tienden a la violencia. El 1 de febrero, por ejemplo, un tercio de soldados napolitanos comandados por el capitán Spatafora, furioso con la resistencia local a su indeseada presencia, entra en la residencia fortificada del noble anciano Antoni de Fluvià-Torrelles i Llordat en Santa María de Palautordera, en la ruta del valle que conecta Barcelona y Girona. De Fluvià (y, según cuentan algunos, su familia) no sobrevive al incidente y es asesinado, se informa, en su propia capilla. El obispo Manrique de Barcelona excomulga a las tropas responsables de este brote de daños colaterales y se queja a Madrid, pero encuentra poca simpatía en Olivares y el rey.

Las cosas llegan al límite en la primavera durante el regreso de los soldados al frente de El Rosellón. En este momento Cataluña está bajo la amenaza de otra sequía y los suministros son cada vez más escasos. La resistencia de los aldeanos a la imposición de albergar las tropas encabezadas por el comandante Juan de Arce produce un violento desacuerdo en Santa Coloma de Farners, una aldea situada a veinte kilómetros al suroeste de Girona. El virrey responde enviando a su alguacil Joan Miquel Montrodon para imponer la ley a la fuerza. El alguacil sin embargo no está altamente capacitado en el manejo de conflictos y es asesinado el 30 de abril, según se informa escondido en el mesón local que es incendiado por los furiosos aldeanos.

La noticia de la crisis llega rápidamente al cercano pueblo de Riudarenes, donde el comandante Leonardo de Moles está sufriendo también el rechazo de los aldeanos a hacer cualquier otra cosa que lo mínimo por sus tropas napolitanas. El tercio napolitano de Moles, más de mil hombres, ya tiene una reputación por saqueo, por lo que los aldeanos han guardado sus pertenencias en la iglesia cerrada con llave. Al día siguiente, 1 de mayo, cuando salen del pueblo, los napolitanos se vengan invadiendo la iglesia, saqueando las posesiones dentro, y quemándola al final. Este acto de profanación es presenciado por dos sacerdotes que traen los restos carbonizados del Santísimo Sacramento a Girona, donde se produce una gran indignación general seguida, el 14 de mayo, por la excomunión solemne de Moles y de sus hombres.

V

Durante el resto del mes el conflicto entre los soldados y los campesinos catalanes va en aumento. La respuesta del virrey no es conciliadora, y ordena a sus comandantes Ramón de

Calders y Juan de Garay atacar Riudarenes y Santa Coloma de Farners como castigo por lo que él percibe como una insubordinación ingrata.

Mapa de la costa de Cataluña en el siglo XVII mostrando los puntos calientes conflictivos mencionados en los Cuentos 5 y 7. Las tensiones que surgieron entre los catalanes locales y las tropas contratadas por el gobierno central español llegaron a un punto crítico en la primera mitad de 1640, después de la batalla de Salses en lo que entonces era aún Cataluña (después Perpignan (Perpinyà) al sur de Francia). Trás la rebelión en Barcelona, un ejército liderado por España fue enviado desde Tortosa para restaurar el orden, llevando a la batalla de Monjuïc en enero de 1641. Obsérvese la ruta desde Tortosa a través de El Perelló, Cambrils, Tarragona y Martorell siguiendo la Vía Augusta romana (foto de portada Cuento 7).

Por su parte, los campesinos armados participan en combates de guerrillas con las tropas, incitados por miembros del clero local. Para entonces muchos están convencidos de que están luchando por defender su patria catalana y Dios contra los extranjeros herejes sacrílegos que luchan por el rey de Castilla. Una potente fuerza de campesinos rebeldes es la de los trabajadores migrantes, que se preparan para recoger la cosecha temprana del grano. Estos hombres, los segadores, viven toscamente y no son ciudadanos que obedezcan siempre la ley. Muchos segadores se unen a la rebelión con entusiasmo, ya enojados por la perspectiva de una pobre cosecha afectada por la sequía y dañada por los movimientos de tropas dentro del territorio.

Las tropas enviadas a Cataluña se sienten a estas alturas completamente sitiadas por las personas que se suponía debían estar defendiendo. El día 21 del mes hay un tremendo altercado en la misma Barcelona donde más de quinientos soldados de infantería y caballería han llegado hasta el puerto de la ciudad, desde donde pretenden escapar de la rebelión. No son bienvenidos, y son disparados a medida que las tropas van subiendo a las galeras. Los caballos quedan abandonados en la orilla y algunos hombres se ahogan al caer o saltar al mar.

Al día siguiente, alrededor de las diez de la mañana, con algunas tropas aún en el astillero de Drassanes, una masa de más de mil campesinos, algunos de ellos bien armados, entran en la ciudad a través del Portal Nou. No hay nada que los detenga, especialmente porque cuentan con el apoyo de muchos ciudadanos dentro de Barcelona, donde hay un considerable descontento con la manera en que el gobierno local está manejando los asuntos con Madrid. Los campesinos se dirigen directamente a la prisión donde exigen la liberación de Francesc de Tamarit i de Rifà, el hombre a cargo de los militares catalanes. Tamarit, un diputado del ayuntamiento, había sido elegido para su cargo el 22 de julio hace dos años, junto con Pau Claris i Casademunt (un sacerdote a cargo de los asuntos eclesiásticos) y Josep Miquel Quintana (elegido como diputado real). Este trío se va a encontrar en el centro de los problemas de la consiguiente "guerra de los Segadores".

Tamarit es un hombre popular. Enviado por el virrey Santa Coloma a luchar en el sitio de Salses, de donde volvió triunfalmente a Barcelona como héroe de guerra. Su problema ahora es que es un vigoroso defensor de los derechos de Cataluña, y entiende el punto de vista de los pueblos catalanes tomando una posición contra el estacionamiento de las tropas del rey. Por ello recibe el extremo descontento del conde duque Olivares en Madrid, que ordena a Santa Coloma poner a Tamarit en la cárcel. El 18 de marzo el diputado es debidamente encarcelado dentro de una torre en las murallas originales de la Barcino romana, un acto que sólo sirve para inflamar a la población local aún más, explicando por qué el ejército campesino que llega dos meses después sea bienvenido por muchos en la ciudad.

Para mantener la paz no hay nada que Santa Coloma pueda hacer sino aceptar la liberación de Tamarit. Aupados por su éxito, los campesinos son persuadidos por los requerimientos de los obispos de Barcelona, Urgell y Vic (estos dos últimos son catalanes y el primero es castellano pero popular entre los locales) para mantener el autocontrol y demostrar las virtudes catalanas abandonando la ciudad voluntariamente y sin violencia. "¡Viva la Santa Madre Iglesia y el Rey Nuestro Señor!" gritan, y el virrey y la élite de la ciudad se sienten muy aliviados.

VI

Sólo ocho días después, otra iglesia catalana es quemada por las tropas gubernamentales, esta vez el acto sacrílego tiene lugar en Montiró. Se trata de un pequeño asentamiento en el noreste a pocos kilómetros de la costa del golfo de Roses y es el hogar de Josep de Margarit i de Biure, figura clave en las milicias catalanas hostigando a las tropas castellanas. Los soldados que saquean Montiró son los mismos que, bajo el mando de Juan de Arce, estuvieron involucrados en el problema de Santa Coloma de Farners un mes antes. Desde entonces, los soldados de infantería de Arce han estado subiendo por la costa catalana a través de territorio hostil hacia el campo de batalla en El Rosellón. Incluso allí encontrarán que no son bienvenidos porque antes de que lleguen un motín contra las tropas españolas estalla el 4 de junio en Perpinyà, la segunda ciudad más grande de Cataluña ahora controlada por los rebeldes locales.

El mismo día, la noticia del incendio de la iglesia de Riudarenes llega primero a los clérigos de Barcelona, cortesía de una delegación de cánones de Girona. A medida que la noticia se propaga a través de la capital catalana, y los obispos preparan una carta de queja al virrey, la inestabilidad estalla en la costa, con gente local tratando de bloquear el atraque de galeras comandadas por el marqués de Villafranca. La sensación de crisis se agrava dos días después, cuando llegan noticias de la quema de la iglesia de Montiró. Para proporcionar la conflagración perfecta, al día siguiente es Corpus Christi, una de las fiestas más importantes que se celebran anualmente en Barcelona, y la agitada ciudad está llegando a un estado de tensión que roza el delirio.

VII

Corpus Sangriento, 1640. En la mañana temprana del 7 de junio cientos de campesinos vuelven a entrar en la ciudad con rabia. Entre ellos están los que se autodenominan Vengadores del Cuerpo de Cristo y exigen justicia y retribución por la quema de las iglesias. Cualquier persona implicada en traer tropas no-catalanas del gobierno a Cataluña es identificada como traidor, especialmente los odiados jueces de la Real Audiencia y, por supuesto, el virrey y sus oficiales.

Según se informa, la violencia se dispara por primera vez fuera de la casa del alguacil Monrodon previamente asesinado en Santa Coloma de Farners, y un segador es fatalmente apuñalado. Poco después muere otro segador, esta vez disparado en la plaça de Sant Francesc cerca del palacio del virrey, fuera del astillero. A pesar de las peticiones de calma del obispo de Barcelona, la multitud furiosa está pidiendo ahora sangre. Madera traída de una panadería cercana está siendo apilada contra el palacio cuando un grupo de frailes minoritas sale del Monasterio de Sant Francesc y coloca una imagen de Cristo en la pila de leña. El alzamiento del caos violento parece haberse evitado, o al menos retrasado, justo cuando los concejales llegan a la escena para añadir sus esfuerzos con el fin de dispersar a la multitud y ofrecer al virrey una protección militar.

Pero es imposible que algunos de los alborotadores abandonen la ciudad como si nada hubiera pasado. Un nuevo grupo, según se informa, de doscientos o trescientos hombres, se forma y comienza un ataque contra la residencia de Gabriel Berart, un juez de la Audiencia. El juez logra escapar y encontrar refugio en el cercano Convento de los Carmelitas Descalzas, pero su casa es saqueada y quemada. Ahora son alrededor de las dos de la tarde, la temperatura continúa elevándose constantemente cuando una colección de excelentes carruajes pertenecientes al marqués de Villafranca es añadida a la hoguera fuera de la casa de Berart. La siguiente casa, esta perteneciente a otro ministro real, Guerau de Guardiola, es el próximo objetivo para su destrucción.

En este punto los concejales tienen algún éxito, calmando nuevamente la situación y convenciendo a los rebeldes de dejar la ciudad por el Portal de Sant Antoni, pero sus planes son frustrados por un nuevo incidente. Esta vez uno de los siervos de Villafranca es lo suficientemente imprudente para disparar contra la multitud amenazante, reavivando su ira. Con la idea de salir de Barcelona ahora abandonada por la multitud, los criados de Villafranca son perseguidos hasta un convento cercano donde al menos cinco son asesinados. Con violencia generando aún más violencia la búsqueda se amplía para incluir otros conventos, llevando a la captura y asesinato inmediato del juez Gabriel Berart. Su nieto, Gaspar de Berart i de Cortada, luchará como capitán del ejército catalán contra el rey español en 1714.

El virrey decide, o es persuadido de, dejar su residencia e ir hacia el astillero de Drassanes con el fin de escapar de la ciudad a bordo de una galera genovesa que había llegado Barcelona temprano en el día. Tiene la oportunidad de hacerlo, pero en el último minuto es convencido para esperar a los concejales, preservando al menos un poco de decoro en una situación que claramente se está encaminando hacía una pérdida total del control de la ciudad. Pero los consejeros están completamente ocupados tratando de lidiar con los ataques en la residencia de Villafranca, y en su lugar la muchedumbre es la primera en llegar a Drassanes, buscando furiosamente más sirvientes de Villafranca. Al llegar al astillero, el pánico se desata entre el grupo de nobles y altos clérigos que habían estado con el virrey y se dispersan, dejando sólo un pequeño grupo leal y lo suficientemente valiente para tratar de protegerle.

El plan para salir en bote es frustrado finalmente cuando uno de los atacantes tiene la previsión de subir a un cañón de protección del muelle y forzar a un oficial, Francesc Barra, a disparar hacia el barco de Génova, que se retira y se mantiene a raya. Ahora no hay escape fácil para el virrey y su grupo que se dirigen hacia las murallas que protegen el lado sudoeste del astillero. Saliendo de la fortificación, luchan a través del terreno pedregoso de la boca de la riera que drena la tierra baja entre la ciudad y Montjuïc, y comienzan a correr hacia la orilla......

*****

VIII

Los disturbios en Barcelona terminan finalmente el 11 de junio, después de cinco días de pandemónium urbano en el que un Miquel Parets horrorizado compara la situación en Barcelona con el escenario del Juicio Final. La furiosa violencia después de agotar la capital catalana, traslada su foco a Perpinyà donde, también el 11 de junio, Juan de Arce y sus hombres llegan finalmente para encontrar la ciudad todavía en manos de los habitantes rebeldes que rechazan la entrada de los soldados. El tenso estancamiento se rompe cuando de Arce decide hacer lo que mejor sabe: atacar y destruir. Su bombardeo comienza el 14 de junio, y toma con éxito la ciudad dos días después. Una vez dentro y en control, de Arce dirige su venganza hacía el clero, a quien hace responsable en gran medida de la insurrección catalana, y los edificios religiosos no se salvan de las quemas y saqueos. Es un giro chocante y auto-destructivo hacia la espiral de derramamiento de sangre desatada en El Rosellón por la firme decisión de Olivares de abrir un frente de guerra en la frontera catalana.

De vuelta en Barcelona las cosas se han calmado, pero se está desarrollando una mentalidad de asedio a medida que la capital catalana considera su precaria posición entre los españoles, los franceses y los campesinos en revuelta. Se nombre un nuevo virrey de Cataluña, esta vez Enrique de Aragón Folc de Cardona y Córdoba, que no es ajeno al puesto y, como Miquel Parets había notado durante los años anteriores de sequía, no es gran amigo de los pobres. Cardona es, sin embargo, un miembro rico y poderoso de la nobleza, y cuenta con el apoyo de muchos clérigos y altos comerciantes. Inmediatamente viaja a Perpinyà para encontrar una solución a la insurgencia allí, llevando con él a sus dos obispos catalanes, Pau Durán y Ramón de Sentmenat. Necesita encontrar una manera de detener el conflicto entre los soldados catalanes y castellanos, y decide intentar aplacar a los locales mediante la encarcelación de algunos de los culpables de la ofensa, como Leonardo de Moles, el responsable de la quema de la iglesia en Riudarenes.

Sin embargo, el mayor problema del virrey es su salud, que se está deteriorando rápidamente tras haber sido sangrado por sanguijuelas cuarenta y dos veces ya ese año con el fin de aliviar el dolor de gota. Su única solución a la crisis política en Perpinyà es su propia muerte el 22 de julio a los 51 años, dejando Cataluña una vez más sin un jefe de estado designado. En El Rosellón, el nuevo oficial a cargo es Juan de Garay Otañez y Rada, un general de cincuenta y tantos años, cuya promoción en el ejército ha sido más lenta de lo que él cree que merece, ganando en el largo proceso una reputación por su carácter agrio y brusco. Garay ordena inmediatamente el estacionamiento de todas sus tropas dentro de la ciudad, comentando ácidamente que este no es el momento para tonterías. Tampoco puede argumentarse razonablemente que sea el momento para poner al mando a alguien tan poco diplomático.

Garay propone una simple solución militar a los problemas de Cataluña: el asalto directo a Barcelona para dar un firme fin a la rebelión. Este ataque es acordado en agosto y programado para el 20 septiembre. Pero se necesita más tiempo, los franceses se están agrupando en la frontera y Garay se ve obligado a permanecer en El Rosellón durante el otoño. Entonces se le ordena cambiar de rumbo hacia Tarragona para unirse a un gran ejército de tropas españolas que se espera llegue allí en diciembre de camino a retomar la ciudad de Barcelona.

Mientras tanto, el rey español Felipe IV organiza sus planes para la toma militar del control en Cataluña, pero continúa no obstante con el procedimiento administrativo y nombra nuevo virrey al atormentado obispo de Barcelona García Gil Manrique. El obispo Manrique acepta humildemente el cargo el 2 de agosto. Es un hombre ampliamente respetado que ha gobernado durante los años difíciles desde la muerte del obispo Joan Sentís i Sunyer en 1632, pero haciéndole obispo del pueblo de Barcelona y virrey del rey crea un fuerte conflicto de intereses que no es capaz de resolver.

De todas maneras en estos momentos queda ya poca ley y orden que controlar por el nuevo virrey, con jueces temerosos de aparecer, y el saqueo, extorsión y asesinatos ocurriendo habitualmente. Además, su autoridad religiosa está debilitada por la popularidad de Pau Claris, que tiene el carisma y la superioridad moral de su lado, mientras el rey se muestra reticente a actuar contra sus propias tropas responsables de las sacrílegas profanaciones en Cataluña a principios del año. Claris va a asumir un papel cada vez más destacado en la revuelta catalana, mientras que Manrique va a perder su empleo como virrey ese año.

El futuro de Manrique estaba ya escrito. En el mismo mes de agosto, un ejército español bajo el comando de Pedro Fajardo-Zúñiga-Requeséns y Pimentel, marqués de los Vélez, comienza a reunirse en Zaragoza. Los Vélez, recién llegado de los éxitos militares contra los franceses en el País Vasco, es un hombre de confianza del conde duque Olivares. Otro favorito de la corte real, el segundo marqués de Torrecuso (que también se ha distinguido luchando en el País Vasco), ya ha sido puesto en libertad en la cárcel de Perpinyà junto con su hijo, coincidiendo justamente con el día que Santa Coloma es asesinado en la playa de Drassanes. Torrecuso y su hijo han hecho las paces con el hijo superviviente de Santa Coloma (que a diferencia de su padre logró escapar de Barcelona en la galera genovesa) y son ordenados a unirse a Los Vélez en Zaragoza. Serán combatientes clave en el ejército enviado por Olivares para vengar la muerte del virrey.

Los intentos otoñales de conciliar los dos bandos se esfuman a medida que las posiciones se atrincheran. Por un lado está el caso del arrogante poder castellano contra el catalán dado por derecho divino, y por el otro lado un justo castigo por la ingratitud, traición y peligrosa deslealtad al rey de España.

IX

El 8 de octubre de 1640 el ejército de Los Vélez sale de Zaragoza, llegando diecisiete días más tarde a Tortosa, una estratégica localidad fronteriza situada en el delta de la desembocadura del río Ebro. La entrada a Cataluña desde el sur se ha convertido en la ruta obvia después de que la élite municipal de Tortosa declarara su apoyo al rey el 22 de septiembre, desafiando abiertamente la posición de Barcelona. En respuesta, todas las personas en Barcelona provenientes de Tortosa son ignominiosamente desposeídas y enviadas de vuelta a de donde vinieron. Los dados se tiran otra vez cuando Pau Claris, ahora presidente de la Generalitat, revela las negociaciones en curso con los franceses, que han prometido defender Cataluña contra los españoles. La elección es ahora más cruda todavía: lealtad al rey español o a la tierra sagrada de Cataluña respaldada por Francia, con la que España está en guerra.

La crisis no resuelta sigue hasta noviembre. Los Vélez ha sido nombrado nuevo virrey de Cataluña, dejando al obispo Manrique desesperadamente desconectado en Barcelona, y el ejército invasor de españoles, portugueses, italianos e irlandeses es de un tamaño formidable. Hay más de 26.000 hombres y ninguna razón para el pesimismo. Mientras las tropas se preparan para la invasión a gran escala desde su plataforma de lanzamiento en Tortosa, Barcelona toma la decisión inusual de re-celebrar el Corpus Christi a la luz de la debacle a principios de junio, y esta vez todo va según el plan. El festival tiene lugar del 4 al 6 del mes y es especialmente intenso; uniendo los seglares y el clero con la nueva determinación y convicción de que Dios y los santos están de su lado.

Pero en otras partes de Cataluña no todo el mundo está convencido de la justificación de la separación catalana y la sabiduría de aliarse con el enemigo francés. Por ejemplo, los obispos de Lleida y Urgell, al oeste y norte del territorio respectivamente, apoyan al rey como también lo hace un monje franciscano, Roger de Montbiró, que trata de persuadir a los ciudadanos de Tarragona de no resistirse al avance castellano desde el sur. El miedo comienza a reinar en los corazones de algunos catalanes cuando se enfrentan al conflicto armado contra números muy superiores.

X

Los Vélez lanza a sus hombres el 6 de diciembre hacia el nordeste. Después de encontrase con resistencia armada en El Perelló, donde la aldea es saqueada, quemada y algunos de los supervivientes colgados, el 10 de diciembre hay un conflicto mayor en el Coll de Balaguer. Aquí hay un castillo construido para defender la frontera natural entre las regiones de Tortosa y Tarragona, que ha existido por lo menos desde su primera mención en 1201. Está levantado junto al escarpe de la falla de El Camp, cerca de la costa, y sus ruinas un día tendrán vistas sobre la central nuclear de Vandellòs. En esta posición una fuerza de alrededor de dos mil rebeldes catalanes es superada por un aparentemente invencible ejército español, que continúa siguiendo la costa llegando al pueblo de Cambrils el 13 de diciembre.

Los españoles han penetrado casi ya cien kilómetros en territorio catalán y no muestran signos de ser rechazados. En Cambrils los rebeldes se resisten, pero después de un breve asedio Torrecuso, para ahorrar desperdiciar tiempo valioso y mano de obra, convence a Los Vélez de aceptar la rendición del pueblo y ofrecer protección a los defensores. Sin embargo, en el tiempo inmediatamente después de la entrega, las tropas españoles abren fuego contra sus prisioneros rebeldes, aparentemente después de un altercado que involucra a un soldado real intentando robar ropa de un rebelde. Sea cual sea la causa, el control ejercido por los oficiales españoles es un fracaso, y en poco tiempo cientos de rebeldes catalanes yacen muertos en el suelo. La carnicería se ve agravada por las acciones de Los Vélez que ejecuta a tres miembros de la nobleza local involucrados en la defensa de la ciudad, supuestamente después de que ellos también se habían rendido honorablemente.

Durante los próximos diez días las represalias en el área de Tarragona estallan entre ambos bandos, y con la extrema violencia de estos acontecimientos en la incontrolada niebla roja de la guerra, cualquier posibilidad de una solución negociada al conflicto se evapora de una vez por todas. Muchos de los que están dentro y alrededor Barcelona se convencen más que nunca de que tienen que luchar hasta el final, mientras llegan a gotas informes horribles desde el sur. Además, los franceses han venido en forma de ejército auxiliar liderado por el barón d'Espenan, que ya se ha desplazado al sur hacia Tarragona para ayudar en el enfrentamiento con el enemigo. El 23 de diciembre Pau Claris levanta la alarma general y declara abiertamente la guerra contra el rey de España.

XI

Desalentadoramente para los catalanes sin embargo, al día siguiente después de que Claris haya declarado la guerra, su aliado francés d'Espenan (presumiblemente habiéndose dado cuenta de lo que tiene en contra) llega pragmáticamente a un acuerdo con Los Vélez para entregar Tarragona sin pelear y evacuar a la mayoría de sus tropas de vuelta a Francia. Habiendo asegurado Tarragona tan fácilmente, Los Vélez tiene ahora libertad para trasladarse a Barcelona.

Como de costumbre la ruta más fácil es dictada por la geomorfología. El ejército sigue inicialmente la costa y luego gira al norte hacia El Vendrell para seguir el amplio valle del

Penedès que separa los macizos geológicos del Litoral y Pre-Litoral en la Cordillera Costero Catalana. Esta ruta, aunque no es la más corta, permite al ejército evitar el duro terreno de las colinas del Garraf y ofrece el acceso directo a Barcelona siguiendo el valle del Llobregat después de cruzar el Puente del Diablo en Martorell. Por su parte, los dirigentes catalanes predicen correctamente que esta será la ruta elegida por Los Vélez y deciden hacer frente al enemigo en Martorell.

Aunque la invasión va según lo planeado, las cosas no son del todo optimistas en el bando español, a pesar de sus éxitos militares y superioridad en número. Aparte de las lesiones y enfermedades habitualmente esperadas durante una prolongada campaña militar, existe el desafío de mantener al ejército bien provisto en territorio hostil durante los meses de invierno. Cuanto más se aventuran en Cataluña, más difícil se convierte la logística, como lo demuestra el acoso de la caballería del comandante Josep de Margarit i Biure a las tropas leales al rey, que está detrás de las líneas enemigas vengando el ataque contra su vivienda de Montiró.

Hay además un problema creciente con los desertores. En particular Los Vélez tiene que hacer frente a las repercusiones de otra revuelta ibérica que se desarrolla simultáneamente en Portugal. En ese mismo mes de diciembre de 1640 el duque de Braganza se ha levantado contra Felipe IV y ha declarado la restauración de un Imperio portugués independiente. Este hecho, una vez conocido por los soldados portugueses, no les favorece para luchar con los españoles en lo que les parece un espejo de lo que está sucediendo en casa. La situación no es ayudada por el carácter del capitán al mando del tercio portugués, Simon de Mascarenhas. Aunque hijo de un importante general portugués influyente en la nobleza española, no es capaz de ganar ni el afecto ni el respeto de sus hombres. Carece de experiencia y madurez para el mando, y es famoso por pensar que es alguien nacido para esperar la fruta antes que las flores, o, en lenguaje más moderno intentar correr antes de saber andar.

Sin embargo, el ejército español avanza por el valle del Penedès encontrando poco que impida su paso. Reorganizándose en la localidad de Vilafranca del Penedès, Los Vélez fija su mirada en Martorell y, justo más allá, el cruce del rio clave en el Puente del Diablo. Aquí, en el frío de mediados de enero de 1641, el ejército invasor se adentra en el corazón de Cataluña. Hacia el norte se asoma la cresta de la montaña de Montserrat, sus conglomerados se elevan más de mil metros por encima de las tropas y proporcionan un lugar de encuentro para el fervor religioso entre los catalanes. Inmediatamente hacia el sur escalan las impenetrables ondulaciones boscosas del Garraf, infestadas de vida silvestre y que terminan abruptamente en los precipicios de los acantilados costeros. Delante se encuentra el valle del Llobregat y el ejército catalán, bajo el mando del general Francesc de Tamarit i de Rifà que cuenta con miles de hombres preparados para resistir defendiendo su capital. El llamamiento obligatorio a las armas emitido por los dirigentes catalanes para todos los hombres de entre quince y sesenta y cinco años de edad en los pueblos y aldeas vecinas ha inflado la resistencia armada, y todavía quedan algunos soldados de infantería y caballería franceses en sus filas. Esperando también en el puente, según la leyenda popular, está el mismo diablo.

XII

El primer puente sobre el río Llobregat que une Martorell con Castellbisbal fue construido por los romanos unos diez años antes del nacimiento de Cristo. Proporcionó un cruce clave del río a lo largo de la magnífica Vía Augusta, que discurre por un total de 1500 km desde los Pirineos, pasando por Barcelona, Tarragona y Cartagena, hasta la distante costa atlántica en Cádiz. De hecho, Los Vélez y sus hombres han estado siguiendo esta antigua ruta romana desde que salieron de Tortosa. El puente romano tenía unos ciento treinta metros de largo y duró más de mil años; algunos documentos informan del colapso de un pilar central durante una inundación en 1143.

Las reparaciones posteriores de la estructura fueron reemplazadas por una construcción completamente nueva con el rey Pedro el Grande en 1283. Esta vez en estilo gótico puntiagudo el nuevo puente atraviesa el lecho normal del río en un solo arco con dos arcos laterales aliviando la presión del exceso de agua durante las inundaciones. El puente es muy útil en tiempos medievales especialmente para el traslado de rebaños de animales hacia Barcelona, aunque su mayor pendiente y menor anchura comparada con su predecesor romano lo hacen peor adaptado para el tráfico militar por carretera.

El nuevo puente también se ha demostrado útil para una anciana que antes de su construcción tenía que cruzar el lecho del río a diario, trepando de piedra en piedra, para recoger agua fresca del manantial al otro lado. Cada vez estaba más irritada por el esfuerzo físico que implica, por no mencionar las molestias de los pies mojados, los moretones y las frecuentes inundaciones otoñales durante la llegada de masas polares a gran altitud con aire frío en la troposfera catalana, que hacen el trabajo demasiado duro.

Una mañana cuando estaba a punto de negociar el cruce por la orilla del río, el diablo apareció. "¿Qué demonios estás haciendo cruzando el río así a tu edad? ¡Algo debe hacerse para aliviar tu carga diaria! Afortunadamente para ti poseo grandes poderes y puedo arreglarlo para que nunca tengas que hacer esta ardua travesía otra vez". "¿Qué?", respondió la anciana, sospechosamente. "Déjame solo una noche y durante ella te construiré el puente más hermoso que nunca has visto". –"¿Estás seguro?"- dijo la anciana, incrédula. "¿Cómo puedes dudar de mi palabra?" respondió el diablo, añadiendo

"Y aún mejor, no te costará un céntimo. Todo lo que pido es el primer alma que cruce el río". La anciana cansada miró al diablo y el diablo a la anciana cansada. "Está bien, como quieras" dijo ella con astucia, y trepó a través del río por última vez.

El diablo se puso manos a la obra esa noche completando el puente como prometió, y por la mañana se escondió debajo del arco al otro lado del río esperando a que la vieja cruzara y así cerrar el trato. Pero las cosas no funcionaron exactamente como esperaba cuando la anciana se detuvo justo antes de entrar en el puente y abrió una cesta colgada de su brazo. Desde el interior de la cesta saltó un gato negro que corrió a través del puente, seguido triunfalmente por la anciana.

Desde entonces a pesar de que el puente es obra del diablo, cualquiera puede cruzar sin miedo ya que Satanás con el alma del gato negro de la vieja mira impotente, superado por una desconfiada, incrédula, cansada y vieja mujer astuta en busca de agua del manantial.

A la Viajera le gusta esta historia, pero no está muy convencida. Ha oído varios cuentos sospechosamente similares sobre otros "puentes del diablo" en otros lugares de Europa: ¿es posible que la historia entera sea inventada y pasada de boca en boca entre las mentes medievales para buscar una solución a la existencia de una buena obra de ingeniería humana? Pero la parte acerca de la astuta anciana sin duda suena bastante cierta. Recuerda la popular expresión española "más sabe el diablo por viejo que por diablo". Y ha conocido muchas viejas en su tiempo, incluida ella misma.

Notas

5. I-II. En época prerromana, la colina de Montjuïc se erguía como un istmo prominente con un embarcadero en su lado oeste, conveniente para el acceso al interior por el río Llobregat. En la época romana este golfo ya estaba cenagoso con sedimentos, y con la construcción de Barcino la actividad costera se desplazó hacia el delta del Besòs al otro lado de la colina. En tiempos medievales la actividad mercantil en el antiguo puerto occidental disminuyó y el área se convirtió en una laguna estancada y palúdica: ver *Medieval Mediterranean Ports: The Catalan and Tuscan coasts 1100-1235* por Silvia Orvietani Busch (2001).

Los afloramientos fácilmente accesibles de las rocas del Mioceno en la colina han proporcionado una fuente invaluable de piedra de construcción de alta calidad desde tiempos romanos, y la mayor parte de la ciudad vieja de Barcelona está construida con la distintiva arenisca marrón de Montjuïc. La actividad de extracción fue finalmente cerrada en 1955 por orden militar, aparentemente porque las canteras (unas veinticinco de ellas) se habían vuelto demasiado peligrosas. Para entonces algo así como treinta mil personas vivían en la colina, la mayoría en chabolas. En los años 60, con las canteras en desuso rellenadas con basura, la naturaleza cada vez más insalubre de las laderas de Montjuïc provocó una reubicación masiva de sus habitantes en otros barrios de la ciudad.

Las laderas parcialmente boscosas de Montjuïc fueron usadas durante mucho tiempo por la población medieval de Barcelona para actividades agrícolas como el cultivo de aceitunas y para animales de pastoreo. Dada su altura y posición estratégica, sin embargo, la colina adquirió una importancia militar clave una vez que la primera fortaleza defensiva fue construida en la cumbre en el otoño de 1640 (véase el Séptimo Cuento).

Como la ciudadela del siglo XVIII al otro lado de la ciudad, la fortaleza de Montjuïc llegó a ser vista como un potente símbolo de represión militar. Incluidos entre los que encontraron su muerte por fusilamiento en la cárcel de la fortaleza están anarquistas del siglo XIX, trabajadores rebeldes del siglo XX y, más notoriamente, el presidente de Cataluña Lluís Companys el 15 de octubre de 1940. En 1960 el dictador militar Franco cedió la fortaleza a la ciudad, cerrando la cárcel pero todavía utilizándola como base del ejército y museo de armas. En 2007 el Ayuntamiento de Barcelona tomó el control total del edificio y ahora está abierto al público como atracción turística.

5. III. Véase *The Revolt of the Catalans: A study in the decline of Spain (1598-1640)* de John Huxtable Elliott publicado por *Cambridge University Press* (1963).

5. IV. Para un estudio muy elogiado de Olivares, véase *The Count-Duke of Olivares: The Statesman in an Age of Decline* por John Huxtable Elliott publicado por Yale University Press (1989). A partir de los años 1620 Olivares y su rey Felipe IV se encontraron cada vez más comprometidos con las luchas en las guerras europeas. Ante la creciente necesidad de apoyo militar y financiero, Olivares decidió modernizar y centralizar España, intentando acercar una Cataluña reacia a Madrid.

Las asambleas políticas catalanas, con su diferente idioma, sistema y tradiciones, no habían pagado impuestos para las aventuras militares de Castilla o compartido los despojos del imperio, y se negaron en 1625 a cumplir con el impuesto de unión de armas de Olivares para el ejército. Cuando la guerra con Francia estalló en 1635, Olivares una vez más volvió a intentar sin éxito obtener dinero y hombres de Cataluña, y su respuesta a este repetido fracaso fue la conversión de la frontera catalano-francesa en una zona de guerra, con consecuencias desastrosas para castellanos y catalanes, pero no para franceses y portugueses.

5. V. Un examen del papel del clero fomentando la guerra de los Segadores y al gobierno del naciente estado catalán, y su posterior rebelión contra el control francés anticlerical para apoyar de nuevo al rey de España, es mostrado por Andrew Joseph Mitchell en su tesis de 2005 titulada *Religion, revolt, and the creation of regional identity in Catalonia, 1640-1643*, disponible gratuitamente en la Web (Universidad de Ohio).

5. VI-VII. Para un relato intenso del Corpus Sangriento y detallados antecedentes de la política de Barcelona, véase *For the Common Good: Popular Politics in Barcelona 1580-1640* por Luis R. Corteguera publicado por Cornell University Press (2002).

5. VIII. "Por un lado está el caso del arrogante poder castellano contra el catalán dado por derecho divino, y por el otro lado un justo castigo por la ingratitud, traición y peligrosa deslealtad al rey de España." Un resumen político desde una perspectiva catalana de la profunda división que se desarrolló en el siglo XVII entre Cataluña y el Tribunal Real en Madrid se ofrece en la Web por Antoni Simon en su *Catalonia in the process of constructing the modern Spanish state (16th-18th centuries): An interpretative approach*, publicado en *Catalan Historical Review* (2014).

5. IX. La deserción de Tortosa lejos de la causa catalana persuadió a la Generalitat de que otros en Cataluña debían ser obligados a decantarse por el rey español o por su patria. Esta polarización de la sociedad fue alimentada por líderes catalanes tales como Pau Claris que estaban convencidos de la justicia de la causa, fuese cual fuese el coste.

5. X. Los combates en El Perelló, un breve pero brutal comienzo de la guerra de los Segadores, son conmemorados por una columna de piedra coronada con una estatua de bronce (1994) sobre el Coll de les Forques a las afueras del pueblo. La ubicación vale la pena el desvío si se viaja por la costa mediterránea, especialmente porque justo al lado está expuesta la romana Vía Augusta (ver la foto en la portada del Séptimo Cuento), haciéndolo un lugar para rumiar sobre el ascenso y caída de los seres humanos y sus líderes, naciones e imperios.

5. XI. En la Navidad de 1640 debe haber parecido claro para muchos que los rebeldes catalanes se habían colocado en un rincón. El marqués de Los Vélez, completamente seguro de la victoria, estaba ofreciendo una demanda de rendición en lugar de términos de paz, y el apoyo militar prometido desde Francia parecía en peligro de evaporarse. Sin embargo, a pesar de lo que parecía una derrota inevitable, el liderazgo de Pau Claris demostró ser suficientemente eficaz para galvanizar ciudades y pueblos y enviar hombres y sacerdotes a ayudar de Barcelona. Ochocientos hombres por ejemplo llegaron a la ciudad condal desde la ciudad de Vic en nochebuena. Incluso las monjas de Santa María en Pedralbes llegaron a unirse a sus hermanas en el Convento de Santa Clara. Era un tiempo de solidaridad contra la aparente imposibilidad de tener esperanza.

5. XII. La historia del diablo siendo engañado por humanos ingeniosamente deshonestos, y recompensado únicamente con un animal no humano después de construir un puente, se encuentra con monótona regularidad en toda Europa. Los animales varían (gatos, perros, gallinas, cabras, etc.), pero el cuento es esencialmente el mismo. Suficiente para generar simpatía por el diablo.

6

LOS ANIMALES PERDIDOS DEL VALLE DEL PENEDÈS

El Puente del Diablo cruzando el río Llobregat en Martorell. El puente romano original con su arco triunfal (derecha) fue dañado por una inundación y reemplazado por una estructura gótica medieval (izquierda) dañada durante la guerra civil española y después restaurada.

6

LOS ANIMALES PERDIDOS DEL VALLE DEL PENEDÈS

I

El Puente del Diablo en Martorell tiene su propia y peculiar línea de tiempo, mezcla de geología e historia. En la orilla izquierda del río, cerca del arco habitado por Satanás, el puente está construido sobre un basamento de oscuras rocas arcillosas. Aunque no es especialmente llamativo, dado su gris monótono y su ubicación en tiempos modernos junto a un cruce de autopista adornado con grafiti, estas pizarras son no obstante notables por ser venerablemente ancianas. Pertenecen al grupo de rocas más antiguo expuesto en Barcelona y han existido en la Tierra durante más de cuatro millones de siglos, de regreso hasta la lejana era paleozoica. Sobre este antiguo basamento los arquitectos romanos y sus trabajadores colocaron bloques rojos, rosados y blancos de piedra arenisca triásica extraída de canteras en el valle del torrent de les Deveses, tres kilómetros al suroeste. Los romanos fueron hacia el oeste a buscar sus materiales de construcción para puentes porque estas areniscas aparecen sólo en este lado del río, y los afloramientos de les Deveses son fácilmente accesibles. Cerca de aquí, a la sombra de las colinas del Garraf en los márgenes del río l'Anoia, se estableció una *mansio* o escala oficial a la que se nombró Ad Fines, a un día de Barcino.

Entre las muchas habilidades que poseían los ingenieros romanos estaba la de construir buenos puentes, dignos de la expansión de un imperio y como el mundo jamás había visto; hay más de ciento cuarenta en España. El que cruza el *flumen Rubicatus* (río Llobregat) era un ejemplo clásico, con una serie de arcos semicirculares que soportan un pavimento plano de arenisca y lo suficientemente fuerte para sobrevivir más de mil años de asalto fluvial, meteorización atmosférica y la abrasión de pies y ruedas. Se encontraba en una estratégica posición administrativa, en la frontera entre los territorios de Barcino y Tarraco (Tarragona), y el mensaje era claro: los romanos estaban aquí para quedarse. También construyeron una torre alta de vigilancia para el control en las colinas inmediatamente al sur de Ad Fines. Veinte siglos después sus ruinas siguen erguidas sobre los bosques abajo, pero ahora es irrelevante, mirando impotente sobre un mundo inimaginablemente diferente. El latín ha evolucionado y diversificado en catalán, español, portugués, francés, italiano y otras lenguas romances, el mundo ha avanzado, hay nuevas guerras que luchar, y el invencible Imperio romano se ha esfumado en la historia.

Los soldados asignados a Ad Fines y responsables de construir el puente pertenecían a las tres legiones de X Gemina, III Macedónica y VI Victrix, cada una dejó su inscripción tallada en los sillares. Las tres legiones de infantería de asalto habían servido en activo en las guerras cantábricas, el principal conflicto final en la subyugación de España por el poder romano. La larga conquista de la península, moviéndose hacia el oeste y norte desde la costa mediterránea, duró doscientos años desde la llegada de los romanos a Empúries en 218 a. C. Ahora, dada la eterna necesidad de mantener a los soldados romanos ocupados y útiles (cada uno se inscribió por un cuarto de siglo), muchos de ellos se retiran del frente al norte en España y se les asigna una labor menos agresiva como por ejemplo trabajar en puentes en la propia Vía Augusta, o mejorar las murallas defensivas alrededor de Barcino. El emperador César Augusto había centrado su atención en la mejora de infraestructuras y la eficiencia del transporte a través de su imperio durante el que se convertiría en un largo período de estabilidad política en "Hispania".

II

Algún tiempo después de la finalización del puente se tomó la decisión de erigir un arco magnífico para honrar las glorias de la conquista romana, marcando la división territorial entre Barcino y Tarraco, y destacando la importancia estratégica del Llobregat. Tales arcos se pusieron de moda bajo el dominio de Augusto, como si irradiaran desde Roma, al tiempo que dignatarios locales y sus ciudadanos buscaban formas de demostrar la importancia de sus jurisdicciones. Pocos de estos monumentos en España iban a sobrevivir los veinte siglos hasta la modernidad; sólo seis, en Alcántara y Cáparra (ambos en Cáceres), Medinaceli (Soria), Cabanes (Castellón), Berà (Tarragona), y aquí en Martorell (Barcelona).

Estas erecciones eran talladas, decoradas e inscritas, por lo que ayudaba utilizar piedra relativamente blanda. La que adorna la entrada oriental del puente de Martorell no es una excepción. Mientras que su base y soportes se construyeron sobre todo con la misma arenisca perdurable triásica que el cuerpo principal del puente, para el mortero se utilizó una piedra caliza gris "Costa Blanca" extraída justo al este del puente. El propio arco incorporó el uso de rocas más suaves llenas de restos fósiles como conchas calcáreas de gasterópodos, erizos de mar y otros organismos marinos muertos desde hacía mucho tiempo.

Las rocas que fueron fácilmente talladas no se encontraron ni en la pizarra gris del basamento paleozoico bajo el puente, ni en las duras areniscas triásicas. Los canteros romanos buscaron en otros lugares, aventurándose por el río l'Anoia y minando areniscas suaves, fosilíferas y calcáreas en Can Raimundet, en el valle del Penedès de trece kilómetros de ancho entre las colinas del Garraf y Montserrat.

La Viajera mira a los hombres y a sus bestias transportando laboriosamente bloques de piedra más de un kilómetro abajo hasta la Vía Augusta, y de ahí otros seis kilómetros más o menos al este del puente. La finalización del arco honorífico añade los toques finales a la línea de tiempo de los materiales: pizarras de basamento de más de cuatro millones de siglos, duras areniscas triásicas de alrededor de dos millones y medio de siglos de antigüedad, y ahora estos sedimentos blandos con conchas. En comparación con las otras rocas utilizadas en el puente, las rocas del arco son casi irrisoriamente jóvenes. Sólo quince millones de años de hecho. Se formaron en un mundo mioceno que existió ciento cincuenta mil siglos antes de los romanos.

¡El Mioceno del valle perdido del Penedès! A diferencia de los romanos, celebrando su efímera grandeza atrapada en el presente por su falta de conocimiento del tiempo geológico, la Viajera está bien informada de la fama atribuida a los fósiles del Mioceno encontrados en este valle escondido detrás de Barcelona. Ha leído muchos artículos científicos sobre la diversidad biológica en este antiguo Edén, donde innumerables animales del Mioceno habitaron una vez un paraíso subtropical boscoso. Incluso grandes simios, venidos desde África, tuvieron aquí una buena y larga vida, con más de cien mil generaciones viviendo una tras otra en su trocito del Mioceno. Pero entonces, de repente geológicamente, desaparecieron para siempre. La posibilidad de un viaje de regreso para visitar el día a día del Mioceno es irresistible.

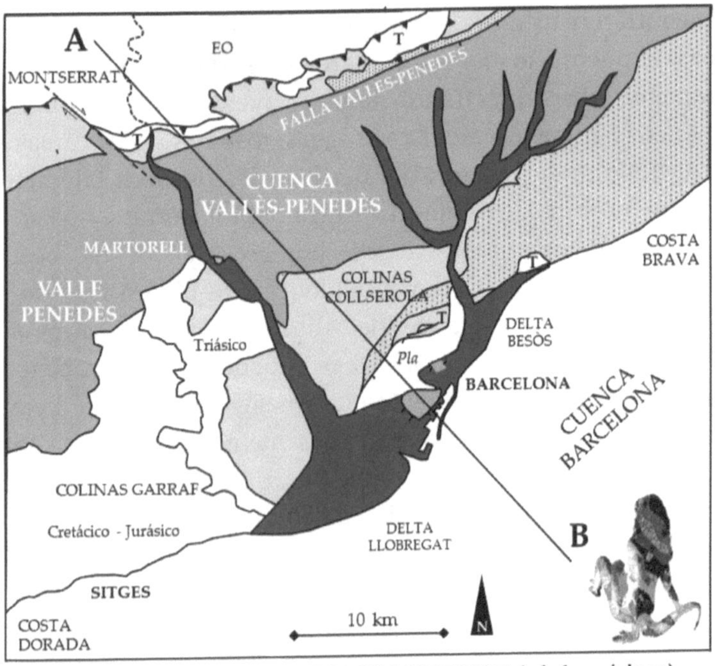

MAPA GEOLOGICO DEL AREA DE BARCELONA (edades máximas)

100 siglos: Sedimentos del Holoceno de los ríos/ deltas de Llobregat y Besòs

Pla **50 mil siglos:**
Sedimentos Plioceno-Pleistoceno bajo la moderna Barcelona (*Pla*)

250 mil siglos:
Sedimentos Mioceno (cuenca Vallès-Penedès, Montjuïc y Mont Tàber)

EO **500 mil siglos: Sedimentos Eoceno-Oligoceno (cuenca de antepaís del Ebro)**

CJyT **2.5 millones de siglos: Sedimentos Triásico, Jurásico, Cretácico (Garraf)**

3 millones de siglos: Granitos del Pérmico (Collserola y Costa Brava)

5 millones de siglos:
Rocas metamórficas de Collserola, E Garraf y N de la cuenca V-P.

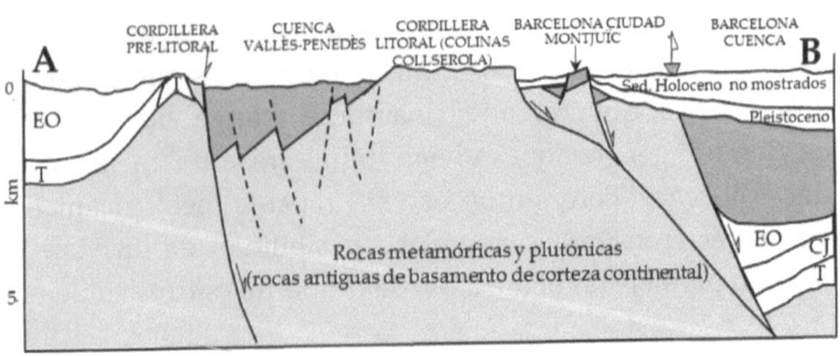

Mapa geológico y sección transversal (A-B) mostrando los deltas del Besòs y Llobregat separados por las rocas del Mioceno de Montjuïc. El *Pla* del Pleistoceno desciende desde las antiguas rocas de las colinas de Collserola, que separan Barcelona del ancho valle que define la cuenca del Vallès-Penedès, donde se depositaron potentes sucesiones de sedimentos del Mioceno. Las colinas de Garraf al suroeste exponen calizas pálidas del Cretácico y Jurásico (p. ej. en Sitges) y sedimentos triásicos subyacentes (p. ej. cerca de Martorell). Al noroeste, a través de las colinas bordeadas por la falla del Vallès-Penedès, se encuentran los sedimentos eocenos de Montserrat y la cuenca de antepaís del Ebro (Cuento 9), mientras que al noreste se encuentran los granitos de la Costa Brava (Cuento 12). La sección transversal verticalmente exagerada A-B revela cómo los sedimentos del Mioceno descansan sobre el basamento más antiguo.

III

Adoptando el protocolo de viaje en el tiempo profundo aprendido durante sus sesiones de orientación sobre espacio-tiempo, la Viajera se eleva por encima de Martorell y se prepara para el viaje. En su caso, la unidad de tiempo aplicado es el humax: el número máximo aproximado de años que un ser humano puede esperar vivir en su vida. Por simplicidad el humax se toma como cien, aunque ella ha conocido personalmente por lo menos a dos personas que han superado este supuesto límite, a saber Lee Parry, tío materno de su marido, y su propia abuela Alicia Ruíz.

La velocidad de viaje en tiempo profundo es normalmente un humax por segundo, lo suficientemente rápida como para salir de la época del Holoceno en menos de dos minutos, pero no tanto para inducir inestabilidad en la trayectoria del viaje asignada. Por lo que ella sabe sobre el registro fósil del Penedès, un lugar interesante para comenzar debería ser doce millones de años antes de su nacimiento, justo en el comienzo del Mioceno superior. Dado que el viaje cruza ciento veinte mil siglos, tarda unas treinta y tres horas.

Como siempre, llega de noche y en invierno: ha nacido a las doce menos cuarto de una noche de febrero, y el sistema se compensa automáticamente para mantener esto como un punto de reingreso. En realidad es bastante molesto, pero no hay elección sobre este tema. ¡Haber nacido a otra hora!

Esta vez hay suerte, con luna llena y cielo despejado. A medida que el escenario se aclara, todo el valle irradia una brillante luz de luna, los lagos reflejan las siluetas de un bosque subtropical, y el lugar resuena con vida animal. Lo primero que nota son los murciélagos. Hay montones, ecolocalizando en todos los niveles. Algunos vuelan alto y rápido, con la boca abierta buscando insectos como hacen las golondrinas, mientras que otros se mantienen bajo cazando en la superficie del agua. Parece increíble cómo hace tanto tiempo, cerca del final de Mioceno medio doce millones de años antes de la época del Holoceno, las diecinueve familias de murciélagos modernos ya están presentes y prosperando en el planeta. De hecho, los murciélagos no han cambiado mucho desde los primeros tiempos del Eoceno, más de cuarenta millones de años antes. Así que, durante más de medio millón de siglos, los murciélagos han parecido como murciélagos en el planeta Tierra, y aquí están en el mundo del Mioceno, haciendo su vida como de costumbre.

Es difícil ver exactamente lo que está pasando al nivel del suelo, pero hay muchas cosas moviéndose. Diversas formas de lirones, hámsteres, ardillas voladoras, martas y otras pequeñas criaturas, todas están en su rutina nocturna en tierra, al igual que los castores están en las aguas del río. Había leído sobre el castor del Mioceno *Chalicomys* y ahora puede confirmar que sí, es igual que el moderno *Castor fiber* en Eurasia; otro ejemplo de aparente poco cambio a lo largo de millones de años. No es el caso de los pequeños roedores planeadores conocidos como "eomyidos": hay muchos aquí, pero ninguno de sus descendientes sobrevivirá hasta los tiempos modernos. Un movimiento repentino, un chillido ahogado, y hay un eomyido menos para contemplar el futuro condenado de su especie. Una serpiente cobra del género *Naja* ha terminado el trato con su presa con éxito.

Un bullicio ruidoso a través de la maleza anuncia la llegada de un grupo familiar de cerdos salvajes del género *Propotamochoerus*. Son más de diez, presididos por un macho feo y grande que pesa al menos ciento veinte kilos. Pequeños mamíferos y reptiles se dispersan al tiempo que los cerdos omnívoros buscan con entusiasmo a través del bosque de laurel, disfrutando de los frutos de su éxito evolutivo. Durante el último millón de años sus antepasados han logrado irradiar desde el sur de Asia, extendiendo su alcance por el oeste hasta Europa para incluir las delicias del valle del Penedès dentro de su dominio. Sus futuros descendientes incluirán todos los cerdos modernos como el jabalí de la selva, el potamóquero de río, y el jabalí *Sus scrofa* con su gloriosa versión domesticada, el cerdo ibérico del suroeste de España. Va a ser un largo viaje desde las familias de jabalí en la Europa del Mioceno hasta el jamón ibérico pata negra de Jabugo en la provincia de Huelva del Holoceno pero, piensa la Viajera, bien vale la pena.

IV

El día amanece claro y fresco en el valle del Penedès, veintitrés días después de la Candelaria hace doce millones de años. El sol temprano ilumina las altas montañas que se elevan inmediatamente al norte del valle drenado por ríos que fluyen hacia el sur en los bosques subtropicales de tierras bajas, pantanos y lagos. Es hora del desayuno, y hay mamíferos hambrientos por todas partes. Muchos son pequeños animales parecidos a ciervos con variedad de formas y tamaños como el ciervo ratón y el ciervo almizclero, así como "ciervos de verdad" como *Dicrocerus elegans,* que mide cerca de setenta centímetros de altura en el hombro, igual que un ciervo moderno. Se mueven discretamente en el bosque por las orillas del lago y del río, algunas veces acompañados por el antílope semiacuático *Protragocerus*.

Disfrutando igualmente de la vida al sol de la mañana están los grupos de caballos del género *Anchitherium* comiendo hojas. No miden mucho más de seis palmos de altura, y durante generaciones estos caballitos primitivos han vagado hacia el oeste desde América del Norte donde evolucionaron en los tiempos del Mioceno inferior, utilizando un puente de tierra que emergió en el estrecho de Bering durante las fluctuaciones del nivel del mar. A estas alturas han estado viviendo cómodamente en Europa durante unos ochenta mil siglos y abundan en gran parte de Iberia.

También husmea tranquilamente por los suaves arbustos al borde del agua un rinoceronte de orejas largas, bastante peludo con un gran cuerno curvo. Se parece mucho a un *Lartetotherium sansaniense*, piensa la Viajera. Sabe que hay bastantes tipos diferentes de rinocerontes viviendo en el Penedès del Mioceno. Muchos de ellos sin cuernos, como el pequeño *Alicornops* de piernas cortas y el *Hoploaceratherium* más grande y más feo, con sus expresivos labios prensiles adaptados para arrancar la vegetación, como los de un camello. Pero ninguno de estos géneros sobrevivirá en tiempos modernos, por eso es tan especial observar este *Lartetotherium*. Pertenece al mismo grupo de rinocerontes con cuernos que viven en el Holoceno en África y Asia. De hecho, se parece mucho al moderno rinoceronte de Sumatra, viviendo su solitaria existencia en suelo boscoso y pantanoso y alimentándose de hojas y frutas. Dado que estos rinocerontes viven típicamente más de treinta años, y que las hembras pueden parir después de seis o siete años, esto significa que más de medio millón de generaciones de crías separan este *Lartetotherium* de sus lejanos primos en el mundo moderno. Pero hay un enlace y está aquí.

Los caballos y los rinocerontes pertenecen al mismo orden mamífero con extremidades impares conocido como perissodactyla (del griego perissos, "impar", y daktylos, "dedo"), en contraposición a los de dedos pares (artiodactyla), que incluye ganado moderno, cerdos, cabras, ciervos e hipopótamos. Aquí en la época del Mioceno, los perisodáctilos siguen disfrutando de una larga y exitosa vida desde que evolucionaron en el Eoceno. Durante mucho tiempo son el grupo más abundante de herbívoros del planeta, pero los descendientes de la mayoría de ellos no sobrevivirán para ver el tiempo moderno, y por eso en el Penedès del Mioceno no todos los animales son familiares al ojo humano. Abajo en el suelo, por ejemplo, hay algo realmente peculiar caminando sobre sus nudillos, explorando los árboles y comiendo como un panda. Parece un cruce extraño de tres metros de altura entre un gorila, un caballo, y una jirafa de cuello corto, con los brazos largos terminando en zarpas que agarran las ramas de los árboles mientras el cuerpo es sostenido por unas piernas traseras cortas y fuertes.

Obviamente un chalicotérido, identifica la Viajera, y más concretamente *Anisodon grande*. Siempre se le han dado bien los nombres de fósiles y aquí hay uno de ellos, pero vivo. Estas extrañas bestias perisodáctilas no parece que puedan llegar lejos, pero sus descendientes continuarán viviendo durante generaciones a lo largo del resto del Mioceno hasta el Plioceno. Pero no consiguen sobrevivir en las edades glaciales del Pleistoceno, y el último de los chalicotéridos muere casi ocho mil siglos antes de que nazca la Viajera. Al menos, a diferencia del rinoceronte, no se enfrentarán a la ignominia de la extinción por los humanos con sus palos puntiagudos.

V

Y luego están los elefantes. ¿O no? La Viajera pasa mucho tiempo ese día admirando un rebaño de *Deinotherium giganteum* moviéndose por el valle. El macho es asombrosamente enorme, alcanzando más de cuatro metros y medio de altura en el hombro, y ciertamente más grande que cualquier elefante que haya visto nunca. Pero es que, estrictamente hablando, no es un elefante; es un deinothere o "mamífero terrible". Para empezar, tiene grandes colmillos, curvados hacia abajo unidos a su mandíbula inferior, que parecen completamente incorrectos. Su tronco es demasiado corto y su cabeza demasiado plana. Pero, estrictamente elefante o no, el macho parece bastante feliz actuando como tal, usando hábilmente sus colmillos para desenterrar raíces y romper ramas cerca del tronco del árbol a medida que cruza su camino a través del bosque, confiado en su destreza física e imperturbable ante las malas miradas de algunos carnívoros. Los deinotheres han estado disfrutando este estilo de vida dominante en Europa durante más de cuarenta mil siglos, desde que sus antepasados emigraron de África al final del Mioceno inferior y, como los chalicotéridos, seguirán así hasta la edad del hielo del Pleistoceno.

Alrededor hay también elefantes más pequeños, miembros de la especie *Gomphotherium angustidens* para ser precisos, moviéndose por la tierra más pantanosa y arrancando vegetación acuática. Se parecen más a los actuales elefantes indios, excepto por el hecho bastante destacado de que tienen cuatro colmillos. Estas bestias se habían trasladado a Europa antes que los deinotheres, aprovechando una ruta de migración continental entre África y Eurasia. Este "puente terrestre gonfoterio" cambia el mundo del Mioceno, permitiendo intercambios faunísticos en ambas direcciones y terminando un largo período de aislamiento evolutivo en el continente africano. Con esta ayuda, los gonfoterios africanos se expanden por Eurasia en los tiempos del Mioceno inferior, cerca de sesenta mil siglos antes de la llegada de la Viajera al Penedès para observar las generaciones posteriores. Necesitan sólo quince mil de estos siglos para atravesar el puente del estrecho de Bering y entrar en América del Norte.

Desde la perspectiva de un paleontólogo del siglo XXI esta migración miocena es rápida, una mera gota en el océano del tiempo profundo, aunque para un gonfoterio por supuesto es todo lo contrario. En el tiempo gonfoterio un nuevo día significa sólo la rutina herbívora habitual, marcada en las familias más aventureras por una ocasional, tal vez una vez en la vida, incursión en territorio desconocido. Pasando sus días, estos grandes animales prosperan durante más de diez millones de años, pero entran en decadencia en el Plioceno y Pleistoceno y se extinguen en el Holoceno. Las armas de piedra encontradas al lado del último de los gonfoterios registran cómo su relación con los seres humanos no fue una coexistencia pacífica.

VI

Detectar a los carnívoros es más difícil. La mayoría de las variedades más pequeñas presentes en los bosques pertenecen a la familia de los mustélidos que son principalmente activos por la noche. La Viajera observa una mangosta ocasional en el suelo, y en los árboles un miembro primitivo de la familia de las hienas que identifica como *Protictitherium*. En otro lugar hay varios gatos prehistóricos con larga cola del género *Pseudaelurus* también divirtiéndose trepando por los árboles. Los carnívoros más grandes parecen diferentes y son definitivamente del Mioceno, no Holoceno. En lugar de los familiares osos modernos, hay extraños "osos-perro" pertenecientes a la especie *Amphicyon major*: bestias grandes, de cuello ancho y dura apariencia de dos metros de largo con dientes de lobo y una larga cola. Los amficiónidos han estado viviendo en la Tierra desde el Eoceno medio alrededor de treinta y dos millones de años antes de que la Viajera se presentara, y durarán otros diez millones de años. Pero, al igual que tantos otros, nunca llegarán al Pleistoceno.

El premio al mejor carnívoro en concurso se lo lleva sin embargo *Sansanosmilus jourdani*, un miembro de la familia de los gatos barbourofélidos, que emigró de África en el Mioceno inferior, evolucionó aún más en Europa y ahora prospera aquí en el Penedès. Un poco más pequeño que un leopardo moderno, *Sansanosmilus* luce su sistema de finos dientes de sable curvados que, junto con un cuerpo musculoso de un metro y medio de largo y ochenta kilos de peso sobre cortas y potentes piernas, lo convierten en un depredador formidable.

La Viajera mira fascinada como uno de ellos de repente aparece de la nada, seleccionando un ciervo joven al que somete en un instante. El golpe asesino es dado al inmovilizar la mandíbula inferior en el cuello de la presa, combinado con un empuje hacia arriba de las patas delanteras, la cabeza del gato se gira para hundir profundamente sus caninos en la garganta del ciervo. El movimiento es comparable al uso de fuerza al usar un abrelatas para introducir la punta afilada en la lata. ¡Ay! La brutal eficacia de esta solución depredadora tiene tanto exito que la naturaleza ha repetido el experimento del gato de dientes de sable en diferentes tiempos geológicos: un caso clásico de "evolución convergente".

VII

Pero, para la Viajera al menos, el principal objeto de interés aquí en los bosques salvajes del Mioceno del Penedès tiene que ser los primates. Los primeros que ve sin embargo no son excesivamente impresionantes. Pesan menos de diez kilos, con un cola corta, extremidades largas, y pasan el tiempo en los árboles comiendo hojas perennes. Estos pequeños folívoros tipo gibón pertenecen al género *Pliopithecus,* y ya han vivido en el Penedès durante más de veinte mil siglos, llegando algo más tarde que los gonfoterios pero utilizando algunas de las mismas nuevas rutas terrestres que se abren desde África. A pesar de su presencia relativamente discreta en los bosques del Mioceno de Europa, algunos morirán, serán enterrados, fosilizados y posteriormente excavados para convertirse en algunos de los primeros primates que se describirán en la historia de la paleontología.

Otro hecho singular sobre los pliopitécidos es que no son los primeros primates que viven en Europa. De vuelta en el Eoceno, mucho más primitivas pero diversas y abundantes especies de primates arbóreos, muchos de ellos con una forma y estilo de vida similar al lémur, se aprovecharon de un inusual clima cálido cuando los bosques tropicales se expandieron por Europa. Pero estas propicias condiciones ambientales no perduraron hasta la siguiente subdivisión del tiempo del Cenozoico, la época del Oligoceno, cuando con la expansión de glaciares bajo un clima más frio descendió el nivel del mar. Nuevas olas de otros, y mejor adaptados, animales fueron hacia el oeste desde Asia y América para desafiar el statu quo.

Frente a esta amenaza sin precedentes para su cómodo estilo de vida europeo, la mayoría de los mamíferos florecientes bajo una geografía y un clima eoceno decayeron entonces dramáticamente y muchos desaparecieron por completo, incluyendo todos los primates. Se dejó a los primates que quedaron aun viviendo en un África aislada el papel de ondear la bandera al viento y continuar el experimento evolutivo, esperando el momento en que las condiciones fueran propicias para una reentrada europea y cumplir el gran destino del pequeño *Pliopithecus*.

VIII

Entran los driopitécidos: este es el momento que ella ha estado esperando. Hay varios subiendo y bajando árboles y corriendo a lo largo de las ramas altas a cuatro patas como si fuera la cosa más fácil del mundo. Son mucho más grandes y más obviamente simiescos que los pliopitécidos, con poderosas piernas capaces de impulsar su cuerpo más sustancial de treinta kilos de peso en los troncos de los árboles, ayudados por los fuertes pulgares, agarrándose con pies y manos. En el suelo, moviéndose entre los árboles, tienden a caminar erguidos, balanceando sus miembros en oposición el uno al otro para mantener el equilibrio. Al igual que los grandes simios modernos, pasan la mayor parte del día alimentándose de fruta, descansando, y moviéndose por la sombra del bosque de hoja ancha perenne.

Los simios driopitécidos fueron tentados originalmente a salir de África con la perspectiva de un festival de frutos subtropicales en los bosques del Mioceno medio de Eurasia, llegando un poco más tarde que sus vecinos pliopitécidos que comen hojas. Sus antepasados africanos, los primeros Hominoideos, evolucionaron en el Mioceno inferior e irradiaron a través del continente por un espacio de unos ocho millones de años. Esta radiación africana a su vez fue el escenario para una expansión aún más dramática en tiempos del Mioceno cuando se anima el calentamiento global impulsando el crecimiento de la vegetación subtropical tan lejos al norte como Polonia. La Tierra se convirtió verdaderamente en el planeta de los simios a medida que desde África fueron hasta Europa y Asia meridional, aprovechando las condiciones ecológicas favorables para salir adelante, comer fruta, multiplicarse y evolucionar. De esta rica y antigua cosecha de primates del viejo mundo del Mioceno emergerán los pocos Hominoideos modernos sobrevivientes, a saber, los gibones, orangutanes, gorilas, chimpancés y humanos. Los simios driopitécidos han jugado su papel en este extenso drama evolutivo, y es bueno verles divertirse aquí en el Penedès.

IX

La Viajera avanza nueve mil siglos hasta el amanecer del 25 de febrero ciento once mil siglos antes de su nacimiento. Ya se está acostumbrando a viajar en el tiempo profundo, y de todos modos este viaje sólo dura dos horas y media, un salto de menor importancia desde el final del Mioceno medio hasta el Mioceno superior. Hace una parada porque tiene curiosidad por ver los caballos.

Al principio la escena se parece mucho a como era casi un millón de años antes. Los terremotos producidos por fallas activas siguen manteniendo la diferencia de altitud entre el borde de las cordilleras y el verde valle del Penedès abajo, al tiempo que la corteza terrestre es estirada por las implacables fuerzas de extensión controladas por el movimiento distante de África. Esta extensión tectónica es la razón por la que existe el valle. Cada temblor baja un poco el suelo del valle, proporcionando un lecho para la grava, la arena y el barro traídos por los ríos que drenan las colinas circundantes. A medida que se depositan los sedimentos en el suelo hundido por el último temblor (el "espacio de acomodación", como una vez le enseñaron a llamarlo), el siguiente terremoto mantiene el proceso. De este modo los sedimentos se acumulan y el paisaje se mantiene igual desde que la extensión de la corteza comenzó en la zona de Barcelona a finales del Oligoceno, más de ciento cincuenta mil siglos antes. Todo esto es extremamente lento, con velocidades promedio de movimientos de falla y acumulación de sedimentos medibles en fracciones de milímetros por año. Sin embargo, cuando todo haya terminado más de dos mil metros de sedimento del Mioceno se habrán acumulado bajo el valle del Penedès. Es sólo cuestión de tiempo.

Aquí, al comienzo del Mioceno superior, la vida sigue siendo bastante buena para los animales del Penedès, y los bosques del valle proporcionan un hogar para más de cincuenta especies diferentes de mamíferos. Desde su última parada el ciervo y el antílope han seguido su camino, junto con generaciones olvidadas de lirones, ardillas voladoras, martas, castores, elefantes, rinocerontes, chalicotéridos, osos-perros, dientes de sables, primates y todos los demás miembros de esta prolífica comunidad subtropical.

Pero el mundo exterior está cambiando, y ya se empieza a sentir. Algunos de los animales son recién llegados. Un tipo diferente de elefante llamado *Tetralophodon* parece haber reemplazado al pobre *Gomphotherium*, y un nuevo tipo de rinoceronte se parece al moderno rinoceronte negro africano. Los antepasados primitivos de los conejos y liebres actuales están llegando desde el este, y en los bosques menos densos hay jirafas pequeñas parecidas a los modernos okapis, que se unen a la recolección de hojas con sus largas lenguas. Un extraño especialmente obvio es un magnífico diente de sable del tamaño de un león llamado *Machairodus*, pesa más de doscientos kilos y claramente ya es el nuevo rey de los carnívoros del Penedès. Pero hay un inmigrante que sobresale más que cualquier otro como precursor de lo que va a venir, y hay una manada de ellos pastando en el valle. Caballos esbeltos, de cuerpo ligero de más de un metro de altura: los americanos han llegado a Europa.

X

Desde la última parada en el tiempo de la Viajera ha habido una nueva expansión de la capa de hielo antártico, con un descenso del nivel del mar de más de cien metros. Un puente de tierra a través del estrecho de Bering es otra vez una opción viable para aquellos que sean lo bastante resistentes para sobrevivir el cruce. La mayoría de los animales no puede con el viaje, dado el frio y la limitada disponibilidad de alimentos, pero un grupo americano, los caballos hippariones, ha estado cambiando despacio su dentición para adaptarse mejor a los alimentos disponibles en un tiempo estacionalmente más variable. Durante generaciones la evolución ha favorecido el desarrollo de dientes de coronas altas para masticar una dieta mixta que pueda incluir una vegetación más dura y fibrosa. Al hacer esto, estos nuevos y modernos caballos han desarrollado una ventaja potencialmente formidable sobre los animales que comen puramente hojas, como *Anchitherium*, cuando los paisajes se vuelven con el cambio del clima menos densamente boscosos y más abiertos. Además los caballos no son animales rumiantes, de manera que pueden comer casi continuamente si la mala calidad y poca disponibilidad de los alimentos lo exigen. Superando las frecuentemente desesperadas condiciones climáticas del Ártico de Bering, estas ventajas evolutivas permiten a los caballos abandonar a sus colegas bovinos rumiando en casa, mirar hacia el noroeste, y sobrevivir para contar su historia.

La entrada de los caballos hippariones en Eurasia ocurrió repentinamente unos cinco mil siglos después del comienzo del Mioceno superior, y el viejo mundo estaba allí a su disposición. Inicialmente siguieron la misma ruta que sus antiguos antepasados anquitéridos unos diez millones de años antes, extendiéndose rápidamente hacia el oeste a lo largo del corredor de arbustos herbáceos y bosques abiertos que se extendían desde el norte de China hasta Europa. Pero podían hacerlo incluso mejor, superando a los anticuados anquitéridos, continuando su expansión hasta el sur de África, India y el sudeste Asiático, y diversificándose a través del Mioceno superior en una rica variedad de especies diferentes. Es una de las historias de invasión y dispersión más exitosa de mamíferos oportunistas, desde que las ondas de choque de un meteorito extinguieron a los dinosaurios cincuenta y cuatro millones de años antes, y también tiene sus consecuencias para los demás.

El registro fósil demuestra que diferentes géneros de caballos rara vez comparten el mismo ecosistema, por lo que la entrada de hippariones en Europa era para el caballo pequeño *Anchitherium* lo mismo que el impacto de un meteorito gigante fue para el tiranosaurio, sólo que más lento. Después de cien mil siglos viviendo en los bosques de Penedès, los anquitéridos se encuentran fuera de lugar con los nuevos inmigrantes y los contadores se ponen en cero. No habrá más *Anchitherium* en la región del Penedès.

XI

En general, sin embargo, al menos en el Penedès, los cambios faunísticos que acompañan a la invasión de los caballos hippariones del Mioceno superior siguen siendo bastante específicos en su alcance, y muy pocas especies indígenas se ven afectadas. En particular, los homínidos que habitan los bosques de hoja perenne siguen con su exitosa carrera, felizmente inconscientes de los cambios globales del clima que afectan cada vez más a muchas otras partes del mundo. La Viajera para un poco, entrando en los bosques del Mioceno superior y observando el comportamiento de la población de simios, especialmente de su favorito, *Hispanopithecus laietanus*. Es un animal realmente espléndido, y definitivamente diferente de cualquiera de sus parientes simios y humanos que llegarán al tiempo moderno. El macho pesa alrededor de cuarenta kilos mientras que la hembra pesa poco más de la mitad, una diferencia de tamaño mayor que la mostrada después por los chimpancés modernos, pero menor que la que se ve en gorilas u orangutanes.

De estos grandes simios modernos son definitivamente los orangutanes los que vienen a la mente al observar el comportamiento de *Hispanopithecus*. Esto se debe principalmente a que en algún punto de su camino evolutivo este simio mioceno refinó su capacidad para colgarse de las ramas utilizando sus dedos con huesos anormalmente largos (falanges) igual que los orangutanes. Al agarrar completamente las ramas más finas, no tienen dificultad para moverse a través de los copas de los árboles recogiendo higos y otras frutas blandas de las ramas más altas y distales, y haciendo puentes entre los árboles. Más sorprendente, además, es que están adaptados a caminar a cuatro patas a lo largo de las ramas horizontales, apoyando su peso sobre sus muñecas y los huesos metacarpianos de sus palmas. Ninguno de los grandes simios modernos muestra esta útil combinación de palmas cortas y dedos largos, y hace al

Hispanopithecus especialmente interesante de contemplar. ¿Jugaron los antepasados de los grandes simios modernos y los seres humanos con una baza como *Hispanopithecus* durante los primeros pasos a lo largo de su trayectoria evolutiva, o es éste un callejón sin salida más en el laberinto de la evolución hominoide?

A la Viajera le encantaría tener la oportunidad de seguir a todos los simios del Mioceno alrededor del mundo y ver su evolución adelante y atrás en la compleja red que eventualmente produjo su propia especie. Pero eso es pedir demasiado. Hay tantos tipos, desde China hasta la India, Turquía, España y el conjunto de África, cada uno con su propia historia de movimiento geográfico y adaptación, y con cada aventura terminando demasiado a menudo en la extinción. La mayoría de los que están en Eurasia, por ejemplo, están condenados a no ver el fin de Mioceno. Si alguno de estos linajes de simios va a contribuir directamente al surgimiento de los humanos, tendrá que ser inteligente o afortunado para migrar de regreso a África mientras el clima lo permita. En el caso de *Hispanopithecus laietanus* esta especie ya tiene problemas nueve millones y medio de años antes de los tiempos modernos. Se puede ver en sus dientes, que tienen el esmalte cada vez más dañado e irregular, indicando nutrición y salud pobres durante las estaciones más estresantes del año cuando se está volviendo difícil encontrar buenos alimentos.

XII

Y así, con el dial bajando rápidamente más allá de los cien mil siglos, el ecosistema subtropical del Penedès está a punto de colapsar. La Viajera disminuye su velocidad y discurre a través de la catástrofe. Una tendencia creciente hacia la estacionalidad produce inviernos más fríos y veranos más secos, dando ventaja a los árboles caducifolios sobre los subtropicales de hoja perenne. El bosque cambiante ahora no favorece a los fructívoros, y muchas especies de mamíferos tienen problemas. Una serie de veranos malos, otra cosecha más de frutas blandas arruinada, y todo el delicado y diversificado castillo de naipes construido desde el Mioceno medio se viene abajo en el cambio faunístico del Mioceno superior. La mayoría de los rinocerontes y los ciervos desaparecen, al igual que muchos roedores como las ardillas voladoras y los castores. Los cerdos locales lo tienen muy difícil compitiendo con intrusos del este como el jabalí gigante *Microstonyx,* una bestia que pesa alrededor de trescientos kilos. Ni los osos-perros ni los gatos *Sansanosmilus* sobreviven, y todos los primates hominoides desaparecen de la faz de la Europa continental. Sólo un grupo residual perteneciente al género conocido como *Oreopithecus* (el "simio montañés"), escapa de lo peor, aislado en una isla mediterránea pantanosa que más tarde se convertirá en Cerdeña y Toscana. Estos simios montañeses celebran con éxito su refugio en la isla durante veinticinco mil siglos más, hasta su desaparición en los últimos tiempos del Mioceno cuando finalmente termina el largo experimento de la evolución de los homínidos europeos.

Una nueva comunidad de animales habita ahora las tierras bajas del Penedès e incluye formas ancestrales de hámsteres, ratones, ratas y conejos, el enorme rinoceronte *Stephanorhinus,* miembros evolucionados de la familia de los osos como los del género *Indarctos,* y el delicado antílope de largas patas *Tragoportax* con sus cuernos curvados hacia atrás. El antílope, un corredor y saltador adaptado para moverse rápidamente en bosques más abiertos, es experto en eludir depredadores carnívoros como el *Paramachairodus* parecido al leopardo, un nuevo género de grandes gatos ahora en la parte alta de la cadena alimentaria.

¡Los bosques han cambiado tanto! Alrededor de la mitad de los árboles son caducifolios, con roble, arce, nogal y lima dominando sobre el laurel perenne y el espino cerval. Y por todas partes hay caballos. Uno, un macho dominante, levanta su cabeza, abre su boca y deja salir un largo, poderoso y confiado relincho, destellando en el sol brillante sus gruesos y esmaltados dientes de coronas altas. "Estoy aquí" dice, "¿Y tú, dónde estás?"

Notas

6. I. La construcción del Puente del Diablo en Martorell fue presumiblemente organizada de manera similar a la de los otros cerca de mil puentes construidos por el Imperio romano. El maestro constructor, conocido como el *architectus,* estaba al mando del personal técnico y los soldados para la construcción, con esclavos y prisioneros utilizados para el trabajo duro. Para un estudio detallado sobre la romanización de Iberia ver: *The Romans in Spain* (1998) de John S. Richardson, publicado por John Wiley.

6. II. Una historia de las investigaciones sobre la piedra utilizada en el Puente del Diablo (*Pont del Diable*) y su arco honorífico en Martorell ha sido escrita por Aurelio Àlvarez y África Pitarch y publicada en un volumen producido por la *Association for the Study of Marble and Other Stones used in Antiquity* (ASMOSIA) después de su noveno Simposio Internacional en Tarragona (2009, páginas 511-517).

6. III. La presencia de serpientes cobra en el Mioceno del Penedès indica una clima cálido con abundante agua disponible. Una descripción de este notable hallazgo es proporcionada por Raül Carmona y colegas en un artículo de investigación del 2010 titulado *Snake fossil remains from the middle Miocene stratigraphic series of Abocador de Can Mata (Els Hostalets de Pierola, Catalonia, Spain)* y publicado en Cidaris, la revista del Museo Paleontológico de Elche (disponible gratuitamente en la Web).

6. IV. Gran parte de la ciencia paleontológica que subyace en este cuento sobre animales del Mioceno se reúne en el libro de Jordi Agustí y Mauricio Antón titulado *Mammoths, Sabertooths, and Hominids* (2002, Columbia University Press). El libro está lujosamente ilustrado por el artista-paleontólogo Mauricio Antón, incluyendo más de 110 bosquejos en blanco y negro de animales que vivían en el Paleoceno, Eoceno, Oligoceno, Mioceno, Plioceno y Pleistoceno. Además, el libro incluye 16 ilustraciones a todo color que recrean escenas de estos antiguos ecosistemas, bosques y lagos, pantanos, pozos de agua y pastizales de

momentos perdidos en la edad de los mamíferos, incontables siglos antes del surgimiento de los humanos modernos.

6. V. Para una visión general de la expansión desde África de los antepasados de los elefantes y sus parientes cercanos (conocidos juntos como "proboscideans") véase el documento de 2003 de Johannes van der Made y Ana Victoria Mazo, titulado *Proboscidean dispersals from Africa towards Western Europe*, publicado en Deinsea, la revista del Museo de Historia Natural de Rotterdam, y disponible gratuitamente en la Web. Estos autores describen cómo los proboscidios emigraron desde África hacia Europa occidental en dos períodos distintos. La primera oleada de migraciones tuvo lugar en el Mioceno e introdujo bestias como *Gomphotherium*. El segundo período de inmigración fue mucho más tarde, bajo un clima más frío en el Plioceno, e implicó la introducción de mamuts y elefantes como animales de pastoreo.

6. VI. Para una consideración de cómo la mordedura del diente de sable somete a sus presas ver *Jaw Function in Smilodon fatalis: A Reevaluation of the Canine Shear-Bite and a Proposal for a New Forelimb-Powered Class 1 Lever Model* de Jeffrey G. Brown (2014), publicada en la revista *Public Library of Science* (PLOS) y disponible gratuitamente en la Web.

6. VII. Los cronogramas gráficos para los primates en Iberia se muestran en el trabajo del 2014 titulado *The primate fossil record in the Iberian Peninsula* por Judit Marigó y colaboradores publicado en *Journal of Iberian Geology* y disponible gratuitamente en la Web.

6. VIII. Para una visión general de cómo los simios se propagan en Europa durante el Mioceno ver el documento de Isaac Casanovas-Vilar y colegas (2011) titulado *Updated chronology for the Miocene hominoid radiation in Western Eurasia* publicado en *Proceedings of the National Academy of Sciences of the United States of America* (PNAS – disponible gratis en la Web). Véase también *Fossil Apes from the Vallès-Penedès Basin* de David Alba, y *European Miocene Hominids and the Origin of the African Ape and Human Clade* de David Begun y colegas, ambos publicados en la revista *Evolutionary Anthropology* 2012 (no disponible gratis en la Web).

6. IX. El valle del Penedès continúa hacia el noreste hasta la región del Vallès en Cataluña, todavía bordeado por colinas a ambos lados, hasta extender la cuenca sedimentaria (cuenca del Vallès-Penedès) a unos cien kilómetros de longitud. La falla principal responsable de la creación de esta cuenca se encuentra en el lado noroeste del valle y desciende al sureste por debajo de las colinas de Collserola y Barcelona.

Originalmente esta falla fue compresional, empujando montañas altas hacia arriba en dirección noroeste. Luego, hace unos veinticinco millones de años (Oligoceno superior) se volvió extensional, ahora estirando las montañas creando el paisaje de cuencas y cordilleras que se conserva hoy en día. En algunos lugares los sedimentos depositados en la cuenca del Vallès-Penedès contienen muchos fósiles por lo que hay numerosos trabajos publicados sobre la paleontología.

6. X - XII. Los cambios en las poblaciones de plantas y animales en el punto caliente de diversidad de la cuenca del Vallès-Penedès durante el Mioceno tardío hace 9.6 millones de años (llamada a veces la "Crisis Vallesiana") ha sido objeto de varios trabajos. Un ejemplo es *The Vallesian Mammal Turnover: A Late Miocene record of decoupled land-ocean evolution* por Jordi Agustí y colegas en la revista Geobios (2013). Una visión más amplia de Iberia en su conjunto es ofrecida por Isaac Casanovas-Vilar y colegas en su trabajo *The European Far West: Miocene mammal isolation, diversity and turnover in the Iberian Peninsula* (*Journal of Biogeography*, 2010). Un trabajo en acceso abierto sobre el simio *Pierolapithecus catalaunicus* ha sido publicado por Marta Pina y colegas en PLOS (2014) y titulado *The Middle Miocene Ape Pierolapithecus catalaunicus Exhibits Extant Great Ape-Like Morphometric Affinities on its Patella: Inferences on Knee Function and Evolution.*

7

LA BATALLA DE MONTJUÏC

La calzada de 2000 años a la Vía Augusta romana está aun preservada en lugares, como aquí en el Coll de les Forques cerca del pueblo de El Perelló. El ejército de Los Vélez marchó por ella en su viaje para atacar Barcelona. La resistencia aquí el 6 de diciembre de 1640 produjo el primer conflicto grave en la guerra de los Segadores.

7

LA BATALLA DE MONTJUÏC

I

Dejando a los caballos del Mioceno disfrutando de su evolución, la Viajera acelera de nuevo a través del futuro hacia la época del Holoceno. El paisaje debajo es inquieto, con fluctuaciones en el nivel del mar, variación climática y movimiento tectónico. Se están desarrollando grandes eventos. Aproximadamente a la mitad del viaje, ya en los últimos tiempos del Mioceno superior, las arenas del fondo marino que formarán los afloramientos rocosos de arenisca de Montjuïc se elevan repentinamente sobre el nivel del mar, alentadas por un impulso orogénico desde la placa africana. Poco después, prácticamente todo el mar Mediterráneo se evapora, dejando la zona de Barcelona alta y seca.

Esta crisis es otro drama geológico provocado por África, esta vez bloqueando el estrecho de Gibraltar y negando acceso al mar abierto. Durante más de seis mil siglos elefantes, antílopes, hipopótamos y multitud de otros animales siguen los ríos que cortan profundos valles en lo que una vez fue el fondo del mar. Hay un nuevo intercambio faunístico entre África y Europa, aunque en una zona sobrecalentada de ambiente seco. Entonces, justo al comienzo de los tiempos del Plioceno, las esclusas naturales se reabren, el Mediterráneo se llena de nuevo, y el mar regresa a Barcelona. La recién emergida colina de Montjuïc se convierte en una isla frente a la costa de la Collserola a medida que el mar se eleva sobre los deltas del Besòs y del Llobregat para formar nuevas entradas en la costa. Los lodos azul oscuro del Plioceno se depositan sobre un mullido lecho marino repleto de moluscos. Durante miles de siglos esta escena marina fangosa se mantiene estable, con una tranquilidad sólo interrumpida por ocasionales y a veces (para los moluscos) catastróficas afluencias de detritos arenosos, erosionados de las colinas costeras durante tormentas torrenciales.

Llegando al final del viaje, ya desacelerando a través del tiempo del Pleistoceno, la Viajera es testigo de los últimos retoques en el paisaje: la deposición de los sedimentos en el piedemonte de Barcelona con una inclinación descendente desde Collserola, y la posterior disección de esta superficie terrestre por el sistema capilar de arroyos de rieras y barrancos. La erosión también comienza a esculpir la pendiente de buzamiento de Montjuïc, creando barrancos menores que interrumpen y desfiguran la boscosa ladera.

Y el río Llobregat continúa su larga e irregular historia de erosión y transporte de sedimentos a su delta, interrumpida por épocas con nivel del mar más elevado cuando la erosión es más lenta y los sedimentos de las terrazas del río se depositan a lo largo del valle. Al regresar a este valle, en lo que parece un pis pas, está de vuelta en el Puente del Diablo a mediados de enero de 1641.

II

Los rebeldes catalanes permanecen en un estado de ánimo desafiante, alentados por el hecho de que su líder, Pau Claris, ha declarado Cataluña una república independiente. Están decididos a liberarse del rey español y han conseguido reunir con éxito una fuerza de varios miles de hombres de infantería y cientos de jinetes para enfrentarse a los soldados castellanos y a sus mercenarios en Martorell. La infantería incluye a milicianos voluntarios de Barcelona y pueblos circundantes como Manresa, Piera, L'Hostalric y Vic, así como soldados franceses pertenecientes al regimiento del coronel Henri Robert de Serignan, y un contingente de setecientos bandoleros armados hasta los dientes con pistolas y cuchillos dirigidos por el temible Didac de Vergós. Toda la fuerza se coloca bajo el mando general de Francesc de Tamarit i de Rifà. Sólo doce meses antes, Tamarit se había ganado la gloria luchando por el rey español en Salses, ahora aquí está comandando a los soldados catalanes y franceses con exactamente la intención contraria.

Por su parte, el ejército castellano sigue liderado por Pedro Fajardo de Zúñiga y Requesens, quinto marqués de Los Vélez y segundo marqués de Martorell, ayudado por su hombre de confianza el general Carlo Andrea Caracciolo, segundo marqués de Torrecuso. Una nueva (aunque no totalmente bienvenida) adición es la del general Juan de Garay Otañez y Rada, enviado con éxito de El Rosellón para unirse a Los Vélez en Tarragona pero aparentemente sin un papel claro. Las relaciones entre Torrecuso y Garay son tensas. Ambos son líderes militares experimentados en sus cincuentas, están acostumbrados a dar órdenes, y se consideran a sí mismos el sucesor obvio de Los Vélez si surge la necesidad.

Las escaramuzas iniciales tienen lugar el día amargamente frío del 20 de enero, cuando Los Vélez envía un contingente de tropas hacia el este a lo largo del margen derecho del río l'Anoia hacia el Puente del Diablo, con el fin de restringir la libertad de movimiento de los catalanes. En el camino se enfrentan con Didac de Vergós y sus bandidos y se producen los primeros disparos, bloqueando el avance del movimiento de flanqueo castellano. A pesar de esta irritación temprana a los realistas españoles, al día siguiente el ejército castellano al completo llega a Martorell para mostrar a los defensores a lo que se enfrentan. Incluso con las anteriores pérdidas españolas debido a la deserción y la necesidad de reforzar las defensas en las ciudades ya tomadas durante la campaña, la fuerza castellana sigue siendo el doble en tamaño que la oposición catalana, y los catalanes se ven pronto obligados a retirarse para evitar quedar cortados y aislados en el lado equivocado del Llobregat. Regresan por el Puente del Diablo, cubiertos por el fuego de artillería francesa, dejando a sus colegas en Martorell sufrir la ira de Los Vélez que no está impresionado para nada con la traicionera deslealtad de la ciudad al rey y, más concretamente, al segundo marqués de Martorell. El magistrado de la ciudad intenta en vano prevenir el inevitable saqueo, y es asesinado por sus esfuerzos.

III

El ejército de Los Vélez ha demostrado una vez más su formidable fuerza, experimentado liderazgo e intolerancia con la rebelión catalana. Los catalanes y los franceses han demostrado solo que normalmente se rinden o caen de nuevo bajo el desafío castellano de fuerza abrumadora. Y ahora está a punto de llegar el día del juicio: habrá un último y desesperado intento de resistir en Barcelona.

Durante los próximos días los ejércitos opositores traen sus tropas a la ciudad, ambos claramente con alguna prisa. Los catalanes necesitan reagruparse en Barcelona, y las tropas del rey de España, pisándoles los talones, quieren dejar el trabajo acabado. Es profundo invierno y llevan en la campaña ofensiva quince largas semanas.

La ruta, como de costumbre, sigue la Vía Augusta romana. La distancia total entre Martorell y Barcelona es de aproximadamente veinte millas militares romanas, un típico día en la carretera. En varios lugares los hitos romanos colocados dieciséis siglos y medio antes aún se mantienen al borde de la carretera, especialmente en intervalos clave de cuatro y ocho millas.

La Viajera observa los ejércitos haciendo su camino río abajo. Desde el puente siguen la orilla izquierda, que inicialmente hace una doble curva meandriforme negociando una complicada geología local diseccionada por fallas. Pronto, sin embargo, el río se endereza y se dirige directamente hacia el mar al sur. Pasan por debajo del castillo medieval de El Papiol, que una vez en el siglo XII custodió la frontera entre cristianos y musulmanes. A la izquierda, detrás del castillo, se levantan las colinas de Collserola, hechas mayormente de las mismas rocas arcillosas ordovícicas vistas en el Puente del Diablo. En contraste, al cruzar el río a la derecha, las viejas pizarras están cubiertas por las colinas del "Garraf Rojo" de sedimento triásico.

Más allá de Sant Feliu de Llobregat, ya a medio camino en el viaje, los ejércitos cruzan hacia el piedemonte pleistoceno que bordea las colinas de Collserola. Alcanzando Cornellà, el gran delta del Llobregat y la línea de costa están a plena vista, y las curvas de la carretera a la izquierda llevan directamente a la ciudad. Los romanos tuvieron cuidado de mantener su camino imperial por encima de los palúdicos humedales y lagunas inmediatamente al oeste de Montjuïc, por lo que la ruta continúa por una posición levemente elevada por las laderas más bajas del *Pla*.

El final de la marcha está por fin a la vista cuando los soldados llegan a la capilla románica de Santa Eulàlia de Provençana en L'Hospitalet. Aquí, en la piedra que marca las cuatro millas militares a Barcino, todavía hay evidencia del asentamiento romano cuando el ejército de Los Vélez pasa por delante de una impresionante talla de la cabeza de Medusa, sin prestar atención al peligro de ser convertidos en piedra por una diosa pagana. Pasando afloramientos de arcillas fosilíferas de color azul grisáceo del Plioceno llenas de conchas de moluscos, completan las dos últimas millas de su larga marcha desde Zaragoza. Aquí, en el punto de otra milla romana, los hombres se acumulan alrededor de la Cruz Cubierta (*La Creu Cobierta*) y reciben órdenes de acampar. Han llegado al campo de batalla.

IV

23 de enero de 1641. El ejército español está acampado dos kilómetros al este de las murallas defensivas, en la parroquia de Santa María de Sants. Separándolo de la ciudad hay un parche triangular de terreno inclinado entre la Cruz Cubierta, los molinos de viento locales, y el Monasterio de Valldonzella, un edificio que será destruido en la posterior lucha. En los tiempos modernos este triángulo se convertirá en la zona urbanizada entre plaça d'Espanya (cerca de la Cruz Cubierta), la estación de tren de Sants (cerca de los molinos de viento), y el lado oeste de l'Eixample. En enero de 1641, sin embargo, el triángulo es una tierra de nadie peligrosamente al alcance de los cañones de las murallas de la ciudad y sobre la cual mucha sangre amenaza con ser derramada en el futuro inmediato.

Casi tres kilómetros al sureste del campo de las tropas monárquicas se encuentra la cumbre de Montjuïc, recién coronada por una fortificación levantada a toda prisa por los catalanes el mes anterior. Alguien en la defensa catalana ese otoño ha tenido la clarividencia de darse cuenta de que Los Vélez podría optar por ocupar la ladera y amenazar la ciudad desde una posición estratégicamente privilegiada apoyado por refuerzos desde el mar. Una gran cantidad de dinero, más de doce mil ducados, ha sido debidamente asignada por el ayuntamiento para construir el fuerte de Montjuïc, y el trabajo ha sido realizado por el hombre encargado de defender la colina, Josep de Pau Rocabertí.

Al igual que Francesc de Tamarit i de Rifà, Rocabertí también luchó para el rey español en Salses, con la diferencia de que él nunca cambió de bando. Su plan secreto es permitir que las tropas españolas tengan libre acceso al nuevo fuerte que, de todos modos, ha sido construido de una manera tan descuidada que ofrece poca resistencia a un ataque. Los doce mil ducados no han sido bien invertidos.

En los campos de Sants, Los Vélez y sus hombres celebran un consejo de guerra. Están presentes Torrecuso, Garay, el duque de Medinaceli, el duque de la Infanta, y Josep de Pau Rocabertí. Desafortunadamente para las tropas del rey de España, la traición de Rocabertí acaba de ser descubierta, y se ha visto obligado a huir a través de las líneas para salvar su vida e informar a Los Vélez. Su detallada descripción sobre el sistema de defensa de la improvisada fortificación en la cima de la colina va a tener una gran influencia en el resultado de la batalla.

Durante la reunión se reconoce que aunque el ejército español es fuerte en número la situación es delicada, lejos de casa y con la línea de suministro a través de la Cataluña meridional virtualmente cortada por problemas constantes. Por el contrario, Barcelona está bien fortificada, con excelentes murallas y abundantes tropas catalanas y francesas que pueden ser reabastecidas por mar. Hay rumores de un reagrupamiento de refuerzos catalanes y franceses en el valle al otro lado de las colinas de Collserola. Es improbable que un ataque directo contra la ciudad sea moco de pavo.

Los Vélez recuerda a los presentes que el rey espera la capitulación de la capital catalana, y que ellos están allí para cumplir por supuesto con su deber, pero deja a los demás que transmitan sus estrategias preferidas. Torrecuso, dado su proactivo carácter militar, está predeciblemente por la labor de atacar y sitiar inmediatamente Barcelona, mientras que el general Garay recomienda lo opuesto: dejar la ciudad tranquila por el momento.

Rocabertí por su parte explica que sólo hay trescientas tropas catalanas estacionadas en la fortaleza de la colina, protegidas por defensas que carecen de la altura y profundidad necesarias, y que los oficiales tienen la costumbre de bajar a la ciudad por la mañana para tomarse un descanso. Esto definitivamente parece mucho más un moco de pavo, y Los Vélez decide atacar Montjuïc pero dejar abierta la posibilidad de un ataque a la ciudad si surge una oportunidad obvia. Como los catalanes ya han observado, una base en Montjuïc hará a su ejército menos vulnerable al ataque que en las llanuras abiertas fuera de Barcelona, y asegurará el acceso al mar y a los suministros. Otra clara victoria también intimidará al enemigo y hará ganar tiempo a Los Vélez, si tal cosa fuera necesaria.

V

Mientras tanto, en Barcelona la aterradora realidad de la situación es demasiado evidente. El órgano rector, la Generalitat, toma la decisión desesperada de colocar su delicada República de una semana de vida bajo el cuidado y protección del poderoso rey de Francia, Luis XIII. El rey francés Borbón, de treinta y nueve años de edad, es proclamado formalmente conde de Barcelona el 23 de enero: la guerra oficial entre la nueva Cataluña y el rey de España ha durado exactamente un mes. Esto no es presumiblemente ni lo que Olivares tenía en mente para España cuando abrió un nuevo frente contra los franceses en El Rosellón unos años antes, ni el objetivo perseguido por Pau Claris i Casademunt, presidente de la Generalitat y principal fuerza motriz de la independencia catalana. Pero es demasiado tarde para ambos. Olivares caerá pronto ignominiosamente en desgracia, e incluso antes, Pau Claris morirá.

Habiéndoles servido Cataluña en bandeja, el ejército francés se vuelca en Barcelona para ayudar a los barceloneses a proteger su ciudad. Un consejo de defensa triunvirato de los comandantes se reúne: Joan Pere Fontanella, principal concejal de la ciudad, Francesc de Tamarit i de Rifà, recién llegado de su experiencia como comandante en Martorell, y Berard du Plessis-Besançon, emisario del rey francés. Tanto Plessis-Besançon como Tamarit están en sus cuarenta años, en la flor de la vida, a diferencia de Fontanella, que tiene sesenta y cinco. Entre ellos formulan un plan de defensa. La responsabilidad de la defensa de la ciudad cae en Miquel de Torrelles i Sentmenat, ayudado por el experimentado comandante francés Henri Robert de Serignan que también luchó en Martorell. Serignan, quien además dirigirá la caballería francesa, coloca a sus hombres a lo largo de las murallas y los baluartes, incluyendo una defensa de media luna en el Portal de Sant Antoni, en el lado oeste del Raval y frente al enemigo. La defensa de Montjuïc en 1641 será liderada por el noble escocés George Stewart, noveno señor d'Aubigny. Actualmente luchando por los franceses, d'Aubigny morirá luchando en la guerra civil inglesa al año siguiente, con veinticuatro años.

D'Aubigny visita la fortaleza que le han dado a proteger en lo alto de la colina, e inmediatamente se da cuenta de que sus defensas son completamente inadecuadas. Durante los próximos dos días, con los hombres trabajando día y noche, el diseño y la estructura de la fortaleza se alteran radicalmente. Ahora cubre menos terreno, tiene murallas más altas y reforzadas para ser defendidas por artillería, y está protegida por líneas delanteras de trincheras. Las trincheras continúan hacia el oeste a lo largo de la cumbre para impedir cualquier ataque desde el lado del Llobregat. La compañía catalana de los metalúrgicos queda estacionada en el exterior y al sudoeste de las murallas para defender estas trincheras: una tarea potencialmente difícil si las tropas españolas atacan desde el oeste. En el momento en que las mejoras están más o menos completadas, las defensas se extienden por toda la cumbre y enlazan al noreste con un camino atrincherado que desciende por la colina para conectar el fuerte con la ciudad por si se requieren refuerzos. La defensa catalana está reforzada, y hay un contingente añadido de experimentadas tropas francesas de varios cientos de hombres. Se transportan ocho cañones de bronce subiendo la colina para proveer el fuego de artillería si es necesario. Si las tropas del rey Felipe deciden atacar la colina, tendrán pelea.

VI

Los hombres del rey español abajo en la llanura, inconscientes de la frenética actividad en la cima de la colina, están haciendo sus propios planes de última hora. El 24 de enero, mientras los soldados encargados de liderar el ataque español están reconociendo el terreno abajo, Los Vélez envía un mensajero a la ciudad con cartas del rey y él mismo. Las cartas suenan conciliadoras pero demandan la rendición y dejan poco espacio para una resolución del conflicto que sea satisfactoria para ambas partes. Son debidamente debatidas por la ciudad, pero la propuesta es rechazada. Es la última posibilidad para evitar una colisión frontal, si es que realmente la hay.

Al día siguiente el mensajero regresa con las noticias de que no habrá rendición. Los Vélez responde de inmediato lanzando una parte de su caballería a través del *Pla* de Barcelona, saqueando casas ya abandonadas y campos a la vista de los defensores. La ciudad se pone en alerta pero no abre fuego, negándose en ese momento a confrontar la provocación del enemigo a campo abierto.

En su campamento en Sants Los Vélez convoca un segundo consejo de guerra para finalizar detalles. Coloca una fuerza de ataque con sus mejores hombres bajo el mando del general Torrecuso con la misión de tomar Montjuïc la mañana siguiente. El asalto debe ser simple y directo: comenzará con el ataque de mil mosqueteros dirigidos por el irlandés John O'Neill de Tyrone desde el lado Llobregat (oeste), mientras otros mil, encabezados por el maestre de campo Fernando de Ribera, ascenderán por una ruta central más cerca de la ciudad. Este primer asalto será seguido por el avance de ocho mil soldados de infantería, inicialmente estacionados al pie de la colina que subirán a la cumbre y aplastarán cualquier resistencia que aún permanezca en las líneas rotas del fuerte. Algunos de estos hombres, una unidad bajo el comandante portugués Simon de Mascarenhas, seguirán el ataque irlandés hasta el lado occidental, mientras que todos los demás atacarán desde el noreste en un organizado movimiento de pinzas, negando el escape desde la cima de la colina a cualquier superviviente.

Al general Garay se le asigna una gran unidad de infantería con base en el frente de las líneas de reserva, en una posición relativamente de retaguardia cerca de los molinos de viento. Su principal tarea, aparte de proteger a Los Vélez en la reserva estacionada en la aldea de L'Hospitalet de Llobregat, es minar cualquier intento de romper por el oeste fuera de la ciudad. También se coloca inmediatamente en frente de las líneas de reserva, y cerca de Garay, a la caballería bajo las órdenes militares de Álvaro de Quiñones. Un poco más hacia Montjuïc está estacionada una unidad de caballería ligera dirigida por Filipo Filangieri. Finalmente, situada frente a Filangieri, en la posición más avanzada y potencialmente más cercana a las murallas, está la unidad de caballería dirigida por el intrépido hijo de Torrecuso, Carlo María Caracciolo, duque de San Jorge. La caballería de San Jorge desafiará y deshabilitará cualquier incursión militar fuera la ciudad, y rechazará los refuerzos destinados a la defensa de la cumbre. Es un buen plan.

VII

26 de enero de 1641. Torrecuso despierta temprano en el día de la batalla sintiéndose mal. Sin embargo, está al mando de siete unidades ofensivas claves, su trabajo es ganar, y no hay elección en este tema. Su hijo San Jorge viene a verle, lleno de la confianza propia de la juventud y el conflicto, y le anima:

"Animo, hemos estado en misa, es sábado, y seguro que vamos a tener un gran día. Dame doscientos mosqueteros que cubran mi caballería, y estaré listo para cualquier cosa que me ordenes hacer" (*este VS alegre que havemos visto missa, y es sabbado, esfuerza que tengamos un buen dia. VS me haya dar 200 mosqueteros, para que cubran mi cavallaria, y embieme la horden de lo que he de hazer*).

Mientras padre e hijo hacen sus planes finales y se despiden, John O'Neill, el autodenominado tercer conde de Tyrone, está preparando a sus mosqueteros para el asalto por el lado occidental de la colina. El padre de John, Hugh O'Neill, conde de Tyrone, fue obligado a abandonar Irlanda en 1607, y puso la educación de su hijo bajo el cuidado de los franciscanos irlandeses en Louvain, Bélgica. John adquirió posteriormente años de experiencia en los campos de batalla de Flandes, y en 1638 luchó en España en la exitosa defensa de Hondarribia en el País Vasco. Es un hombre ambicioso de cuarenta años, y ha intentado, hasta ahora sin éxito, persuadir a Olivares para que le respalde y a su "Regimiento de Tyrone" en una invasión española de Irlanda. Algunos dicen que ya ha recibido una corona de oro que guarda en su cabecera. Vengará a su padre, y la gloria será suya.

La subida por el lado del Llobregat a Montjuïc es difícil, empinada, boscosa, y en lugares rocosa con arenisca miocena. Finalmente alcanzando la cumbre estrecha, los soldados salen de los árboles para descubrir una línea de trincheras recién excavadas y una bienvenida de tiros de los metalúrgicos catalanes, quienes, de espaldas al escarpe, han tenido tiempo para preparar una decidida defensa. Inmediatamente hay muchas maldiciones y bajas en el lado irlandés, que se ve obligado a participar en intensos intercambios de fuego de mosquete. En medio de la pelea, John O'Neill de Tyrone es alcanzado en el pecho por un disparo. Con su líder herido mortalmente, los soldados irlandeses pierden su foco y frenan el avance. Bajo el continuo y feroz fuego de los metalúrgicos, algunos de los atacantes dan media vuelta y descienden a terreno más seguro.

Mapa de la Barcelona medieval y Montjuïc mostrando los movimientos de tropas durante la batalla de Montjuïc el 26 de enero de 1641. La lucha se concentró en dos puntos: la cumbre del cerro de Montjuïc, protegida por una fortaleza construida a toda prisa, y el exterior de las murallas al oeste de la ciudad, al sur del Monasterio de Valdonzella (más tarde destruido).

Más al noreste de la colina, el escuadrón conducido por Fernando de Ribera se enfrenta a una pendiente de buzamiento geomorfológicamente más favorable, siguiendo la línea de un arroyo en el barranco útilmente tallado en la ladera durante la erosión en el Pleistoceno-Holoceno. Alcanzan la cumbre sin ser detectados, tomando a la defensa exterior catalana de este lado completamente por sorpresa. Algunos de los soldados defensores corren buscando refugio presa del pánico, mientras que otros se quedan y luchan. Las tropas del rey español mantienen inicialmente su impulso y se mueven sobre las trincheras, empujando hacia atrás a los defensores, sólo para encontrar su avance detenido por el fuego enemigo desde arriba en la fortaleza. Al igual que para la unidad irlandesa más al oeste, la presencia de trincheras es una sorpresa desagradable y complicada. Peor aún, los muros defensivos son más altos de lo esperado: los atacantes necesitan escaleras que no tienen. Al principio se refugian en las trincheras recién ganadas y esperan refuerzos, pero los hombres de Ribera sufren una serie constante y frustrante de pérdidas por el fuego dirigido a ellos desde arriba. Se ven obligados a regresar y en necesidad de un plan B.

VIII

La segunda ola de asalto en Montjuïc es considerablemente más difícil, confusa y retrasada de lo que se había previsto en la calma lógica del consejo de guerra del día anterior. En las laderas del oeste de Montjuïc, el comandante portugués Mascarenhas encuentra a los hombres de Tyrone retirándose de su fallida ofensiva y se ve obligado a reorganizar las tropas para un segundo asalto. Sin embargo, en una lucha renovada en la cumbre los metalúrgicos repiten su obstinada capacidad para resistir el ataque y las víctimas son otra vez numerosas entre los tropas del rey español, que por segunda vez se ven obligadas a ponerse a cubierto en los arboles debajo de la cumbre.

Dándose cuenta de que el ataque en el frente occidental se ha estancado, el comandante de la también retrasada segunda ola ascendente por el centro de Montjuïc, Diego de Cárdenas y Lusón (que ha tomado el control después de la muerte del líder anterior, el duque de Oropesa), lidera un contingente de hombres para ayudar a Mascarenhas. Esta vez los metalúrgicos se dan cuenta de que probablemente serán sobrepasados, y retroceden al fuerte. Al tiempo que las tropas del monarca español avanzan en su ataque final a través de las trincheras, Mascarenhas herido en la cabeza cae de su caballo, y Diego de Cárdenas y Lusón es asesinado sin más. Una vez más, los líderes han caído.

Otro ataque sigue hacia el este, a lo largo del camino fortificado entre la ciudad y el fuerte. Aquí una dura unidad de batalla de guardias reales supera rápidamente a las defensas catalano-francesas. Sin embargo, a medida que los guardias continúan su ascenso hacia el fuerte, entran en una zona expuesta de la ladera situada al alcance de las armas que disparan desde las murallas de la ciudad. Esto produce otro retraso debilitante, justo cuando los mejores refuerzos españoles son muy necesarios en el tiroteo que está teniendo lugar por encima.

En la cumbre las cosas siguen siendo más difíciles de lo esperado pero ciertamente no imposibles. Torrecuso y los sobrevivientes de la mayoría de sus unidades de primera línea se han reunido en el fuerte y se están reorganizando para el empuje final que rompa las defensas. Su ilustre comandante está liderando desde el frente, y la moral entre los hombres del rey permanece alta. A pesar de las pérdidas y falta de equipos para escalar los atacantes todavía superan en número a los defensores y sólo puede ser cuestión de tiempo. Finalmente, bajo el mando de Torrecuso, llega el momento y el fuerte es atacado en masa.

Los defensores responden abriendo una avalancha de fuego de mosquetes, arcabuces y cañones que llueve sobre los atacantes, causando pérdidas inmediatas importantes. Una vez más los oficiales están completamente desconcertados, esta vez por la aparición de fuego de cañón en una batalla donde se suponía que no había artillería. Primero fueron las trincheras, luego los muros de dos metros de altura, y ahora, de postre, cañones. Se mandan mensajes urgentes a Los Vélez para que envíe escaleras y artillería y cualquier otro apoyo necesario para inclinar la balanza de nuevo a favor de la fuerza atacante, que otra vez se ha visto obligada a ponerse a cubierto lejos de la tierra de nadie para protegerse del fuego enemigo. Quizás lo peor de todas estas inesperadas sorpresas es la tenacidad constante de los defensores catalanes y sus aliados. En el caso de este conflicto entre catalanes y castellanos, parece que el pasado no es la clave del presente. ¿Es posible que Los Vélez pueda ser derrotado?

IX

Dentro de la ciudad se siente que es solo cuestión de tiempo que todo el infierno caiga sobre ellos. Las tropas españolas están lenta pero seguramente tomando la colina y los suministros en el fuerte deben estar a estas alturas en mínimos. Los comandantes se dan cuenta de la necesidad de enviar refuerzos a Montjuïc, pero el problema es cómo. Una amenaza inmediata es el duque de San Jorge, que ha acercado a su caballería a las murallas de la ciudad. "Venga, intentarlo" está instando. Y ocurre justo eso, Serignan parece morder el anzuelo enviando un contingente de caballería fuera de las murallas, bajo el mando del capitán Manuel d'Aux Borrellas. Los jinetes que salen sin embargo tienen cierta protección de una unidad de mosqueteros, que pasando desapercibidos alcanzan una barricada construida sobre el borde pedregoso de un campo junto a un barranco al alcance de los hombres y caballos de San Jorge.

En las consiguientes cargas de caballería los jinetes españoles sufren pérdidas debido a los mosqueteros escondidos detrás de la barricada, y son forzados a retirarse a una distancia de la ciudad más segura. La enojada y frustrada respuesta de San Jorge es la decisión de aniquilar inmediatamente a la infantería ofensiva, utilizando su caballería y soldados de tierra de apoyo. Pide que el general Garay envíe doscientos mosqueteros de inmediato, pero

Garay se niega. El no recibe órdenes del joven hijo de Torrecuso. En respuesta a esta refutación, San Jorge pide protección contra los mosqueteros a las unidades aún estacionadas debajo de Montjuïc, y algunos hombres son enviados para ayudar.

Seguro de tener al menos algún apoyo terrestre, San Jorge y sus hombres se sumergen de nuevo en la lucha, comprometiendo la caballería e infantería del enemigo y empujándolos de nuevo a la posición de defensa de media luna situada en el Portal de Sant Antoni. Pero ahora San Jorge se ha colocado a sí mismo y a sus hombres dentro del alcance de los cañones de las murallas de la ciudad, y se ven obligados a cubrirse a medida que las pérdidas crecen. Serignan, aprovechando la retirada de los jinetes del rey español, reagrupa a sus hombres listos para un contraataque, pero San Jorge lo ve venir y envía refuerzos para complementar la fuerza de su propia caballería. Requiere de los seiscientos caballeros bajo Álvaro de Quiñones y los otros seiscientos bajo Filangieri. Este va a ser un momento gloriosamente clave en la batalla: una vez que la caballería defensora sea vencida, entonces la tierra abajo pertenecerá a las tropas españolas, y los refuerzos para Montjuïc serán negados para siempre.

En el calor del momento, los jinetes de San Jorge vuelven a tomar la iniciativa, comprometiéndose rápidamente con la caballería defensora. Los hombres de Filiangieri llegan un poco más tarde y se introducen inmediatamente en la batalla. Álvaro de Quiñones, sin embargo, no está convencido con la idea de enviar sus jinetes a pelear tan cerca de las murallas de la ciudad, potencialmente bajo fuego de artillería enemiga, y rechaza la petición de sus seiscientos hombres. San Jorge, habiéndosele ido la mano, se da cuenta de que las tropas que llegan no son sus refuerzos españoles sino franceses.

San Jorge está ahora rodeado, pero todavía está seguro de que el ataque continuado es la mejor forma de defensa, instando a sus hombres hacia adelante para cruzar las líneas enemigas. Una vez en la muralla, tomarán una puerta, establecerán una posición de defensa y esperarán la llegada de refuerzos. Pero sólo él y algunos de sus hombres pueden pasar a través de la caballería defensora y, cuando se acercan a la muralla, son hechos pedazos por la artillería y el fuego de infantería de la ciudad. San Jorge es severamente herido y los leales hombres que le quedan tratan de impedir que los franceses tomen posesión de su cuerpo.

Ahora la caballería defensora dirige la lucha contra lo que queda de los jinetes españoles hasta que son detenidos por las fuerzas de infantería del general Garay, que avanza con sus hombres en un medio intento de hostigar las murallas de la ciudad. Pero es demasiado poco, demasiado descoordinado, y demasiado tarde para el moribundo San Jorge, a menos de dos meses de lo que habría sido su veinticuatro cumpleaños.

X

A media tarde las cosas se están volviendo desesperadas en el fuerte de Montjuïc. Ha habido continuos asaltos de realistas españoles que, aunque todavía no logran romper las defensas, han utilizado casi toda la munición y el agua. Se envían señales de humo para pedir refuerzos a los defensores de la ciudad que, tras el calvario de la caballería de San Jorge, ahora se sienten capaces de enviar un contingente de mosqueteros a la colina. También se organizan y envían provisiones, algunas utilizando la ruta terrestre desde la ciudad, mientras que otras son llevadas por mar al pie de los acantilados de Montjuïc para su ascenso por el lado de la colina mirando el mar.

Torrecuso ya ha ordenado el bombardeo de las murallas de la ciudad para tratar de inhibir cualquier envío de refuerzos, pero ahora se da cuenta de que ya están en camino. También se da cuenta correctamente que los defensores están en su tramo final, y decide un nuevo asalto. Una vez más sus esfuerzos por organizar a sus hombres son frustrados, esta vez con una emboscada en la ladera por una compañía de *miquelets* catalanes comandada por el capitán Cabanyes que ha escondido hábilmente a sus hombres entre los árboles. A pesar de tales hostigamientos, y el sentimiento creciente de que la batalla se ha puesto a favor de los catalanes, una carga final contra la fortaleza sitiada tiene aún posibilidades de superar la debilitada defensa. Son las tres, y es ahora o nunca.

La carga tiene lugar debidamente, pero cuando los castellanos parece que finalmente tomarán el fuerte, los defensores son infundidos con una última oleada maníaca de esperanza. El sargento Francesc Ferrer pasará a la historia como el primer hombre en ver a los refuerzos aproximándose y gritar a sus hombres que deben resistir. En la carga final los soldados catalano-franceses disparan hacia derecha e izquierda y logran forzar la retirada una vez más. En este asalto frenético y culminante, dos sobrinos de Los Vélez, Diego y Antonio Fajardo, mueren. En vano. Las peleas esporádicas continúan, pero el entusiasmo ha desaparecido. Apenas comenzando a llegar a un acuerdo con la fea perspectiva del fracaso, se le da a Torrecuso la noticia de la muerte de su hijo, que se desploma en una depresión desesperada. Envía un mensaje a Los Vélez: no puede encontrar la fuerza para continuar al mando.

La vergüenza final para las fuerzas del rey español llega alrededor de las cuatro cuando un soldado catalán llamado Joan Tapiolas se convence de que los hombres del rey están huyendo, grita a sus colegas defensores, y es el primero en descender de las murallas en persecución, seguido rápidamente por tres o cuatro docenas de otros. El deseo de Tapiolas se convierte en una realidad ya que, ante la posibilidad de un ataque general inesperado desde el fuerte, muchas de las tropas de Los Vélez deciden que ya es bastante, y corren para salvar sus vidas, desafiando a sus oficiales que son incapaces de contener el pánico. Debajo de la colina, el general Garay, al que por fin se le ha dado el mando general que piensa se merece, actúa para contener a los soldados que huyen, calmando y reagrupando a los hombres. Pero la lucha está claramente acabada, y las tropas se retiran al campamento de Sants.

XI

Una vista panorámica en la tarde, cuando el sol se pone sobre las colinas del Garraf, revela sobre la ladera soldados muertos y moribundos. Por la mañana todavía cientos de hombres yacen abandonados en Montjuïc, en el que será su lugar de descanso final. Los Vélez, en otra reunión con sus oficiales, toma la prudente decisión de retirar a su ejército de la zona. Los refuerzos para la ciudad han llegado por la noche, y se sabe que el líder militar francés, el teniente general Philippe de la Mothe-Houdancourt y sus hombres están de camino hacia el sur. Torrecuso, aun profundamente afectado por la pérdida de su hijo, está sin embargo en un estado de ánimo desafiante, abogando por otro ataque contra el fuerte, pero sus ideas son anuladas. No habrá gloria militar para los castellanos en Montjuïc ese año: la guerra de los Segadores está todavía sólo en su comienzo. No terminará hasta 1659, con la pérdida del noreste de Cataluña para los franceses.

El 30 de enero los restos del derrotado ejército español ya están de vuelta en la zona del Penedès de camino hacia Tarragona. Una vez que los hombres están seguros en la ciudad, el general Garay es enviado al oeste a Extremadura, mientras que Torrecuso, aunque deseoso de ser relevado del mando, es ordenado por Olivares seguir adelante y continuar la lucha. Tendrá que hacer frente ahora a una gran fuerza de asedio bajo Mothe-Houdancourt, que lidera una ofensiva en primavera con el objetivo de retomar Tarragona. Los militares franceses ya están muy al mando de los asuntos catalanes, después de la misteriosa muerte de Pau Claris a finales de febrero. No hay nadie que reemplace al carismático Claris y los líderes catalanes en alianza con la corona francesa se dividen en una lucha de poder entre Josep de Margarit y Josep d'Ardena, por no mencionar aquellos, como el obispo de Barcelona, García Gil Manrique, que siguen interesados en pedir la paz al rey español.

En el consiguiente terrible asedio de Tarragona en el verano de 1641, cientos, en algunos informes miles, mueren de hambre y enfermedades antes de que se rompa el bloqueo con suministros que llegan en agosto desde el mar. Mothe-Houdancourt y sus fuerzas son desalojados por los refuerzos castellanos y forzados a alejarse de la ciudad, el fracaso llega como un susto para los republicanos catalanes convencidos de su derecho divino para recuperar sus tierras. Se vuelve claro que una larga guerra está en perspectiva, con una Cataluña crecientemente empobrecida y sin ley, situada en primera línea entre los franceses y los españoles.

XII

Los años restantes de la década ven muchos cambios en ambos lados del conflicto mientras avanzan tiempos turbulentos. Hay una creciente fricción entre el clero catalán y las opresivas demandas de una burocracia francesa secular, cuyo resultado es la expulsión directa del obispo Manrique de Cataluña en octubre de 1642. Ese mismo año Los Vélez es retirado de su cargo de virrey de Cataluña, y poco después el conde-duque Olivares pierde el poder (en enero de 1643) y muere (en julio de 1645), después de haber sido el principal ministro de Felipe IV desde 1621. El rey Luis XIII muere en mayo de 1643, empezando un período de inestabilidad en Francia que ayudará los españoles a recuperar el sur de los Pirineos. Esta reconquista toma impulso cuando la ciudad de Lleida en el este de Cataluña es atacada y se rinde al rey español en julio 1644, el mismo año en que Los Vélez es redimido y galardonado con el puesto de virrey de Sicilia.

En 1646, Ramón de Sentmenat, el último obispo que queda en Cataluña, es también exiliado, dejando a la Iglesia sin un líder visible. También ese año, a los sesenta y tres años Torrecuso muere en Nápoles, desgastado por una vida de combate y liderazgo, entrando en la ciudad con fiebre alta después de su victoria final contra los franceses. Al año siguiente muere Los Vélez en Sicilia, dejando al general Garay como único oficial de alto rango vivo para recordar la debacle en Montjuïc seis años antes. Es Garay quien tendrá la oportunidad de vengarse después, en el verano de 1649, al ser nombrado marqués de Villarrubia de Langre.

Después de haber logrado su sueño de entrar en la nobleza, Garay parte para Zaragoza y Lleida como capitán-general del Ejército en Cataluña. Su campaña militar en otoño ese año llevada a cabo desde Lleida causa estragos de manera victoriosa, y sin minucias a través del campo catalán, retoma rápidamente Vimbodí, el Monasterio de Poblet, Montblanc, Cabra del Campo, Valls y Constantí, para llegar a la costa en Tarragona. Desde aquí las tropas vengadoras giran hacia el noreste en dirección a Barcelona vía Torredembarra y Vilanova i la Geltrú para llegar hasta Sitges, al borde de las colinas del Garraf. Con el recién ennoblecido marqués acercándose al ajuste de cuentas, y una grave epidemia de peste bubónica amenazando desde la vecina Valencia, la llegada a Barcelona de los Cuatro Jinetes del Apocalipsis en 1650 parece inevitable.

Notas

7. I. El drama ecológico de la crisis salina del Messiniense es revisado en un artículo de Marco Poveri y colegas de 2014 titulado *The Messinian Salinity Crisis: Past and future of a great challenge for marine sciences,* publicado en la revista *Marine Geology* y disponible gratis en la Web. El documento proporciona un mapa particularmente útil mostrando la distribución de las sales marinas evaporadas (yeso y halita: ver Figura 1 del documento) debajo de lo que es ahora el mar Mediterráneo.

Estas "evaporitas" se depositaron a medida que el mar se encogía y se volvía más salino, con la mayoría de las áreas secándose completamente para producir un vasto desierto de sal, en algunos lugares a más de mil metros por debajo del nivel del mar. Para dramatizar, la crisis de salinidad se produjo en un período relativamente reciente del pasado geológico y en un breve espacio de tiempo. La idea, publicada en la década de 1970, parecía inicialmente absurda a los geólogos con una disposición más "anti-catastrófica" y el tema fue (como la teoría del impacto del asteroide en el fin del Cretácico) contestado ferozmente.

7. II. Desafortunadamente para los habitantes de Martorell, Los Vélez tenía algo personal contra ellos. El título de marqués de Martorell había sido creado en 1627 por el rey Felipe IV específicamente para el primer hijo de Los Vélez, Luis Francisco. Cuando el pequeño murió en 1637 el título fue para su padre, quien (presumiblemente a regañadientes) se convirtió en segundo marqués de Martorell. Posteriormente el título pasó al segundo hijo de Los Vélez, Fernando Joaquín, que se convirtió en el tercer marqués de Martorell. Cuando Fernando Joaquín murió en 1693 el título pasó a la hija de Los Vélez, María Teresa Fajardo, que disfrutó de los títulos combinados de duquesa de Montalto, séptima marquesa de Los Vélez, y cuarta marquesa de Martorell. Los genes de María Teresa consiguieron con éxito mantener el título hasta el siglo XXI, y actualmente (2017) Alonso Álvarez de Toledo es el decimocuarto marqués de Martorell.

7. III. El castillo de El Papiol, construido con piedra caliza miocena llena de bivalvos, corales y otras criaturas marinas, fue gravemente dañado por el último de los fuertes terremotos sentidos durante la Baja Edad Media en Cataluña. El temblor de intensidad VIII ocurrió a la una de la madrugada del 25 de mayo de 1448, con epicentro en Cardedeu, en el área del Vallès a treinta kilómetros al noreste de Barcelona.

La cabeza de la Medusa de L'Hospitalet, presumiblemente una escultura romana funeraria, fue descubierta a principios del siglo XX y está actualmente en el Museo Arqueológico de Barcelona.

7. IV. La traición de Josep de Pau Rocabertí, que había estado en secreto en contacto con las fuerzas españolas durante varios días, hace hincapié en la complejidad de las lealtades mixtas de algunos de los involucrados. Muchos de los hombres catalanes habían estado luchando por el rey español y contra el francés en Salses un año antes, y no todo el mundo estaba dispuesto a cambiar su apoyo de Madrid a un desafiante (y, para algunos, suicida y extremista) grupo de líderes políticos y religiosos de Barcelona vulnerables al control de Francia.

7. V-X. La mayoría de los detalles de la lucha entre las tropas castellanas y catalano-francesas en la batalla de Montjuïc de enero de 1641 proceden del artículo *La Batalla de Montjuïc* de Alberto Raúl Esteban Ribas, publicado por la revista de historia militar *Desperta Ferro* y disponible gratuitamente en la Web. La batalla de Montjuïc es menos conocida y difundida que el sitio de Barcelona en 1714 más de setenta años más tarde, pero merece más atención como confrontación importante en la guerra abierta entre las fuerzas castellanas y catalanas, culminando años de mala leche entre los dos bandos.

7. XI. La muerte del Pau Claris el 27 de febrero de 1641, un mes después de la batalla de Montjuïc, está envuelta en misterio, con muchos sospechando que fue envenenado. Con la pérdida de Claris se esfumó cualquier esperanza de un liderazgo catalán fuerte e independiente, favoreciendo el mayor control por parte de las autoridades francesas.

7. XII. El general Juan de Garay Otañez y Rada no fue el único en codiciar su recién ganado título de marqués de Villarrubia de Langre, en una manera presumiblemente similar a los esfuerzos realizados anteriormente por Pedro Fajardo de Zúñiga y Requesens, quinto marqués de Los Vélez, para obtener el título de marqués de Martorell para su hijo primogénito.

Entrar en la nobleza a través de la obtención de un título se había convertido en una obsesión en la sociedad española a mediados del siglo XVII. Durante el reinado de Felipe IV (1621-1665), por ejemplo, el número de condes y vizcondes se triplicó. Se trataba de una cuestión de autoestima ganada a través del estatus aristocrático en lugar de por logros reales, en una economía en declive y un imperio que estaba fracasando. Véase el capítulo 15 de *A History of Spain and Portugal* de Stanley G. Payne (1973), disponible gratuitamente en la Web.

8

Y. PESTIS y M. PARETS

La entrada a la capilla gótica de Santa Ágata, comisionada por el rey Jaime II en 1302 como parte del Palau Reial. Era aquí donde se mantenía el pan sagrado que era recogido por los curas que iban por la ciudad dando la extrema unción a los moribundos en la epidemia de peste de 1651-1654.

8

Y. PESTIS Y M. PARETS

I

El organismo que produce la peste bubónica es una bacteria llamada *Yersinia pestis*, en honor del bacteriólogo franco-suizo Alexandre Yersin. En otro ejemplo de migración este a oeste, como el oso pirenaico, *Y. pestis* vino por primera vez a Europa desde Asia oriental o central. Cuando llegó a la costa mediterránea occidental en diciembre de 1347 se extendió en seis meses por la mitad oriental de España, la mayoría de Francia, Suiza, Italia y el este a través de los Balcanes. En seis meses más se había trasladado a través de gran parte de Inglaterra, y causado estragos en Europa Central desde Bélgica hasta casi Bucarest. Decenas de millones de europeos murieron en esta primera "gran mortandad".

Por su parte, el Dr. Yersin hizo exactamente la migración contraria, rechazando las comodidades de la vida como investigador en una ciudad occidental moderna y viajando hacia el este desde París en 1890 para trabajar en el Instituto Pasteur en Saigón. Yersin era un solitario que nunca usó su nombre de pila, evitó las reuniones científicas y organizó varias expediciones a la selva, prefiriendo enfrentarse no sólo a las enfermedades tropicales sino también a los nativos indeseables, serpientes venenosas, elefantes y tigres. En 1894 se le pidió que investigara la epidemia de peste neumónica de Manchuria en Hong Kong y durante este estudio identificó el bacilo responsable de la enfermedad. Al estudiar los enormes hinchazones de los ganglios linfáticos conocidos como bubones, observó que "la pulpa del bubón estaba en todos los casos llena de un espeso puré de bacilos cortos y gruesos con extremos redondeados".

Yersin también demostró que la bacteria puede infectar roedores, así como primates, y anunció su trascendental descubrimiento el 20 de junio de ese año. Casi al mismo tiempo otro formidable científico, el bacteriólogo japonés Kitasato Shibasaburō, también trabajando en Hong Kong, hacía la misma observación. Aunque se le negó la gloria de tener su nombre asociado para siempre con la peste negra, la carrera del barón Kitasato-san está honrada al menos por dar nombre patronímico a otro género bacteriano, *Kitasatospora*.

Una sola pulga infectada, traída en la ropa o manta de otra persona, puede llevar al desastre. La pulga ha ingerido *Y. pestis* mientras se alimentaba previamente de una rata negra infectada. En una adaptación macabra pero ingeniosa, la bacteria se establece en el sistema digestivo de la pulga y bloquea el flujo de sangre del huésped. Lo hace mediante la producción de un revestimiento viscoso (una "biopelícula") que da como resultado el crecimiento de un bloqueo de bacterias y sangre coagulada alrededor de la válvula conocida como proventriculus, en la base del esófago de la pulga. Este mecanismo, revelado en un estudio clásico de investigación por Bacot y Martin en 1914, vuelve loca a la pulga. Incapaz de satisfacer su sed de sangre, intenta repetidamente alimentarse, regurgitando sangre bloqueada que contiene bacterias infecciosas en los mamíferos anfitriones con cada intento. Cuando no hay ratas disponibles, los seres humanos se convierten en un objetivo para la desesperada pulga. Un informe sobre este descubrimiento científico, publicado en el periódico neozelandés *Nelson Evening Mail* el viernes 1 de mayo de 1914 titulado *Ratas y Peste,* concluye con ironía que "en general una pulga una vez infectada tiene muy pocas perspectivas de ser feliz".

II

Hay un gran número de pulgas infelices en España en los últimos años de 1640. El problema comienza en junio de 1647 cuando un barco de Alger infectado de peste atraca en Valencia. Los primeros casos notificados ocurren en el barrio de Russafa, después de lo cual la enfermedad se cuece a fuego lento durante el verano para explotar en septiembre. A pesar de los mejores esfuerzos del virrey de Valencia para negar la realidad de la epidemia, en octubre atraviesa la ciudad y está en el proceso de matar a más de dieciséis mil personas. Es una enfermedad de pobres: aquellos con dinero y conexiones dejan la ciudad tan pronto como pueden.

A principios de 1648 lo peor ya ha pasado en Valencia, pero la infección se extiende al suroeste produciendo similares epidemias catastróficas en Málaga y Sevilla. Durante el invierno de ese año la peste se extiende también hacia el norte, afectando el pueblo fronterizo de Ulldecona, pero el resto de Cataluña se salva del contagio. Aquí hay mayor preocupación con la lucha continua entre el ejército franco-catalán y el rey español, todavía en guerra siete años después de la batalla de Montjuïc.

La guerra de los Segadores se ha estancado de hecho, aunque la veleta está girando sutilmente a favor de la corona castellana. La expulsión francesa de todos los obispos catalanes es muy impopular; el odiado Olivares ha muerto, y Cataluña es una zona de guerra devastada. Definitivamente es otro caso de "de Guatemala a Guatapeor" para aquellos que anhelan un poco de paz y estabilidad. Además, por fin hay algún signo de reconciliación y respeto desde el rey en

Madrid. Después de reconquistar la ciudad catalana oriental de Lleida, el rey sabiamente ha acordado respetar la constitución catalana, mejorando su imagen entre muchos catalanes cansados de la guerra. Y los franceses tienen problemas en casa donde las cosas están empeorando para Luis XIV, con una guerra civil a punto de estallar.

Pero aun a comienzos de 1648 las tropas franco-catalanas siguen en modo ofensivo y deciden atacar Tortosa, tal vez como venganza por la traición en su entrega con tanta facilidad al rey español en 1640, y para borrar la vergüenza del fallido ataque franco-catalán contra la ciudad en mayo de 1642. El general Josep d'Ardena de Sabastida está particularmente interesado en la conquista. A estas alturas, con treinta y siete años es un mando veterano de los primeros combates, incluyendo la gloriosa victoria en Montjuïc donde luchó bajo el mando de Serignan, y sigue siendo el hombre a cargo de la caballería catalana. Su antipatía hacia la corona española es tal que toma la nacionalidad francesa después de la guerra, y morirá con las botas puestas en 1668, luchando lejos en El Rosellón durante una década de rebelión campesina catalana contra los impuestos franceses: la revuelta de los Angelets, repitiéndose la historia al otro lado de los Pirineos.

Tortosa, en una posición estratégica cerca de la boca del delta del Ebro y próxima a la frontera valenciana, es la quinta ciudad más grande de Cataluña, pero en 1648 no está lo suficientemente preparada para defenderse de una ofensiva seria. Por el contrario, el ejército atacante franco-catalán dirigido por el general Jean-Gaspard Ferdinand de Marsin, al igual que el Gran Viejo Duque de York, cuenta con diez mil hombres. De Marsin tiene tanto la experiencia como las agallas para hacer el trabajo de manera eficiente. Su posición en el asedio no es sofisticada, implicando la demolición de las murallas, golpeándolas con fuego de artillería durante una semana, después de la cual la ciudad es tomada el 12 de junio de 1648 sin más lucha, mientras gran parte de la población se aglomera dentro de la catedral. Al principio de Marsin acepta prohibir el saqueo, pero luego hay una terrible explosión en frente de la catedral y muchos soldados franceses mueren. "¡Traición!", grita el general furioso, "¡No hay acuerdos!" Se pierde el control y el riguroso saqueo comienza cuando las tropas tienen rienda suelta, siendo una de las primeras víctimas el obispo local Joan Baptista Veschi. Iglesias y conventos se incluyen como objetivos, y no es un buen momento ni lugar para ser mujer. Este será el último compromiso francés importante en la guerra de los Segadores al sur de los Pirineos, pero no es una victoria heroica, a pesar de que se reciba con gran satisfacción en Barcelona.

III

La Viajera ha seguido a d'Ardena, sus jinetes y su curiosidad de un delta a otro. La ruta de la "Vía Augusta" es ahora familiar, yendo al suroeste de Barcelona y el delta del Llobregat, río arriba hasta el Puente del Diablo, pasando por el Penedès hasta Tarragona, a través del escarpe de la falla de El Camp exponiendo rocas mesozoicas al sur de la Cordillera Costero Catalana, y finalmente a Tortosa. Pero es el delta del Ebro el que ha venido a estudiar, no este terrible saqueo de la ciudad en los violentos últimos espasmos del final de la guerra de los Segadores en el sur de Cataluña.

Recuerda haber aprendido en la escuela cómo el Ebro es el río más largo que fluye enteramente en España, discurriendo más de novecientos kilómetros desde las montañas cantábricas (el lugar de nacimiento de sus padres) hasta el delta en las fronteras entre Cataluña y Valencia. Además, es el único río importante en España que no drena hacia el oeste hasta el Atlántico, y ha producido el tercer delta más grande en el Mediterráneo.

Aquí en el siglo XVII el delta del Ebro es más pequeño de lo que ella recuerda, todavía en proceso de crecimiento con el máximo ascenso del nivel del mar alcanzándose en el Holoceno varios miles de años antes. Otra diferencia es que el flujo principal del canal del río hacia el mar está ahora al norte, sin señales aun del punto más oriental del delta del siglo XXI que ella conoce. Recordando que en tiempos romanos el delta era incluso más pequeño y que el flujo del río estaba al sur, piensa en la naturaleza delicada y siempre cambiante de los deltas. Desde una perspectiva geológica son paisajes efímeros, vulnerables, y altamente sensibles a los cambios del nivel del mar, suministro de sedimentos, subsidencia y erosión de las olas.

La transitoriedad cambiante de este paisaje deltaico del Holoceno es, sin embargo, sólo la guinda del pastel en el tiempo profundo de la historia del Ebro. Lo que realmente está pasando aquí es la deposición marina a largo plazo de una enorme masa de sedimentos erosionados en tierra y transportados al mar a través del río Ebro. El proceso ya está en marcha ciento veinte mil siglos antes, cuando la Viajera llega alrededor del mismo tiempo que su visita anterior para admirar los murciélagos y los castores, los cerdos y los elefantes, los chalicotéridos, carnívoros y primates del ecosistema del Penedès en el Mioceno. En este escenario del Mioceno se está preparando el terreno para el momento en que algo de trascendencia hidrológica ocurra en Iberia: el agua comenzará a drenar hacia el sureste desde las tierras detrás de la cordillera costera.

IV

No sucede de la noche a la mañana, *pero va a suceder*. Durante un tiempo un río y sus afluentes en la montaña escarpada han estado erosionando hacia abajo y hacia detrás la cordillera costera, que aquí, cerca del final del Mioceno medio, sube en lugares hasta formidables picos de más de dos mil metros sobre el nivel del mar. Frente al desafío de esta centinela rocosa, la erosión de la roca madre por el río costero mediterráneo toma su tiempo. El corte hacia atrás en las montañas se desarrolla a un promedio de apenas una fracción de centímetro por año. Pero lo hace. En tiempo profundo incluso una velocidad de unos pocos milímetros por año no es tan lenta. Representa unos pocos kilómetros cada millón de años. Y la cordillera costera ya ha estado expuesta a los elementos durante más de 30 millones de años.

Lenta, muy lentamente, los ríos costeros abren su camino a través de las montañas en su búsqueda por capturar el drenaje de las aguas en el interior. Los ríos existen para erosionar, transportar sus ganancias de granos clásticos y dejarlos en el mar. Tienen el tiempo de su lado, y con él transformarán montañas en llanuras costeras, con las aguas fluviales serpenteando sobre los depósitos sedimentarios que han creado antes de perder su identidad en el sistema oceánico mundial.

Al norte, detrás de las montañas catalanas, se esconde una cuenca interior encaramada en la zona de los Pirineos. La cuenca contiene grandes espesores de sedimentos depositados por los ríos que drenan las montañas alrededor. Hay lagos y pantanos, con sus aguas encerradas cientos de metros sobre el nivel del mar buscando una salida. La gravedad de la situación es tal que algunas de las aguas atrapadas comienzan a encontrar un camino hacia abajo en cavernas cársticas subterráneas, percolando y disolviendo a través de los picos catalanes de caliza, en busca de una conexión entre el Mediterráneo y el sistema de ríos proto-Ebro al otro lado.

La Viajera se acuerda de su visita a las cuevas de Škocjan, donde el río Reka, que desciende de las montañas a lo largo de la frontera croata-eslovena, se sumerge repentinamente para formar uno de los mayores cañones subterráneos en el mundo del Holoceno. El río fluye por debajo de la superficie cárstica más de treinta kilómetros antes de emerger cerca de la costa adriática al norte de la ciudad italiana de Trieste.

Varios millones de años más de erosión y este modesto pequeño río todavía podrá capturar parte de la gran cuenca del Danubio al otro lado de las montañas.

En el caso del Ebro, el desenlace se alcanza finalmente alrededor de cien mil siglos antes del Holoceno, al mismo tiempo que los rinocerontes, ciervos, ardillas voladoras, dientes de sable, castores, osos y primates están perdiendo sus posibilidades de sobrevivir en el noreste de Iberia. El río costero y los sistemas subterráneos cársticos combinan fuerzas para crear una serie de colapsos catastróficos en las montañas costeras calcáreas. Con un poder cada vez mayor, el río que fluye hacia el sudeste talla una profunda garganta a través de la cordillera costera, y el gran río Ebro nace con la captura del drenaje de los Pirineos. Grandes cantidades de sedimentos son transportados río abajo como botín fluvial y se extienden por el mar Mediterráneo como un prisma de arena y barro que en lugares excede dos kilómetros de espesor y se conoce por los futuros geólogos como el "Grupo Castellón". Los sedimentos miocenos de este Grupo Castellón son a su vez más tarde cubiertos por los sedimentos del Plioceno, Pleistoceno y Holoceno clasificados como el "Grupo Ebro", ya que el río continúa con su tarea de aliviar a España de su elevada masa terrestre.

V

Más que satisfecha con su experiencia en el Ebro, la Viajera vuelve a los tormentos de Tortosa. En 1649, apenas un año después de la subyugación de la ciudad, las cosas no tienen buena pinta para el número en disminución de catalanes que todavía se oponen al rey español. A mediados de octubre, el general castellano Juan de Garay Otáñez, marqués de Villarrubia de Langre, ha atacado ya desde Lleida con un grupo de fuerza similar al que está bajo el mando del general de Marsin, entrando profundamente en Cataluña hacia la costa a menos de cincuenta kilómetros de Barcelona.

Como respuesta a los avances de Garay, Josep d'Ardena es enviado a cruzar el Ebro y tomar el control de la lucha desde Tortosa al reino de Valencia. Su caballería, de más de dos mil hombres complementada con las tropas francesas, cruza la frontera catalana más allá de Ulldecona el 31 de octubre, decididos en su acción punitiva. Una pronta confrontación, a doce kilómetros de la frontera, tiene lugar a principios de noviembre en Traiguera, donde una fuerza opositora de unos pocos cientos de soldados es superada. Desde aquí siguen en dirección sur y oeste a por el premio de Sant Mateu, capital histórica de esta rica parte de España conocida como el Maestrat. A lo largo de la ruta una serie de pueblos sucumben fácilmente: el cercano de Sant Jordi, seis kilómetros despues es saqueada la extrañamente abandonada aldea de Càlig, y en otros diez kilómetros la pobre La Jana que es completamente desvalijada. Un corto desvío hacia el norte permite a Canet de Roig recibir un tratamiento similar antes de llegar d'Ardena a las puertas de Sant Mateu.

Inesperadamente, la campaña ofensiva se detiene en seco en Sant Mateu, donde una decidida defensa de la ciudad a cargo de una pequeña fuerza comandada por el barón de Seebach obliga a los catalanes a regresar. Después de ventilar su frustración destructiva en los pueblos cercanos de Xert y Salsadella, el rumor de la llegada de refuerzos castellanos por mar convence a d'Ardena de regresar a Cataluña. Su campaña se desvanece el 19 de noviembre, pero para entonces el daño ya está hecho. Habían entrado en una zona de peste. Pueblos tales como Traiguera y Càlig, y la ciudad de Sant Mateu, habían sido infectados el verano anterior con la virulenta peste bubónica valenciana, y muchos habitantes han muerto o huido mucho antes de la llegada de las tropas catalanas. En su crónica de la epidemia, Miquel Parets lamenta la estupidez de las tropas que robaron y comerciaron indiscriminadamente con ropas durante la lucha de d'Ardena en territorio enemigo infectado.

VI

En enero de 1650 *Y. pestis* hace su entrada triunfal en Tortosa y produce una grave epidemia. En abril, en un acto de desesperación, el gobernador francés Monsieur de Launay ordena a los que aún quedan la evacuación, para que la ciudad sea limpiada y quede completamente vacía hasta septiembre. Para entonces alrededor de un cuarto de la población, más de mil doscientas personas, han muerto. Los que sobreviven para ver el día, el 4 de diciembre de ese mismo año, y para la inmensa desesperación de Barcelona, presencian como las tropas castellanas lideradas por el marqués de Mortara retoman la ciudad a los franceses. Mortara había tomado el mando de las fuerzas castellanas tras la inesperada muerte del general Garay en abril. Con las tropas del rey español ahora de nuevo en control del Ebro, para Tortosa al menos el horror combinado de la peste y la guerra ha terminado.

No es así para Barcelona. A principios de 1650, temerosa de lo que puede pasar, la capital catalana manda al médico de la peste Dr. March i Gelpí y al cirujano-barbero señor Matas a Tortosa con el fin de determinar si la epidemia es realmente la peste. Los dos hombres son pagados generosamente por sus servicios, pero para evitar el duro camino por la montaña eligen insensatamente una ruta más fácil cerca de la frontera y son capturados por guerrilleros enemigos, que piden un rescate. Protestando energéticamente en favor de los intereses generales de la salud pública, la ciudad se ve forzada a pagar una cantidad inasequible de ducados de oro por la vuelta segura de su equipo médico. Un segundo médico, el doctor Vileta es enviado a Tortosa el 23 de marzo de 1650, y regresa de forma segura para informar que es realmente la peste. Todo el comercio con el valle del Ebro es inmediatamente prohibido, y con el fin de controlar la entrada en la ciudad sólo cuatro puertas (Sant Antoni, l'Àngel, Nou y Mar) en Barcelona permanecen abiertas.

VII

Llega la noticia de que la peste ya está en Tarragona, y se toma la decisión de reforzar los controles sobre la inmigración, dejando abiertas solamente las puertas de la ciudad al norte (Portal de l'Àngel) y sur (Portal del Mar). Esto, sin embargo, resulta poco práctico al concentrase tantas mulas, carros y gente en estos puntos de acceso que se hace imposible para los guardias mantener el orden. A regañadientes, se regresa a la solución de cuatro puertas de acceso hasta que llegan malas noticias de nuevo a principios de junio, esta vez desde Sant Pere Pescador en el noreste de Cataluña donde la enfermedad ha llegado por barco, probablemente desde Tarragona. Luego, aún más cerca, hay rumores de que Girona está infectada.

El doctor Vileta es enviado a Girona, pero informes confusos desde allí indican que los médicos están en desacuerdo, por lo que el embargo comercial inicial entre las dos ciudades es levantado. Miquel Parets comenta que es un gran milagro de Nuestro Señor que la enfermedad no entre en Barcelona en ese momento porque muchas personas sabiamente corren a la ciudad desde Girona. Pero el caso de la peste se fortalece cada día, y la ambivalencia del doctor Vileta no hace nada por aclarar la opinión popular, de manera que en julio dos expertos más, en este caso el doctor Argila y el cirujano-barbero Jaume Texidor, son enviados a Girona para terminar con este incertidumbre. Informan que es la peste sin duda, y además una cepa muy virulenta, con cerca de doscientas personas muriendo cada día en Girona. Para empeorar las cosas, esta primavera ha visto otra sequía y el precio del trigo sube en espiral. Para agosto, el trigo se ha duplicado en precio y hay amenazas de disturbios de aquellos que no pueden acumular grano. Parets, entonces con cuarenta años, escribe: "Tuvimos en Cataluña las tres plagas más grandes que Dios puede infligir a un pueblo, a saber, hambre, enfermedad y guerra".

VIII

Pere Josep Oleguer Miquel Parets, nacido el 7 de marzo de 1610 de Miquel y Catalina, era el mayor de seis hermanos. La familia regentaba una empresa de curtido establecida desde hacía mucho tiempo en el distrito marítimo de Santa María del Mar, el comercio pasó de padre a hijo durante sucesivas generaciones. Su padre, miembro de alto rango del gremio de curtidores que sirvió como tesorero y luego intendente, murió en 1631, dejando a Miquel hijo el mantenimiento de la tradición familiar. En 1633, asumiendo sus responsabilidades para continuar la dinastía, el joven Miquel se casó con María Roure, la hija huérfana de una familia antes importante en Vic, ahora viviendo como criada en el carrer del Carme al otro lado de la Rambla. Tuvieron un hijo pero no sobrevivió mucho tiempo después del nacimiento, y la misma María murió en el verano de 1636, probablemente de tuberculosis.

Al año siguiente Miquel volvió a intentarlo, casándose con Elisabet Mans, la hija de Eulàlia y Joan, una familia de ricos agricultores en la llanura de piedemonte de Barcelona en Sarrià. Este matrimonio tendrá siete hijos, cuatro de los cuales sobreviven. Tres hermanos, Miquelo (nacido en la primavera de 1639), Josep (nacido el verano del año siguiente), y Gabrielo (que llega siete años después), y la pequeña Anna María quien, en medio del pánico de la peste del otoño de 1650 está todavía en su tierna infancia.

Ya hay rumores inquietantes en diciembre, pero a principios del siguiente mes sucede lo peor. Parets escribe cómo el domingo 8 de enero de 1651, en la casa de un ciego llamado Martín de Langa, su esposa y una niña enferman y mueren, y las personas en contacto con ellas también enferman. Los concejales de la ciudad visitan de inmediato la casa esa noche y envían a los enfermos al convento dominico de los Angels Vells, el primer lazareto, situado justo fuera de las murallas de la ciudad en lo que en tiempos modernos se convertirá en el Parque de la Ciutadella.

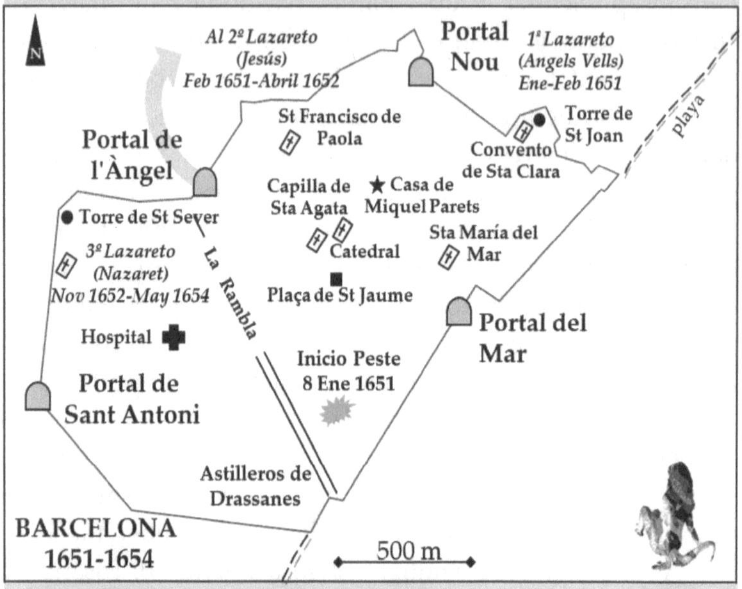

La ciudad medieval de Barcelona durante la epidemia de peste que comenzó en 1651. El inicio oficial de la peste el 8 de enero de 1651 ocurrió cerca de La Rambla en la calle Nou de Sant Francesc que desciende hacia el puerto desde la Plaça Reial. Todas las entradas a la ciudad estaban cerradas, aparte de las cuatro mostradas en el mapa (y algunas veces también). Los dos primeros lazaretos se mantuvieron fuera de las murallas de la ciudad, aunque durante el resurgimiento final de la epidemia en 1653 se utilizó el Convento de Nazaret.

Aquellos que no están obviamente enfermos pero que han estado en contacto con las víctimas son puestos en cuarentena en las dos torres de Sant Sever y Sant Joan, las casas son fumigadas y limpiadas, y la ropa quemada. La rapidez de la respuesta sin embargo es frustrada por algunos de los procesos de limpieza cuando se roban artículos, incluyendo ropa, de las casas infectadas. Parets comenta cómo en tales situaciones siempre hay personas malas que causan problemas.

La culpa de la infección inicial recae sobre un hombre llamado Campderrós, previamente un prisionero y un comerciante cargado de deudas en el mercado de Born, que llega al Hospital General con bubón. Ha estado recientemente en Olot, donde la peste se está propagando con furor, y el período de incubación de la enfermedad puede ser de hasta seis días antes de que aparezcan los síntomas. Es enviado en desgracia al lazareto, donde se recupera de la enfermedad y se ve obligado a atender a los enfermos que llegan allí.

IX

A medida que pasa el mes de enero hay un lento pero constante tráfico de personas infectadas que son llevadas al lazareto y muchos que aún no han sido infectados empiezan a huir de la ciudad, especialmente los que ya habían visto en Girona lo que la peste puede hacer una vez está fuera de control. El pan es cada vez más escaso, la ley y el orden comienzan a flaquear, y hay asaltos nocturnos y asesinatos. Los consejeros tratan de mantener el control, utilizando castigos cada vez más severos como elemento disuasivo: en febrero, por ejemplo, un jardinero es acusado de asesinato, cortan sus manos, es azotado por las calles, y colgado en la horca. Pero el robo y la violencia continúan, muchas veces perpetrados por soldados locales, y pocas personas se atreven a salir de noche.

A pesar de que es aparentemente obvio, hay una gran reticencia a declarar oficialmente a Barcelona contaminada con la peste. Sin embargo, a estas alturas, el lazareto de Angels Vells ya es demasiado pequeño para hacer frente a la demanda y los enfermos están siendo trasladados al monasterio franciscano de Jesús en los terrenos inclinados al norte de la ciudad (cerca del Passeig de Gràcia y de la calle Aragó de los tiempos modernos). El malvado sobreviviente de la peste Campderrós va con ellos, pero enferma y muere. Solamente Dios sabe, rumia oscuramente Parets, si éste es el castigo por entrar en Barcelona con síntomas después de visitar una zona infectada por la peste.

Hacia finales de febrero se adopta la decisión de juramento solemne a San Francisco de Paola y celebrar una procesión en su santo día (2 abril) con el fin de ayudar a proteger la ciudad de la peste. Entonces, en una ampliación de la estrategia de rogación destinada a tratar los problemas que afligen a Barcelona, la Santa Madrona es llevada a la catedral el 5 de marzo, un acto seguido por abundante lluvia que alivia la situación cada vez más desesperada en el campo alrededor. El trigo llega por barco desde Livorno, conteniendo la crisis en la ciudad, pero los que viven en la periferia rural están sufriendo hambruna, y cada vez es más difícil enviar pan para ayudarles. Además, el respiro meteorológico es corto y la sequía vuelve en abril, provocando una nueva reactivación del protocolo de ceremonias rogativas, con la Santa Madrona regresando a la catedral (24 de abril) y San Severo llevado por el centro con todos los honores seis días más tarde.

Pero a estas alturas ya están surgiendo fuertes dudas sobre la prudencia de animar a la gente a reunirse, incluso para venerar e implorar a San Severo. El ayuntamiento ha capitulado y declarado finalmente oficial el brote de peste, cancelando todos los negocios y mudándose en su totalidad a la ciudad de Terrassa al otro lado de la Collserola. Muchos ciudadanos ven como su optimismo era solo un simple deseo y huyen tardíamente de la ciudad para encontrar que no son deseados en ningún lugar. Los que quedan dentro de las murallas asumen una mentalidad de asedio. El Portal de l'Àngel se reserva exclusivamente para la tarea de llevar a los enfermos y muertos al Monasterio de Jesús. Se colocan postes fuertemente vigilados en tres puntos, uno en el oeste (cerca del Portal de Sant Antoni), uno en el este (cerca del Portal Nou), y uno abajo en el puerto (Portal del Mar) donde los barcos pueden traer provisiones.

X

El sistema de postes es simple pero funciona. Se cavan zanjas profundas y anchas y se atan tablones largos de madera a un eje metálico vertical situado en el medio de la zanja. Los tablones pueden girarse horizontalmente alrededor de este eje vertical, permitiendo el intercambio de comida y dinero sin contacto físico. El agricultor trae sus pollos, huevos, fruta o lo que tenga, lo coloca en el tablón y lo gira al destinario (por lo general un repartidor) al otro lado. Si se acuerda un precio entonces el dinero es debidamente girado al agricultor, que pone las monedas en una olla de vinagre para limpiarlas de cualquier infección, y el repartidor se va a vender sus productos al mercado del Born. La pena por engañar es la muerte, asegurando que el sistema funcione bastante bien.

Se toman medidas para reducir el contacto físico entre la gente. Los monjes tienen un mayor riesgo en particular al estar obligados a administrar los sacramentos a enfermos y moribundos. Llevan sus sotanas más cortas hasta la rodilla para evitar el posible contagio desde el suelo, y mantienen a los enfermos a una distancia segura cuando toman la confesión. Los sacerdotes recogen las hostias sagradas en la Capilla de Santa Ágata en el Palau Reial junto al Saló del Tinell. Para dar la comunión a los necesitados a través de la ciudad el santo sacramento se administra con la ayuda de una vara de plata, de nuevo evitando cualquier contacto físico, y a veces dan la extrema unción a una casa entera para no tener que volver.

En un mal día algunos monjes regresan a casa agotados después de ver hasta ochenta personas. Si están infectados por la enfermedad van al lazareto, o se recluyen en su monasterio hasta recuperarse o morir. Con la peste comenzando a alcanzar su pico entre mayo y julio, son los héroes de la crisis, abandonados por sus clérigos superiores y dejados a su suerte para continuar haciendo un buen trabajo.

XI

El 1 de mayo muere Josep Parets, con diez años y ocho meses y medio. Ha estado enfermo durante cinco años con algún tipo de enfermedad de huesos y poco a poco empeorando hasta que, su padre tristemente observa, está tan delgado y consumido que lo único que le queda son huesos y nervios. El niño ha sufrido tranquila y pacientemente, con su padre admirándole por ser el de mejor carácter y más sensible de sus hijos: un muchacho encantador. Tres días antes de su muerte Josep llama a sus padres a su habitación para mostrarles una aparición de la Virgen María, San José, Miguel Arcángel y una multitud de otros ángeles, acompañados de música y un olor a rosas. Su padre escribe lo afortunado que es el niño de ver todo esto mientras los padres no pueden ver nada. Al día siguiente, 2 de mayo de 1651, Josep es enterrado en el cementerio al lado de Santa María del Mar.

Poco después el joven Gabrielo enferma con síntomas de la peste, con una característica glándula linfática hinchada bajo el antebrazo izquierdo. Es cuidado por su madre que, el 8 de mayo, desarrolla dos dolorosos bubones en el muslo y la ingle. Una enfermera de peste es contratada y Elisabet se aísla en el ático de la casa de los Parets para dejar que la enfermedad siga su curso durante los próximos siete días. El 15 de mayo a las 10 de la mañana Elisabet pide ser vestida con su mejor ropa, que cambien la ropa de su cama, y que llamen a su marido.

Miquel sube al ático de la casa adyacente, desde donde puede verla y oírla poniendo sus asuntos en orden. Ella habla claramente y no parece estar especialmente enferma, pidiendo que den a la que la cuida varios artículos sagrados de la casa (velas y un crucifijo que cuelga sobre la cama). Encomienda los niños a su marido, pidiéndole que los eduque para ser buenos y virtuosos, y que cuide especialmente de Anna María, aunque Elisabet expresa sus dudas de que siga viva por mucho tiempo. El bebé está bajo el cuidado de una joven enfermera mientras su madre está confinada en el ático, pero ha caído enferma el día anterior.

Miquel oye a su esposa decirle adiós y se derraman muchas lágrimas. Regresa abajo para dar los objetos sagrados a la enfermera que está asombrada por la calma y fortaleza de su paciente. Ningún sacerdote puede ser localizado, y cuando su marido sube de nuevo al ático Elisabet toma el crucifijo entre sus manos y se prepara para su muerte. Cuando sabe que ha llegado la hora, pide que enciendan las velas alrededor de su cama y muere entre las 12 y la 1 de la tarde, el día de San Isidoro. Miquel, que nunca pensó por un momento que su amada esposa pudiera morir en realidad, se da cuenta ahora de que ha ido a unirse con su hijo Josep. El matrimonio ha estado unido durante quince años, y pensaba que ella era maravillosa.

Elisabet es enterrada ese mismo día, también en el cementerio de Santa María del Mar. Al día siguiente muere la pequeña Anna María, de un año de edad, libre de síntomas de la peste pero enferma con una severa infección intestinal. Su padre la describe como un pequeño ángel, una muñeca de temperamento alegre y pacífico. Menos de quince días después Miquelo, su hijo de doce años y dos meses, desarrolla una inflamación linfática en la garganta. Al ver la posición del bubón, el médico inmediatamente le da por muerto. Su enfermedad dura sólo un día y medio, cuando el muchacho se asfixia repentinamente el 29 de mayo. Ya trabajando y buen marinero, Miquelo iba a ser la futura columna vertebral de la familia y apoyo de su padre.

Ambos niños son enterrados en el lazareto del Monasterio de Jesús, y su padre se queda con Gabrielo de tres años de edad que se ha recuperado completamente. De todos los niños, escribe Miquel, Gabrielo es el que tiene el carácter más difícil. Los dos salen de la ciudad cuando la peste está alcanzando su pico, con carretadas de muertos y enfermos alzando la población del lazareto al número inmanejable de tres o cuatro mil. Muchos, incluso si sobreviven a la infección bubónica, mueren por falta de alimentos y cuidados. Mientras, padre e hijo son puestos en cuarentena en una cabaña en Sarrià antes de trasladarse a la casa de la suegra de Miquel, al tiempo que llega la noticia de que el ejército castellano está reuniendo sus fuerzas en Lleida y se espera que asedie Barcelona ese verano.

XII

Para mediados de verano la epidemia de peste parece haber terminado su recorrido. Se han realizado arduos esfuerzos para limpiar la ciudad, fumigar casas infectadas, prevenir el contacto y la transmisión, y forzar a cualquier persona que entra a someterse a controles estrictos que incluyen su paso y el de sus ropas a través de hornos especialmente construidos. Muchos miles de personas han muerto, pero los sobrevivientes deben ahora reponerse y hacer frente a la próxima amenaza inmediata. El marqués de Mortara, el último virrey de Cataluña, tras un encuentro en Tarragona con su nuevo comandante militar don Juan José de Austria, está a punto de asediar la ciudad. Don Juan ha persuadido a Mortara para preparar un ataque inmediato contra Barcelona. Para finales de julio el ejército castellano, más de trece mil hombres, ya ha dejado Vilafranca para retomar la ruta de la Vía Augusta.

A principios de agosto, el ayuntamiento ordena a los habitantes de Barcelona que aún permanecen fuera de las murallas que vuelvan y se unan a las fuerzas de defensa de la ciudad, y Miquel Parets regresa a casa después de estar ausente sólo un par de meses. Aún hay peste alrededor, pero se ha reducido mucho. El ejército castellano llega y toma posiciones contra la ciudad, pero, consciente de la debacle de Montjuïc diez años antes, don Juan opta por un lento estrangulamiento de los sitiados, negándoles suministros por tierra y mar. Todavía logran pasar algunas ayudas, principalmente en pequeñas embarcaciones que traen mercancías de las aldeas costeras cercanas y evitan la vigilancia de la flota española. El asedio continúa hasta el próximo año, a medida que la peste sigue disminuyendo, Parets escribe cómo el 6 de abril de 1652 el Monasterio de Jesús es finalmente cerrado como lazareto. La batalla contra *Y. pestis* parece por fin haberse ganado, pero las posibilidades de una segunda victoria sobre el rey español son cada vez más sombrías.

La esperanza brota nuevamente en la ciudad el 3 de agosto cuando un escuadrón de ayuda llega de Marsella, escoltado por ocho buques de guerra e intenta romper el bloqueo español. Pero después de cuatro días de maniobra frustrada se ven obligados por la flota más fuerte de don Juan a retirarse y volver a casa. Es la última oportunidad para una ciudad hambrienta. En una vuelta final de tornillo, Mortara se centra en someter a los pueblos costeros responsables del contrabando de suministros en la capital, lo que hace con firmeza y éxito, pero con mínima violencia, persuadiendo a la mayoría de que la resistencia es inútil.

Una Barcelona muriéndose de hambre se rinde finalmente el 12 de octubre de 1652. A la guarnición de tres mil soldados franceses y suizos se le permite salir de la ciudad y regresar a Francia, llevándose con ellos sus armas y pertenencias. Felipe IV es aceptado como rey y, al igual que en Lleida, se compromete a mantener la constitución, aunque la ciudad pierde sus privilegios militares y es movilizada contra sus antiguos aliados, con el foco de la guerra moviéndose hacia el norte. Mientras tanto la peste se inflama nuevamente, probablemente traída por las tropas recientemente estacionadas entre las murallas de la ciudad. Estas tropas, desnutridas, indeseadas y lejos de casa (muchos son de origen irlandés) se ven obligadas a dormir en las calles, "completamente perdidas" como escribe Parets.

Se establece un nuevo lazareto, esta vez justo dentro de las murallas de la ciudad en el Monasterio de Nuestra Señora de Nazaret y una vez más la Capilla de Santa Ágata es usada para albergar las hostias sagradas para las víctimas mortales de la peste. Pero ahora, sin embargo, existe ya un protocolo bien desarrollado y estricto para controlar la propagación de la enfermedad, y este nuevo brote resulta mucho menos severo. Parets describe cómo los cadáveres son llevados por la noche al cementerio de Nazaret, seguido de una completa incineración de la cama, cortinas, ropa y otras pertenencias de la víctima, sin excepciones. Si el fallecido es catalán la quema es asistida por un concejal; si no entonces un oficial del ejército español está presente. En medio de todo esto, Miquel Parets se casa por tercera vez, el 6 de enero de 1653. Su tercera esposa es Marianna Vinyes, hija del comerciante Pau Vinyes y Jerònima Grosset. Marianna es también de la parroquia de Santa María del Mar y enviudó durante la epidemia de peste.

Con la enfermedad finalmente disminuyendo en la primavera de 1654, se programa una gran procesión para el sábado 2 de mayo para dar gracias. Parets describe gigantes, dragones, serpientes, demonios y caballos, una noche de hermosa lluvia abundante, más festividades el domingo, y un abrumador bendito alivio en la ciudad por haber sobrevivido a las pruebas de la pestilencia y la guerra. Él continúa su crónica durante otros seis años y tiene cuatro hijos con Marianna, dos de ellos, Marianna y Miquel, logran sobrevivir la infancia.

Las notas finales en la crónica de Parets son de 1660, y Miquel muere el verano siguiente a los cincuenta y un años, sobrevivido por su tercera esposa y tres de sus once hijos, Marianna, Miquel y Gabrielo. Cuatro años más tarde, Gabrielo Parets i Mans, de diecisiete años, toma los votos para convertirse en sacerdote agustino y entra en el Monasterio de Santa Mónica. Todavía vive cerca de treinta años más, hasta 1693, pero después de este año se pierden los registros y desaparece en el anonimato del tiempo al que todas las vidas están eventualmente destinadas.

Notas

8. I. Detalles relativos a la observación paralela del bacilo de la peste de Alexandre Yersin y Kitasato Shibasaburō se pueden encontrar en el artículo de 1976 de David J. Bibel y T. H. Chen titulado *Diagnosis of Plague: an Analysis of the Yersin-Kitasato Controversy*, publicado por la *American Society for Microbiology* y disponible gratuitamente en la Web.

8. II. Los efectos de la peste bubónica en la ciudad de Valencia en 1647 fueron presenciados y registrados por el sacerdote y médico Francisco Gavaldá (1618-1686) que, inusualmente, proporcionó estadísticas sociales y comentó sobre la realidad detrás de quienes estaban más probablemente infectados por la enfermedad: "La suerte de la gente que murió fue ésta: caballeros ninguno, porque menos los oficiales reales y uno u otro, todos vaciaron la tierra; juristas ninguno; notarios uno u otro; a los entretenidos y gente de paseo dexó Dios para que se sazonaran; los muertos fueron oficiales, labradores y regularmente toda gente de trabajo, a los cuales hallaba el mal cansados y mal alimentados. Lo propio sucedió con las mujeres... vimos en este año una común necesidad y pobreza en Valencia; tanta, que me constó a mí, pasaba mucha gente sólo con pan y uvas. Fue fuerza que este alimento hiciera muchos males". Véase el artículo del 2006 titulado "Francisco Gavaldá, adelantado en el estudio social y estadístico sobre la peste (1679)", de José María López Piñero en la Revista Española de Salud Pública disponible gratuitamente en la Web.

8. III-IV. Veasé el artículo de 2010 de Alfredo Arche y colegas titulado *Some considerations on the initiation of the present SE Ebro river drainage system: Post or pre-Messinian?* publicado en *Journal of Iberian Geology* y disponible gratuitamente en la Web.

8. V. Javier Hernández (2013) describe las incursiones militares de d'Ardena a través de la frontera catalano-valenciana en "Incursiones y operaciones navales franco-catalanas sobre la frontera valenciana durante la guerra de los Segadors. La invasión de don Josep d'Ardena (noviembre de 1649)", publicado en *Centre d'Estudis del Maestrat* (CEM).

8. VI. Los doctores de la peste tales como March i Gelpí fueron utilizados a través de Europa como especialistas contratados por una ciudad durante un brote de la enfermedad, aunque con frecuencia no tenían éxito ni experiencia, ni estaban en la cima de su profesión. En el caso del doctor March i Gelpí, sin embargo, parece que era tan apreciado por la ciudad de Barcelona que accedió a pagar 675 ducados para recuperarlo de las manos del enemigo castellano. El señor Matas era claramente menos estimado, siendo liberado para volver a Barcelona con la promesa del rescate. Los cirujano-barberos como Matas tenían una amplia gama de deberes muy prácticos como cortar el pelo, aplicar sanguijuelas y amputar extremidades: fueron los técnicos médicos de la Europa medieval. La cirugía en ese momento, mucho antes del uso de la anestesia, no era algo considerado para los médicos que trabajaban en las universidades.

8. VII. El relato de Miquel Parets de la epidemia de la peste bubónica de 1651-54 en Barcelona es el tema del libro de James S. Amelang titulado *A Journal of a Plague Year* (Oxford University Press 1991). Amelang toma su título de la narrativa sobre la peste escrita por Daniel Defoe y publicada en 1722, pero señala que la crónica de Parets es muy diferente. Mientras que el narrador del relato de Defoe (supuestamente talabartero) probablemente nunca existió y era un personaje ficticio utilizado para una reconstrucción histórica, Miquel Parets fue un auténtico testigo y superviviente que sufrió con la ciudad y su familia. Amelang ve la crónica de Parets como "el más extenso relato popular que ha quedado de la experiencia de la peste en la historia de Europa" y el texto transmite la brutal realidad de la experiencia con un claridad y franqueza que a veces, en particular en lo que respecta a la historia de su propia familia, es bastante angustiante. Muchas de la secciones de este cuento provienen de la traducción de Amelang.

8. VIII. El primer caso claramente probado de peste bubónica en la casa de Martín de Langa en la calle Nou de Sant Francesc (que desciende hasta el mar una manzana al este de la Rambla) parece en realidad no haber sido el primero. Parets comenta sobre rumores de que la enfermedad ya estaba en la ciudad durante quizás al menos dos semanas o antes, pero había sido mantenida en silencio por las familias involucradas. Los implicados eran un abogado llamado Tristany y un zapatero llamado Matas (en cuya casa supuestamente murió alguien antes de Navidad), ambos vivían cerca uno del otro en el centro de la ciudad medieval justo al este de la plaça de Sant Jaume.

8. IX. James Amelang señala que San Francisco de Paola era un estricto vegano autoflagelante, modelo penitente de Calabria reconocido por sus potentes poderes taumatúrgicos (milagrosos). El santo también fue invocado para evitar las epidemias de la peste en otros lugares en el siglo XVII en España, como en Girona y Mallorca.

8. X. Los postes también se utilizaron como punto de encuentro para comunicarse entre los de dentro y fuera de la ciudad. A finales de mayo, por ejemplo, Jean-Gaspard Ferdinand de Marsin, todavía comandante militar de Cataluña, visitó uno de los postes para informar a los consejeros municipales de que el ejército castellano se organizaba en el oeste de Cataluña con la intención de sitiar Barcelona. El general francés estaba acampado junto al río Besòs en Granollers, treinta kilómetros al norte, lejos de la ciudad en cuarentena.

"En un mal día algunos monjes regresan a casa agotados después de ver hasta ochenta personas". Miquel Parets escribe sobre estos sacerdotes "cuando salen muchas veces en el auge de la peste... y dan la comunión a setenta u ochenta personas antes de volver a casa. De manera que el pobre monje está agotado cuando regresa a la iglesia de una caminata tan larga y después de haber subido tantas escaleras, porque la mayoría de los enfermos están en el ático para que no tengan contacto con nadie, salvo con la persona que les cuida" (*A Journal of a Plague Year* de James S. Amelang, publicado en 1991 por Oxford University Press).

8. XI. La historia de Parets sobre la muerte de su amada esposa es la parte más conmovedora de su crónica. Amelang traduce sobre la fortaleza mostrada por Elisabet afrontando su propia muerte: "Entonces me dijo adiós con muchas lágrimas ... y cuando supo que ya era hora de que muriera, pidió que encendieran las velas, y con las velas y el crucifijo en sus manos murió entre las doce y la una de la tarde, el día de San Isidoro, 1651. Que Dios la cuide en el cielo."

8. XII. En el apogeo de la epidemia de peste, en junio de 1651, Parets describe escenas horribles de la ciudad con constantes carros llenos de cadáveres vestidos y desnudos, el lazareto desbordado con enfermos y moribundos, las puertas de las casas infectadas marcadas con la cruz blanca de Santa Eulalia y una soledad penetrante acompañada de la ruptura con el contacto social y la empatía. Pero entonces, poco a poco, las cosas mejoraron hasta un punto en el que, para la Pascua de 1652, el personal médico que asistía a las víctimas pudo finalmente ser despedido. Parets está convencido de que la lentitud en la recuperación de la epidemia se debió al asedio en curso, con los soldados del rey

español robando casas infectadas con la peste y luego entrando en la ciudad como prisioneros de guerra, mensajeros o desertores. Describe cómo los que entraban por detrás de las líneas enemigas eran obligados a desvestirse y pasar a través de hornos (con su ropa colocada en un horno más caliente) y comenta irónicamente que después de todas las medidas preventivas Barcelona estaba por una vez bastante limpia.

Miquel Parets claramente, y con razón, lamentó su decisión de permanecer en Barcelona durante la epidemia. En más de una ocasión en su narración comenta que siempre es un error quedarse en la ciudad una vez que la peste se ha apoderado de ella. No sólo el riesgo de transmisión de enfermedades se reduce considerablemente al salir, pero en las primeras etapas es más fácil encontrar lugares para refugiarse. En el momento en que la plaga se hizo oficial y alcanzó su pico todos los refugiados de Barcelona fueron *personae non gratae* en todas partes, con barricadas establecidas para asegurar que "ni siquiera un gato pudiera pasar". Estos refugiados podían estar durmiendo a la intemperie mientras buscaban un lugar protegido en el que pasar la obligada cuarentena de cuarenta días. Con el beneficio de una visión retrospectiva concluye con amargura: "Digo que es muy correcto huir para no sufrir esta enfermedad, pues es lo más cruel".

9

MONTSERRAT

Los distintivos picos redondeados del conglomerado de Sant Jeroni buzando ligeramente al norte amenazantes sobre la diminuta capilla de Sant Benet (abajo a la derecha). En Montserrat la geología reina.

9

MONTSERRAT

I

Charles Lyell no lo encuentra divertido. Le están retrasando seriamente en la frontera española de los Pirineos en el verano de 1830 y está impaciente por visitar los volcanes de Olot. Pero el alcalde de Puigcerdà tiene otras ideas. Después de una espera de dos horas Lyell y su compañero de viaje el capitán Cook son informados de que sus pasaportes, que están perfectamente en orden, no pueden ser sellados hasta la mañana siguiente. Regresan según lo solicitado pero deben esperar más, someterse a un examen tranquilo y digno, al final del cual se les pide de nuevo regresar al día siguiente para una tercera entrevista.

Dado el estado cada vez más agitado de un Lyell de treinta y dos años, que tiene el pedigrí y aplomo para no recibir un no como respuesta, se decide que sólo Cook necesita asistir mientras que Lyell sale a estudiar la geología local. Entre tanto Cook descubre que va a ser examinado por un sacerdote inquisitorial con un enorme sombrero de teja. El sacerdote está convencido de que sus pertenencias son sospechosas y no entiende por qué un capitán de la armada británica "debe viajar para ver piedras y plantas". Cook muestra al panel de entrevistadores un pasaporte antiguo firmado por su influyente amigo el conde Carlos de España, ex-gobernador de Madrid y ahora capitán general de Cataluña, pero el alcalde se niega a mostrarse impresionado: "En cuanto al conde de España, recibo ordenes de una fuente más alta, *el propio rey*."

Después de que le digan que debe volver para una cuarta entrevista, son advertidos por los franceses de que es mejor recuperar sus pasaportes y regresar al otro lado de la frontera antes de que sean arrestados sin otro motivo que no ser bienvenidos por ser extranjeros y científicamente progresistas en una ciudad dirigida por un alcalde carlista y la Iglesia católica. Charles escribe más tarde a su hermana "pero la verdad es que tienen toda la razón. El sacerdote y alcalde de Puigcerdà le dijeron seriamente al aduanero francés que "cuantos menos ingleses y franceses viajen a España mejor"; y ese es su punto de vista. Prohibiendo libros, viajes, circulación interna de comercio, etcétera, pueden conservar un dominio absoluto unos años más, y no tendré compasión de ellos si son entonces arrojados de su lugar como el *Parti prĕtre* en Francia".

A estas alturas, Lyell le dice a su hermana que ha aprendido cómo la sociedad catalana del siglo XIX está profundamente dividida en tres facciones: "los constitucionalistas, que piensan que el rey Fernando es demasiado despótico; los realistas, que le consideran el mejor de todos los reyes posibles; y los carlistas - me temo el partido más fuerte - que no le consideran suficientemente despótico, y que debería restablecer la Inquisición con su fuerza total". La estrategia política del rey ante esta delicada situación se encapsula en la expresión: dando palos igualmente a la mula blanca (carlistas) y la mula negra (liberales).

Finalmente sus pasaportes son retenidos y los dos compañeros van por caminos separados a Francia, con Cook dando España por perdida mientras Lyell se dirige al este a Perpiñán persistiendo en su idea, donde obtiene con éxito un nuevo pasaporte y cruza la frontera en diligencia en compañía de cinco comerciantes de Cuba. A lo largo del viaje por el noreste de Cataluña goza de gloriosas vistas de los Pirineos Orientales y queda impresionado por el calor del verano en el Mediterráneo. Después de dos días, pasando por Figueres y Girona, llega a Barcelona donde ninguna mula está dominando y el rey Fernando tiene el firme control.

A la mañana siguiente, el 24 de julio de 1830, su primera llamada es para el capitán general conde Carlos de España, con el fin de obtener autorización para los viajes geológicos que tiene previstos en Cataluña. El conde, nacido originalmente en Francia pero obligado a huir de la revolución y ahora sirviendo al rey de España, es un estricto y tirano monárquico que odia a los liberales, con mano de hierro sobre la ciudad. Está, sin embargo, a favor de los británicos, habiendo luchado contra Napoleón bajo el mando del duque de Wellington.

Lyell acepta el honor de ser invitado a cenar con el conde el 24 y 25 de julio y recibe su pasaporte especial. No está, sin embargo, especialmente impresionado con su anfitrión, al que considera "bien informado, pero lejos de ser un hombre de gran talento" y concluye que si el conde es un ejemplo típico de los que ejercen el mando en España, entonces *dans le pays des aveugles les borgnes sont rois* ("en la tierra de los ciegos los tuertos son reyes"). El rey Fernando, por su parte, sabe que su conde es irracionalmente cruel, pero valora la lealtad y comenta "ello será loco, pero para estas cosas no hay otro".

Lyell escribe más tarde a su hermana "en España hay una oscuridad y un misterio, y un evidente sentido del peligro que te hace sentir incómodo; y si no me hubiera entusiasmado tanto con el paisaje y los importantes hechos geológicos que allí aprendí, no lo habría disfrutado tanto como realmente lo hice toda la quincena".

II

Mientras está entretenido con el conde en Barcelona, Lyell aprovecha durante el día la oportunidad para visitar los alrededores de Montjuïc con el fin de estudiar los sedimentos miocenos suavemente inclinados y sus fósiles marinos expuestos en las diversas secciones del acantilado y las canteras que salpican la ladera. La arenisca de Montjuïc es un recurso local utilizado como piedra de construcción principal en Barcelona desde la época romana y a estas alturas hay muchas excavaciones, principalmente en el lado oeste y noroeste de la colina. Lyell está interesado en examinar estas rocas porque tiene un interés especial en los sedimentos de la era cenozoica, es decir, formados recientemente. Ya ha estudiado sedimentos de una edad similar en la cuenca de París, el valle del Ródano y en varias exposiciones y colecciones de museos en Italia.

Es él, Charles Lyell, en los próximos volúmenes de su Principios de la Geología (*Principles of Geology*), quien introducirá los términos Plioceno, Mioceno y Eoceno. Está reconociendo que cada una de estas épocas representa episodios sucesivamente más antiguos en el tiempo profundo, y que cuanto más lejos viajes a través de ellos menos similares son las formas de vida fosilizadas a las de hoy en día. "Siempre siento como si la mitad de mis libros salieran del cerebro de Lyell", escribe Charles Darwin algunos años más tarde.

Lyell es acompañado en su visita a Montjuïc por Agustín Yáñez i Girona, un respetado científico local que ha estudiado la geología de la colina. Desafortunadamente para Yáñez, en 1823 sus actitudes liberales hacia la política española le hicieron perder su posición de profesor en el Colegio de Farmacia de San Victoriano de Barcelona, aunque finalmente recupera el trabajo el mismo año de la visita de Lyell. La conversación entre estos dos hombres no queda registrada, una pena dado que el trabajo de campo geológico ofrece un ambiente liberador donde disfrutar fuera de las condiciones claustrofóbicas de la ciudad amurallada, lejos del control del conde Carlos de España.

Lyell se prepara para su próxima geotravesía transcatalana en mula. Será algo así como una aventura, llevándole inicialmente a lo largo de la conocida Vía Augusta a Martorell, luego a lo largo de la orilla oeste del Llobregat hasta Montserrat y a las famosas minas de sal de Cardona. A partir de ahí abordará su principal objetivo, los volcanes de Olot, antes de volver a cruzar los Pirineos bien al este de la localidad de Puigcerdà.

El conde insiste en que Lyell lleve un guardaespaldas: "Puedo garantizar el respeto de las autoridades, pero ningún magistrado puede garantizarle su seguridad contra los bandidos. Habrá oído que ahora no tenemos muchos, pero en las montañas, tierra de contrabandistas, ¿quién puede saber lo que puede pasar?" Lyell siente que no hay necesidad, y de todos modos habla francés fluido, y no el catalán o el castellano hablado por un guardaespaldas, pero sólo para mostrar que está dispuesto visita el cuartel local. Escribe sobre esta visita a su padre: "Como Cataluña está en la frontera, y los franceses se establecieron allí por más tiempo que en cualquier otra parte de España, me pareció imposible que de los cien hombres ni uno solo pudiera hablar francés. A medida que pregunté a cada grupo si alguno podía hablar francés, respondían como gritando "somos catalanes", se nota un punto de indignación ante la idea de tal requisito no nacionalista. ¡Incluso en la ciudad ilustrada de Barcelona, un castellano es considerado como un extranjero, de manera que las familias de Castilla que se establecieron allí encuentran prejuicios contra ellos en la sociedad!"

III

Hay más de cincuenta kilómetros desde Barcelona a la Abadía de Santa María de Montserrat, con el viaje culminando en un ascenso hasta una altura de 720 metros sobre el nivel del mar. Las vistas desde aquí son magníficas. La montaña sube de forma abrupta inmediatamente al oeste del valle del Llobregat y al sur hay una caída similar al valle del Penedès, más allá del cual se levantan las colinas del Garraf que terminan en la costa mediterránea. Al norte, una cuenca boscosa de cincuenta kilómetros de ancho llena de sedimentos cenozoicos forma la zona de antepaís al gran telón de fondo de los Pirineos. Pero es la montaña serrada de Montserrat en sí misma, subiendo otros quinientos metros sobre el monasterio, lo que llama más la atención. La montaña ha sido descrita por el autor Josep Pla como algo que no se parece a nada, lo que no es especialmente útil aunque sí transmite una cierta singularidad. Esta apariencia singular tiene un origen geológico, estando formada la montaña casi enteramente por conglomerados que se unen para formar una gran masa de guijarros redondeados, adoquines y cantos rodados apilados en estratos hasta el pico más alto de Sant Jeroni a 1.236 metros sobre el nivel del mar. Sin exageración, es uno de los afloramientos más espectaculares de conglomerados en el mundo holoceno.

Charles Lyell está ciertamente impresionado por los conglomerados de Montserrat, como lo está también por el monasterio construido en ellos. Conversa en latín con el abad, que se queja sobre la destrucción masiva hecha por las tropas napoleónicas tras su llegada en ese mismo mes diecinueve años antes. Desde entonces sus frailes, habiendo finalmente podido volver a las ruinas hace sólo seis años, se han reducido en número a solo trescientos. Ocultando su asombro sobre cómo trescientos monjes pueden parecer pocos, el geólogo pregunta educadamente cuántos había antes. "Novecientos", responde el Abad. Lyell más tarde relata la conversación a su padre: "¡Novecientos, en la cima de una colina a 3.000 pies, cantando mañana, mediodía y noche, en una iglesia vacía!"

A pesar de la diversión de Lyell en el entorno ligeramente surrealista de la Abadía de Montserrat, tal vez aumentada por su falta de apreciación sobre la importancia de este lugar de culto para el pueblo catalán, tiene cuidado de no ofender al abad. Él es firme en la opinión de que insultar las creencias religiosas de otros "No es valentía o virilidad en la búsqueda de la verdad, ni tampoco promueve su progreso". Es muy consciente de que su personal peregrinación secular, reuniendo hechos científicos para un modelo de lenta continuidad en el tiempo profundo, se desliza peligrosamente cerca de la controversia religiosa y siempre trata de evitar el enfrentamiento directo. Si la gente desea creer que la biosfera se formó en seis mil años, o seis días, tienen derecho a su opinión, aunque en la causa del conocimiento y comprensión humana tal vez puedan ser suavemente persuadidos de la evidencia geológica escrita en la corteza terrestre en frente de sus ojos.

Y aquí, una vez más, apareciendo majestuosamente sobre el cerrado mundo monástico hay una evidencia directa de la inmensidad de tiempo. Lyell reconoce de inmediato que los conglomerados han sido depositados en tierra por rápidas corrientes de flujo que llevan detritos rocosos erosionados de un terreno más alto. Pero aquí no hay un terreno más alto encima de los conglomerados: así que ¿a dónde ha ido la montaña más alta? ¿Y por qué hay alrededor de *mil metros* de conglomerados inclinados apilados aquí, específicamente en Montserrat pero no en los alrededores? ¿Cuánto tiempo ha debido pasar para depositar estos sedimentos, retirar su fuente montañosa, elevarlos para crear el pico más alto de la zona, y erosionar los valles adyacentes como el del río Llobregat? La Viajera desea decirle a Lyell la respuesta, pero en esta etapa del ciclo la comunicación con los vivos es imposible. Él es uno de sus héroes, una figura clave en lo que se está convirtiendo en la "geología moderna", pero debe dejarle reflexionar sobre algo que es para él incalculable. La radioactividad no será descubierta por los humanos hasta finales del siglo, y no se utilizará para datar rocas hasta el comienzo del siguiente.

IV

Como Canela y Monsieur Marquèze, cada uno de los distintos estratos de conglomerados en Montserrat tiene su nombre. Quizás inadecuadamente para un lugar tan sagrado, el nivel más bajo tiene nombre de brujas: Conglomerado de Les Bruixes. Debajo de él se encuentran niveles de sedimentos rojizos que han sido denominados Formación La Salud. El estudio de los niveles rocosos sedimentarios se conoce como litoestratigrafía y, en el caso de sedimentos como los de la sucesión dc Montserrat, se apoya en la premisa de que las rocas más jóvenes se depositan horizontalmente sobre las más antiguas y son lateralmente continuas. La idea fue expresada en el *Dissertationis prodromus* publicado en 1669 por el científico danés Nicolás Steno, a quien se le atribuye ser uno de los primeros en elucidar varios de los principios que definen la ciencia de la estratigrafía.

El trabajo de Steno y otros científicos claves del siglo XVII como Robert Hooke construyó un marco lógico para interpretar las rocas y fósiles que influyó a generaciones posteriores de geólogos. A finales del siglo XVIII la idea estaba alcanzando la fruición en la investigación de William Smith quien, en 1815, publicó el primer mapa geológico de la mayor parte de Gran Bretaña. Para cuando Lyell está fuera disfrutando de su geología de campo en 1830, la lógica estratigráfica está ya bien establecida y es bastante obvio para el joven geólogo que el conglomerado de Les Bruixes es más joven que los subyacentes sedimentos rojos arenosos de la Formación La Salud.

El estudio de una secuencia de roca estratigráfica potente y multicapa puede ser un trabajo bastante tedioso. Para describir cada capa o lecho es necesario medir su espesor y definir cuidadosamente el conjunto de la sucesión. Si un nivel de roca es distintivo y lo suficientemente extenso como para ser representado en un mapa, como es el caso de los conglomerados de Montserrat, puede recibir el estatus de "formación". Una vez que cada unidad y su extensión ha sido definida entonces el geólogo puede ir al siguiente paso, que es la interpretación del medio ambiente sedimentario y de la geografía que la estratigrafía está registrando.

Todas las rocas como conglomerados, areniscas y arcillas tienen una cosa claramente en común: están formadas de piezas (clastos) de rocas y minerales más viejos erosionadas de formaciones anteriores y depositadas como niveles en la superficie terrestre. Son "rocas sedimentarias clásticas". El tamaño de los clastos disminuye desde cantos rodados a guijarros en el conglomerado, a través de granos de tamaño arena en la piedra arenisca, hasta pequeñas laminas en las arcillas, a medida que la energía del agua que les lleva disminuye desde flujo rápido (conglomerado), más lento (arenisca) hasta la deriva suave o estancada (arcilla). Así, en términos de la reconstrucción de un ambiente sedimentario anterior, los conglomerados de Montserrat registran eventos fluviales tales como inundaciones repentinas producidas por lluvias torrenciales que arrastran grandes piedras por la ladera sobre un empinado abanico aluvial.

La diseminación de los clastos conglomeráticos disminuye al alejarse de la fuente montañosa, por lo que el conglomerado suele degradar lateralmente a sedimentos más finos y arenosos depositados en condiciones de flujo más suaves en los canales del valle del río. Más abajo en el valle, en la llanura plana de barro que bordea el río, los sedimentos de granos más finos se depositarán en tranquilas zonas de la llanura inundable lejos de los canales. Si el valle se hunde lo suficiente para acomodar estos sedimentos, de modo que se acumulen capa sobre capa, y las montañas alrededor y el clima mantienen el suministro clástico de detritos erosionados, entonces ha nacido un registro estratigráfico. La secuencia sedimentaria de conglomerados fluviales, gravas, arenas y arcillas se conservará en el tiempo profundo, endureciéndose hasta ser piedra a medida que se seca y sus clastos se fijan en el cemento precipitado. Si emergen de nuevo a la superficie de la Tierra para formar sus propias montañas sufrirán el mismo destino erosivo que sus rocas madre, pasando en el registro de su existencia a sedimentos recién nacidos dejados a su suerte ante la lotería de la conservación geológica.

James Hutton, pensando profundamente sobre las rocas y la evolución del paisaje, quedó maravillado con este reciclaje erosivo de materiales de roca consolidados en la superficie de la Tierra. Observó en varios lugares a lo largo de la costa escocesa como las rocas más jóvenes se encuentran sobre las más antiguas. El lugar más famoso es Siccar Point, donde los lechos verticales de arenisca silúrica están cubiertos por capas suavemente inclinadas de arenisca devónica. Hutton no tenía ni idea de la diferencia en tiempo real entre estas dos unidades de roca, pero dedujo que las más viejas debían haber sido enterradas, consolidadas, inclinadas hasta la vertical, levantadas, erosionadas y cubiertas por unidades más jóvenes. Concluyó que todo esto debió haber llevado un tiempo extraordinariamente largo, e imaginó ciclos sedimentarios repetidos sin fin.

En un viaje de campo a esta localidad en 1788 Hutton explicó esto a un grupo de colegas entre los que se encontraba el matemático John Playfair, que más tarde escribió sobre esta experiencia: "La mente parecía marearse mirando tan lejos en el abismo del tiempo; y mientras escuchábamos con seriedad y admiración al filósofo que estaba revelándonos el orden y la serie de estos maravillosos acontecimientos, nos dimos cuenta de que la razón puede llegar mucho más lejos de lo que la imaginación se atreve a pensar". Habiendo dejado una marca indeleble, Hutton murió en Edimburgo el 26 de marzo de

1797. Charles Lyell, primer baronet de Kinnordy, nació el 14 de noviembre del mismo año, a ciento treinta kilómetros al noreste del lecho de muerte de Hutton, destinado a tomar el testigo en la continuación de la investigación humana sobre los efectos acumulativos de lo infinitesimal.

V

Mientras Lyell está visitando la Abadía de Montserrat, la Viajera elige pasar algún tiempo haciendo su propio examen de los conglomerados de Montserrat. Por encima de Les Bruixes hay otros siete niveles de conglomerados: Pas de la Barra, La Valentina, Mullapans, La Trona, Sant Benet, Santa Creu y, por encima de todos, Sant Jeroni. Varían en espesor hasta más de 200 metros, y cada uno suele estar separado por un nivel arenoso rojizo. La mayoría de los clastos que lo componen son de piedra caliza triásica, aunque hay algunos tipos diferentes de guijarros que incluyen las conocidas areniscas triásicas y las antiguas rocas del basamento de pizarra expuestas en el Puente del Diablo. Se añade a la mezcla una pequeña cantidad de piedra caliza del Cretácico, y la Viajera medita sobre la probable área fuente para estos conglomerados, llegando a la conclusión de que proceden de donde está ahora el terreno bajo del Penedès. Hace mucho tiempo debió haber habido un monte Penedès donde ahora hay un valle, y apilados contra esta montaña abanicos de clastos gruesos aluviales uno sobre el otro para producir la gruesa secuencia del conglomerado de Montserrat.

Decide seguir uno de estos conglomerados lejos de la montaña, y elige el nivel de Sant Benet, llamado así por el futuro monasterio benedictino que se construirá para las desplazadas clarisas 122 años después de la visita de Lyell. Efectivamente, el conglomerado hace exactamente lo que se supone: siguiéndolo hacia el norte desde inmediatamente debajo de la abadía se adelgaza de manera que después de solo dos kilómetros, cerca del Monasterio de Sant Benet, tiene

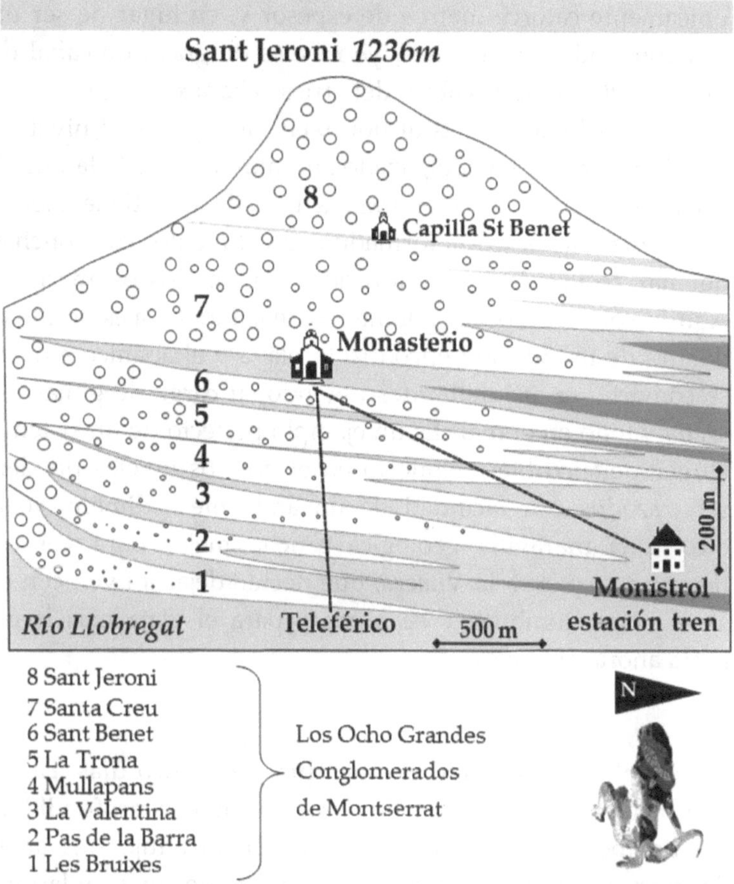

Esquema de una sección transversal en Montserrat mostrando la columna de 8 conglomerados, la posición del teleférico, la estación de ferrocarril de Monistrol, el propio monasterio y la pequeña capilla de Sant Benet en lo alto de la montaña debajo del conglomerado más alto y potente (Sant Jeroni). Los cantos de los conglomerados fueron depositados por las crecidas repentinas que fluyeron de las montañas en el sur (a la izquierda) que hoy ya no existen: desaparecieron debido a los movimientos de falla extensional que finalmente produjeron el valle del Penedès. Cada uno de los niveles de conglomerados se hace más delgado hacia el norte (derecha) a medida que se esparcen por la superficie y se fusionan en sedimentos más finos como arenas y arcillas. Adaptado y desarrollado a partir del trabajo de Pere Anadón y colegas (ver Nota 9.V).

unicamente catorce metros de espesor y, en lugar de ser un conglomerado masivo, incluye niveles de grava de canal de río depositados aguas abajo del grueso abanico aluvial.

Otro kilómetro más al norte, en La Calzina, el nivel de conglomerado se ha adelgazado aún más, casi hasta la mitad, y está perdiendo su identidad a medida que tiene menos grava, más barro, y está formado por sedimentos con conchas de mar fosilizadas y perforaciones de moluscos marinos. Aquí, a sólo unos pocos kilómetros de la montaña es donde la llanura de inundación encontró la playa y el abanico aluvial se convirtió en un delta, descargando su carga de guijarros, arena y lodo en el mar. Es un ejemplo perfecto de un sistema aluvial-deltaico bien expuesto en el que los niveles pueden ser trazados con facilidad de un ambiente sedimentario a otro. Una maravilla geológica mucho mejor para ver en tiempo real piensa la Viajera, que decide dejar a Lyell con el abad y sus hombres, y se prepara para el viaje más largo hasta ahora: al Eoceno.

VI

A un siglo por segundo el viaje dura casi cinco días. Duda que incluso Charles Lyell pudiera imaginar la profundidad del tiempo de la época eocena que él introdujo tres años después de su viaje a España. Lo nombró después de la raíz griega que significa "los albores de lo reciente", pero después de casi cinco días a la velocidad del humax, viajando atrás unos cuarenta y dos millones de años, el mundo al que entra no parece en absoluto muy reciente. El Eoceno de Lyell representa por sí solo una porción de tiempo que existe por más de doscientos mil siglos, y sólo para llegar al final del mismo uno tiene que viajar de regreso a través de las épocas del Pleistoceno (siete horas), Plioceno (siete horas y media), Mioceno (dos días) y Oligoceno (treinta horas más).

Por último, desacelerando hasta los cuarenta y dos millones de años pre-Holoceno, ha llegado justo antes de que comience el último tercio del Eoceno, en una parte a la que los estratígrafos se refieren como el Luteciense. Ella recuerda la estructura mnemónica que utilizaba para recordar las cuatro edades eocenas de la más vieja a la más moderna: Y Luego Bailamos Pasodobles (Ypresiense, Luteciense, Bartoniense, Priaboniense). No tiene el mismo estilo que la alternativa de su esposo británico, *You Lucky Bastard Priapus!* (¡Príapo, qué suerte tienes cabrón!) pero al menos no es grosero.

Hace tanto tiempo, y sin embargo, las primeras impresiones de la geografía del Luteciense en la zona de Barcelona-Montserrat son sorprendentemente similares al lejano futuro Holoceno. Para empezar, el área inmediata no está debajo del mar. No sólo hay tierra en su lugar, pero también hay un terreno más alto formando algo así como un ancestro de la Cordillera Costero Catalana elevándose desde un antiguo Mediterráneo. La diferencia más evidente, sin embargo, es que no hay conexión terrestre con Europa. En su lugar, entre la zona de Montserrat del Eoceno y la cordillera de los Pirineos al norte, hay una cuenca marina que conecta el antiguo Mediterráneo con el océano Atlántico, aislando a Iberia como una gran isla subtropical entre África y Europa. En este tiempo no sólo la ancestral Cataluña se encuentra más cerca del ecuador, pero el clima mundial es mucho más cálido disfrutando del "clima óptimo del Eoceno medio" con niveles excepcionalmente altos de CO_2 atmosférico.

VII

La Viajera elige cuarenta y dos millones de años antes del Holoceno como su punto de llegada porque es justo antes de que se ponga interesante. La calma antes de la tormenta, cuando la parte inferior de la Formación La Salud se está depositando tranquilamente como arenas de río y arcillas en una cuenca de valle aluvial que drena de la cordillera costera previamente elevada al sureste. Hay poca actividad tectónica para perturbar la paz, y la cuenca donde el sedimento de La

Salud se está acumulando subside gradual e imperceptiblemente a menos de un centímetro por siglo.

Ahora, invirtiendo la trayectoria del tiempo, va hacia el futuro, logrando rápidamente una velocidad humax de crucero, con la intención de observar la evolución de lo que se convertirá en la sucesión geológica de Montserrat. Durante la primera hora pasa casi unos cuatro mil siglos sin muchos cambios, pero luego, como si alguien hubiera pulsado un interruptor, la zona se vuelve tectónicamente activa. Cerca del final de Luteciense, justo antes del comienzo del Bartoniense, ha comenzado un evento orogénico de construcción de la montaña, anunciado por el ascenso del terreno y el rápido hundimiento relativo de la cuenca aluvial. Ahora, a medida que cada siglo va pasando en los siguientes noventa minutos, las colinas revitalizadas se elevan para formar el límite sureste de la cuenca. Inundaciones repentinas que erosionan las nuevas vertientes comienzan a verter más sedimentos en el suelo más abajo, que se hunde para acomodar la nueva carga sedimentaria. La superficie terrestre se curva lentamente y se desploma en respuesta a un empuje ejercido desde el sur: África está haciendo sentir su presencia en el cambiante escenario del interior ibérico.

Casi tres horas después del viaje, habiendo pasado un millón de años de historia local de la Tierra, el paisaje ya está radicalmente modificado por la compresión y el plegamiento. Los sedimentos cada vez más gruesos están fluyendo en abanicos aluviales depositándose en la pronunciada pendiente de la ladera de una montaña que sigue creciendo. Fuertes terremotos por fallas moviéndose en profundidad se suman a la inestabilidad topográfica. En el área de Montserrat específicamente el movimiento de falla debajo se centra en una fractura de dirección noroeste-sureste que rompe las rocas y obliga a curvar la creciente cadena montañosa. El estrés se siente más en el lado sudoeste de esta falla a medida que el empuje escondido bajo la superficie del suelo conduce una cuña subcutánea que empuja y eleva esta área más rápidamente. Nace una nueva montaña, con sus laderas cubiertas de restos conglomeráticos esparcidos.

Los episodios de fallas subterráneas e inclinación de estratos ocurren simultáneamente a la sedimentación y erosión en la superficie. La deformación de la roca afecta incluso a los sedimentos más jóvenes, de manera que las capas de areniscas y conglomerados inclinadas en la superficie son cepilladas por la erosión antes de ser cubiertas con nuevos conglomerados depositados sobre ellas. En algunos lugares los conglomerados de Les Bruixes se depositan sobre la sucesión de La Salud ya rotada 15°, y a su vez ambos son inclinados antes de que los conglomerados de Pas de la Barra se coloquen encima. Cada nuevo conglomerado se extiende a través de un abanico de niveles previamente deformados, creando un ejemplo espectacular de los efectos de deformación sinsedimentaria, con movimientos de tierra y sedimentación combinándose para producir un paisaje dinámico en continuo cambio. La ruptura en el tiempo representada por cada superficie erosiva entre el conglomerado más antiguo inclinado y el conglomerado casi horizontal más joven dura, en algunos casos, muchos minutos en el viaje a través de muchos miles de años. La Viajera recuerda las palabras del estratígrafo cuantitativo Peter Sadler quien, trabajando en California trescientos treinta años después del *Dissertationis prodromus* de Nicolás Steno, escribió "Los hiatos impregnan el registro estratigráfico en todas las escalas ..... Cada nivel de sedimento representa un parche pequeño y de corta duración en el mosaico dinámico de los ambientes superficiales en la Tierra".

A pocos kilómetros hacia el norte, lejos del frente de la creciente montaña, un cálido mar vuelve al manglar de los fangosos pantanos de la llanura costera. En otro mosaico dinámico de un ambiente de superficie la posición de la costa varía con el tiempo y la circunstancia tectónica. Cuando la construcción de la montaña es menos activa y el suministro de sedimentos desde las montañas reducido, especialmente en épocas de clima más seco, y cuando los niveles del mar a nivel mundial están en alza, entonces el agua del mar avanza hacia tierra para llenar el área de la bahía. Bajo estas condiciones los arrecifes de coral aprovechan al máximo las aguas poco profundas esparciéndose por la amplia plataforma costera. En contraste, cuando la actividad de la falla y los plegamientos es más vigorosa, especialmente en los períodos climáticos que favorecen las inundaciones, entonces mayores cantidades de conglomerados, gravas y arenas vierten en la costa. Las formas de vida marina sofocadas a medida que la playa se retira, se ven obligadas a retroceder desde sus anteriores transgresiones.

La Viajera observa el avance y luego retiro regresivo de una transgresión marina particularmente bien desarrollada durante la deposición del conglomerado de Pas de la Barra casi ocho horas después de su viaje de ida. El próximo pico en el avance marino ocurre durante su novena hora de viaje, más de medio millón de años más tarde, justo cuando la deposición del conglomerado La Valentina llega a su fin. Luego otro, y otro: la ciclicidad es impresionante, como si la Tierra estuviera respirando hacia dentro y hacia fuera.

VIII

Cuando el conglomerado de Mullapans comienza a depositarse, más de nueve horas y treinta y tres mil siglos después del inicio del viaje, los sedimentos en los niveles horizontales más profundos de la ladera (correspondientes a la Formación La Salud) han sido rotados tanto por el plegamiento que ahora buzan alrededor de 70° desde la horizontal hasta que, de repente, el plegamiento y la inclinación cesan. Alzándose como una gran bestia cataclástica desde las profundidades, la falla oculta que está causando todos los problemas alcanza la superficie durante una serie de grandes terremotos. En lugar de flexión ahora hay fractura, a medida que la falla continúa rasgando las rocas previamente inclinadas durante la fase de plegamiento. La elevación de la montaña de calizas triásicas contorsionadas en el lado oeste de la falla es ahora más pronunciada, al igual que los abanicos aluviales que se forman en la llanura de inundación y la costa debajo.

Diez horas de viaje, ya en el final del Eoceno (en el Priaboniense) es el turno del depósito del abanico aluvial de Sant Benet. Inicialmente vierte sus sedimentos hacia el mar, alterando la forma de la costa a medida que sus arenas y gravas progradan con entusiasmo a través de la anterior orilla. Entonces una vez más el ciclo se invierte cuando el mar vuelve a recuperar el terreno perdido. Los pantanos de manglares se expanden de nuevo por la bahía, acompañados de palmeras nipa en el suelo fangoso y agua tranquila.

La nipa está perfectamente adaptada no sólo al hábitat del manglar forestal, sino también al clima cálido del Eoceno, y ahora está disfrutando de una distribución casi global en todos los estuarios de marea del mundo. Es una planta curiosa que crece su tronco horizontalmente debajo del suelo como un cocotero recostado, y luego envía hacia arriba sus hojas y flores con inflorescencias globulares y nueces leñosas que estallan encima sobre la escena del manglar. Sus precesores han vivido en la Tierra desde los tiempos del Cretácico, más de treinta millones de años antes, y una especie, *Nypa fruticans,* hará todo el camino hasta el mundo holoceno, colonizando abundantemente las costas de los océanos Índico y Pacífico.

IX

La fase final y máxima en la deposición de abanicos aluviales es registrada por los conglomerados de Santa Creu y Sant Jeroni, las unidades más gruesas de todos ellos. A estas alturas, unas cinco horas después de romper la superficie, la rotura de la falla se ha propagado hacia el noroeste, su sentido destral de movimiento modifica el paisaje produciendo un desplazamiento marcado en la cordillera. Moviéndose episódicamente, pero a una velocidad media de veintiséis centímetros por siglo durante más de dos millones de años, logra desplazar la montaña de piedra caliza triásica más de cinco kilómetros al noroeste. La cara del acantilado escarpado que expone esta falla se eleva a alrededor de mil metros por encima del abanico costero debajo, y sus lados conglomeráticos son recubiertos por más de cuatro millones de años de abanicos aluviales apilados uno sobre otro a través del tiempo profundo.

Lleva ya quince horas en su odisea tectónica, ha recorrido cincuenta y cuatro mil siglos, y ha sido testigo de la creación de los conglomerados de Montserrat. Ahora, el paisaje regional se mantiene a medida que los Pirineos continúan su impulso hacia el sur en respuesta al estrés de la corteza impuesto a Iberia por la colisión entre las placas africana y europea. La cuenca de antepaís situada entre los Pirineos y la ancestral Cordillera Costero Catalana se vuelve restringida por las montañas que avanzan desde el norte y sur, y el mar se ve obligado a retirarse a medida que el acceso al mar abierto queda cortado y las condiciones terrestres prevalecen. El último suspiro de la sedimentación marina tiene lugar durante el Priaboniense medio en el área de Súria-Cardona a treinta kilómetros al norte, donde las aguas finales se evaporan para dejar detrás un registro de sales marinas precipitadas que, en tiempos del Holoceno, tendrán treinta y seis millones de años y serán extensamente minadas por los seres humanos.

X

La Viajera sigue avanzando continuamente, pasando por la época del Oligoceno durante el segundo día de su viaje de regreso, a medida que Iberia y Europa se unen finalmente y el foco orogénico por la compresión africana se aleja de Cataluña y va hacia el sur para producir las montañas Béticas. Córcega y Cerdeña giran repentinamente en sentido contrario a las agujas del reloj, abriendo una nueva cuenca marina "valenciana", y colocando la zona de Barcelona bajo un fuerte estrés extensional.

Durante los dos días de su viaje a través del Oligoceno superior y el Mioceno, las ancestrales montañas catalanas son separadas por esta extensión. Rebanadas de estas montañas, fragmentadas por fracturas, se derrumban a lo largo de lo que alguna vez fueron fallas compresivas de empuje que ahora han invertido su sentido del movimiento para ser extensionales. Estos bloques de roca giran y se inclinan hacia atrás como fichas de dominó que se deslizan abajo hacia el nivel del mar y abren un nuevo espacio para el valle con sedimentos del Mioceno. Inmediatamente al sur de Montserrat sobre una de estas fallas extensionales se desarrolla la cuenca del Vallès-Penedès que se llena de plantas y animales, y la zona montañosa, fuente de los sedimentos de Montserrat, simplemente desaparece de la vista. En respuesta, la pila de conglomerados de Montserrat rebota hacia arriba y se inclina hacia el norte cuando se retira la carga montañosa adyacente. En lugar del flanco de montaña, ahora se convierte en la montaña en sí misma, mirando hacia la lejana Mallorca desde el hombro de la fosa valenciana.

Pero los conglomerados de Montserrat no escapan totalmente indemnes. Las tensiones de su posicionamiento adyacente a tal cantidad de actividades de fallas regionales hacen sentir su presencia en forma de miles de fracturas escarpadas que cortan a través de toda la secuencia sedimentaria. Muchas de estas fracturas discurren en dirección bien al este del norte (NNE-SSO) o al norte del oeste (ONO-ESE), formando un tablero de ajedrez de patrón ortogonal que ofrece el paso subterráneo al infiltrante agua de lluvia. Miles de siglos de erosión eólica e hídrica durante el Mioceno, Plioceno, Pleistoceno y Holoceno se ponen a trabajar sobre el macizo levantado, corroyendo el flanco sur de la montaña, que se retira lentamente hacia atrás alejándose de su escarpe original. El joven río Llobregat por su parte surca profundamente el flanco oriental, dejando a la montaña cada vez más aislada.

El agua de lluvia ácida que atraviesa la masa de roca de Montserrat tiene el efecto de disolver el cemento de carbonato que sostiene juntos los guijarros conglomeráticos, y ensancha las fracturas para crear columnas verticales redondeadas y el paisaje idiosincrásico de *la muntanya dels cent cims* ("la montaña de cien cimas") por las que Montserrat es famosa. Estos distintivos pilares de roca se van volviendo precariamente inestables y colapsan sin advertencia, causando desplomes de rocas que pueden superar los mil metros cúbicos en volumen, sumándose a la degradación erosiva de la montaña. El efecto general es de hecho crear una montaña que "no se parece a nada" para el no-geólogo. Pero es simple realmente: se trata de una secuencia potente de abanicos aluviales sintectónicos de conglomerados de piedra caliza, elevados e intensamente fracturados en el margen montañoso de la fosa valenciana y luego cada vez más aislados y esculpidos durante millones de años de erosión. Eso es exactamente lo que parece, piensa la Viajera, desacelerando a través del tiempo holoceno.

XI

Comienza la cuenta atrás de los últimos diez siglos del viaje, pasando en el transcurso la mayoría de la historia catalana de la montaña:

DIEZ. 830-930 d. C. Montserrat se encuentra en el peligroso borde meridional de la zona de amortiguación establecida por los emperadores francos después de haber rechazado las incursiones musulmanas en su territorio al norte de los Pirineos. Barcelona emerge de esta zona fronteriza inestable como una fuerte e independiente zona gobernada por condes, siendo el más famoso el formidable Wifredo el Velloso (*Guifré el Pilós*: 840-897). Alrededor del año 880 Wifredo arranca el control militar de Montserrat a los musulmanes y más tarde dona la Ermita de Santa María de Montserrat al Monasterio de Ripoll. La zona sigue siendo peligrosa sin embargo, y en 897 es asesinado durante otra incursión islámica hacia el norte desde el califato de al-Ándalus, que controla la mayor parte de Iberia. Durante más de quinientos años, los descendientes de Wifredo gobernarán sobre lo que pronto se llamará Cataluña.

NUEVE. 930-1030 d. C. A finales del siglo X hay varios lugares de culto cristiano en Montserrat, todos todavía pertenecientes a Ripoll. La montaña gana una reputación como lugar para el retiro espiritual, la contemplación y los milagros curativos, culminando con el abad Oliba de Ripoll que funda un nuevo monasterio benedictino en la ermita de Santa María de Montserrat en 1025.

OCHO. 1030-1130 d. C. La zona fronteriza cristiana al oeste del valle del Llobregat es cada vez más segura. Una iglesia románica reemplaza a la ermita más primitiva. El primer prior de Montserrat es nombrado en 1082, y la fama del nuevo monasterio se expande como el número de edificios bajo su control.

SIETE. 1130-1230 d. C. La estatua románica de madera de la Virgen negra de Montserrat (Mare de Déu de Montserrat) se convierte en una importante figura de culto y objeto de peregrinación y veneración. Es tenida en gran estima por los condes de Barcelona como Ramón Berenguer IV, cuyo matrimonio con Petronila en 1150 une el condado de Barcelona y el reino de Aragón, consolidando el poder catalano-aragonés. Los sucesores de Ramón, su hijo Alfonso el Casto, y a su vez su hijo, Pedro el Católico, darán lujosos regalos al monasterio.

SEIS. 1230-1330 d. C. Durante el largo reinado de Jaime el Conquistador, un rey especialmente devoto de la Virgen María, continúa la tradición de la veneración a Montserrat. Él atribuye sus éxitos militares a su intervención y hace grandes esfuerzos para promover la peregrinación al lugar y proteger a sus peregrinos. Su fama llega a los reyes de Castilla y Aragón igualmente: Alfonso el Sabio, Pedro el Grande, Alfonso el Liberal y Jaime el Justo, todos hacen al santo sitio centro de su fe. El monasterio se hace aún más famoso por el establecimiento de uno de los coros de niños más antiguos en Europa. La reputación de la vida eremítica de Montserrat también florece, y se exige una disciplina estricta a los numerosos ermitaños que habitan la ladera. Mucho antes del amanecer, todos los días del año, las campanas de cada ermitaño se responden entre ellas para comenzar su rutina de oraciones y rezos, trabajos manuales, meditación, ayuno regular y flagelación.

CINCO. 1330-1430 d. C. El sentido de que Montserrat es inseparable de Cataluña crece entre el pueblo catalán. La peste bubónica en la zona en 1348 causa probablemente la muerte de Ramón de Vilaragut, prior de Montserrat. El nuevo prior es Jaume de Vivers que cinco años más tarde también se convierte en abad de Ripoll, pero al revés de los antiguos métodos gobierna desde Montserrat. Pedro el Ceremonioso continúa la real tradición de rezar a la Virgen, con la ayuda de las oraciones adicionales de los ermitaños, para asegurar el éxito militar. Su reina, Eleonor de Sicilia, es al menos igualmente devota, haciendo una peregrinación final agonizante al monasterio desde Barcelona en la primavera de 1375. Los últimos dos conde-reyes de la Casa de Barcelona, Juan el Cazador y Martín el Humano, veneran igualmente a la Virgen de Montserrat, aunque ni siquiera ella puede salvarles de sus respectivas muertes inoportunas epiléptica y dispéptica. Tampoco puede ayudar al siguiente monarca castellano Fernando el Justo que fallece poco después de recibir el sacramento de Montserrat en abril de 1416. Su entierro en la cercana Igualada es asistido por el mismo abad de Montserrat.

CUATRO. 1430-1530 d. C. A pesar de la creciente pérdida de poder de Cataluña hacia el oeste, la mayoría de los sucesivos reyes aragoneses-castellanos sigue manteniendo a la Virgen de Montserrat en especial estima, aunque los tiempos se vuelven difíciles para el monasterio durante el período de la guerra civil catalana cuando muchos catalanes dan su apoyo a Carlos de Viana en lugar de al rey Juan sin Fe. Los subsiguientes Reyes Católicos Fernando e Isabel visitarán Montserrat después de su famosa victoria en Granada en 1492, y se comprometen a mantener el apoyo al monasterio, aunque anexionándolo a la congregación benedictina de Valladolid y perdiendo su anterior autonomía. Algunos monjes de Montserrat navegan con Cristóbal Colón en su segundo viaje a las Américas, dando nombre a la andesítica isla volcánica caribeña de Santa María de Montserrat en noviembre de 1493.

TRES. 1530-1630 d. C. El rey Carlos V, Santo Emperador Romano y primer rey de España, visita Montserrat al menos nueve veces en su reinado, deteniéndose durante la noche en su camino hacia y desde Barcelona. Afectado por la gota y la malaria en su retiro en el aislado Monasterio de Yuste, elige morir sosteniendo una vela bendita de Montserrat y rodeado de relojes. Cuarenta años más tarde su hijo Felipe II, que tenía una institutriz catalana y también había visitado varias veces el monasterio, elige el mismo rito final que su padre, aunque muriendo de cáncer y no malaria, apretando fuertemente la vela incluso después de su muerte.

XII

La Viajera pierde los dos últimos siglos del viaje en regresar, distraída momentáneamente intentando volver con Charles Lyell. Debajo de ella los conflictos humanos y sociales pululan como enojadas avispas en un enjambre alrededor de la montaña y la península más allá: la guerra de los Segadores (1640-1659), la guerra de los Nueve Años (1688-1697), la guerra de Sucesión española (1701-1714), la guerra de la Cuádruple Alianza (1718-1720), el bloqueo de Portobelo (1726-1727), la guerra anglo-española (1727-1729), la guerra del Asiento (1739-1748), la guerra de Sucesión austríaca (1740-1748), otra guerra anglo-española (1761-1762), la guerra de la Independencia americana (1775-1783), la guerra de los Pirineos (1793-1795), incluso otra guerra más anglo-española (1796-1808), la Guerra Peninsular (1807-1814), la rebelión del Trienio Liberal (1820-1823), y finalmente la guerra de los Cien Mil Hijos de San Luis (1823) cuando el rey borbón de Francia, Luis XVIII envía un ejército para restaurar el poder absoluto del rey Fernando VII de España.

Mientras tanto, Lyell está visitando el monasterio con el padre Jacint Boada i Casanoves, de cincuenta y ocho años de edad, distinguido maestro de coro, organista y compositor. Impertérrito por el caos y la destrucción primero por las tropas de Napoleón, y luego por la rebelión del Trienio Liberal, el padre Boada ha restaurado dos veces el coro de Montserrat, y continuará inventando la forma de canto gregoriano y polifonía conocida como Salve Montserratina. Con las perfectas armonías del coro de Boada todavía reverberando a través de su mente como la aparente infinidad de tiempo profundo, Lyell se prepara para la continuación de su viaje. Su próxima parada serán las minas de Cardona y las sales precipitadas a partir de un mar priaboniense, después de lo cual comenzará la caminata hacia el propósito de su viaje: los volcanes basálticos de Olot.

Notas

9. I. Lyell comenta cómo se tomó el capitán Cook la autoimportancia del alcalde de Puigcerdà en su avance: "El aire lento y digno del magistrado era tan divertido que Cook, al que no le molestaba tanto como a mí emplear el tiempo de otro modo, pensó que estaba bien recompensado".

Ello será loco, pero para estas cosas no hay otro. Carlos de España nació como Roger-Bernard-Charles Espagnac de Ramefort el 15 agosto de 1775. Inicialmente sirvió en la corte de Luis XVI pero se vio obligado a dejar Francia en la revolución de 1789 y terminar sirviendo en el ejército español. Un artículo de Juan Carlos Losada publicado en el periódico El País (15 enero de 2006) le describe en su ascenso al poder como bebedor, misógino, y disciplinado comandante militar de Cataluña. La posición le permitió desahogar su odio paranoico a los rebeldes anti-realistas y liberales. Impuso un régimen estricto de buenas apariencias para eliminar cualquier rastro de lo que él consideraba un comportamiento decadente, frívolo o liberal. Su crueldad extrema tomó muchas formas, incluyendo ejecuciones sumarias de presuntos liberales, celebrando cada muerte con una salva de cañones para mantener a la aterrorizada población de Barcelona al corriente de los acontecimientos. Los cuerpos aun sangrando eran llevados a la Ciutadella para colgarlos ante la ciudad mientras Carlos de España celebraba con bebida, música de banda militar y bailes. Se encontró con su muerte, a la edad de sesenta y cuatro años, siendo estrangulado, facialmente desfigurado y arrojado al río Segre con una gran roca colgada a su cuello. La litología de la roca no ha quedado registrada, pero el autor sospecha que probablemente fue una caliza mesozoica.

9. II. Lyell no llegó a Barcelona en un buen momento. Los extensos daños de la ciudad durante la Guerra Peninsular con Napoleón fueron seguidos por la lucha interna y la opresión bajo el reinado del rey Fernando VII que incluyó el cierre de instituciones que Lyell de otra forma habría visitado.

Siempre siento como si la mitad de mis libros salieran del cerebro de Lyell. Charles Darwin recibió una copia del nuevo libro de Lyell *Principles of Geology* navegando desde Plymouth en el viaje del Beagle el 27 de diciembre de 1831. Darwin fue muy influenciado por las ideas de Lyell y se volvió un geólogo experimentado, algo que presumiblemente fue una sorpresa para él, dada su anterior experiencia con esta materia en la universidad: "Durante mi segundo año en Edimburgo asistí a las conferencias de Jameson sobre geología y zoología, pero eran increíblemente aburridas. El único efecto que produjeron en mí fue la determinación de que nunca mientras viviera leería un libro sobre geología, o estudiaría de manera alguna esta ciencia. Sin embargo, estoy seguro de que estaba preparado para un tratamiento filosófico del tema, porque un viejo llamado Sr. Cotton, en Shropshire, que sabía mucho sobre rocas, me había señalado dos o tres años antes la existencia de un conocido errático en la ciudad de Shrewsbury, llamado la "piedra de campana"; él me dijo que las rocas del mismo tipo más cerca estaban en Cumberland o Escocia, y me aseguró solemnemente que el mundo terminaría antes de que alguien pudiera explicar cómo esta piedra llegó a donde estaba ahora. Esto produjo una profunda impresión en mí, y medité sobre esta maravillosa piedra. Así que me sentí el ser más agudo cuando leí por primera vez sobre la acción de los icebergs transportando bloques y me glorifiqué del progreso de la geología". De *Charles Darwin: His Life in an Autobiographical Chapter, and in a Selected Series of His Published Letters*, editado por Francis Darwin y disponible de forma gratuita en la Web en el libro electrónico Project Gutenberg.

Un relato sobre los sedimentos del Mioceno expuestos en la colina de Montjuïc por David Gómez-Gras y colegas en 2001 titulado *Stratigraphy and petrology of the Miocene Montjuïc delta (Barcelona, Spain)*, está publicado en Acta Geologica Hispanica, gratuitamente en la Web.

9. III. Aunque Lyell tuvo cuidado de evitar la confrontación con la religión, sus puntos de vista sobre la ciencia y la Iglesia católica en España son suficientemente claros en una carta escrita a su futuro suegro Leonard Horner: "España es un país magnífico para la geología aunque hace muy poco por la literatura y nada por la ciencia, debido a las acciones exterminadoras de la Inquisición contra pensadores y científicos independientes". La Inquisición española estuvo activa hasta 1834 (ver el artículo de Virgili: Notas en 10.IX).

9. IV. El 4 de julio de 1785 Hutton leyó un resumen de su trabajo a la Sociedad Geológica de Edimburgo, titulado *Concerning the System of the Earth, its Duration and Stability* en el que dedujo que muchas rocas expuestas en la superficie de la tierra se formaron originalmente en el mar, en mundos pasados geográficamente diferentes, y se habían litificado y elevado para formar nuevas tierras. Tal lógica colocó a Hutton en oposición con quienes invocaban teorías de inundaciones y otras formas de acontecimientos catastróficas para explicar las observaciones geológicas. Este planteamiento requería más tiempo del que estaba disponible en los cálculos cronológicos basados en textos sagrados y seculares sobre la edad de la Tierra.

9. V. La fuente clave (aunque difícil de obtener) que mejor ilustra la geología de Montserrat es el trabajo de Pere Anadón y colegas titulado *The Eocene Fan-delta of Montserrat (Southeastern Ebro Basin, Spain)* producido en 1985 como parte de una guía de excursiones de campo publicada por El Institut d'Estudis Ilerdencs (Lleida).

9. VI. Los altos niveles de dióxido de carbono presentes en el "mundo invernadero" del Eoceno se prevé que regresarán a la Tierra al final del siglo XXI, aunque esta vez como resultado de la quema de combustibles fósiles por el hombre. Ver el artículo de 2013 de Richard Norris y colegas titulado *Marine Ecosystems Responses to Cenozoic Global Change* publicado en la revista *Science* y disponible gratuitamente en la Web. Los efectos de este evento súbito de alteración climática continuarán geológicamente seguramente durante muchos miles de años, induciendo un "cambio que durará más tiempo del que las modernas sociedades humanas han estado en la Tierra".

9. VII-IX. Fuentes útiles aquí incluyen el artículo de 2011 de Miriam Gómez-Paccard titulado *Tectonic and climatic controls on the sequential arrangement of an alluvial fan/fan delta complex (Montserrat, Eocene, Ebro basin, NE Spain)* publicado en la revista *Basin Research,* y el artículo de 2002 de Miguel López-Blanco titulado *Sedimentary response to thrusting and fold growing on the SE margin of the Ebro basin (Paleogene, NE Spain)* en la revista *Sedimentary Geology* (ninguno disponible de forma gratuita en la Web). Una visión general de cómo la antigua cuenca marina originalmente entre la Cordillera Costero Catalana y los Pirineos se secó y se convirtió en "continentalizada" se proporciona en un documento de 2010 por Elisenda Costa y colegas titulado *Closing and continentalisation of the South Pyrenean foreland basin (NE Spain): magnetochronological constraints,* publicado en la revista *Basin Research,* disponible gratuitamente en la Web.

9. X. Un resumen espléndidamente ilustrado de la geología y geomorfología de Montserrat se proporciona gratuitamente en la Web por Albert Martínez Rius, titulado *Aproximació a la geologia de Montserrat,* y publicado en la revista Muntanya en 2006.

9. XI. Las historias que rodean a la Virgen Negra (La Moreneta) de Montserrat parecen haber sido escritas en el siglo XIII. La estatua fue supuestamente tallada por San Lucas alrededor de cincuenta años después la muerte de Cristo, y posteriormente llevada a España, más tarde escondida de la invasión musulmana, y redescubierta por los pastores en el tiempo de Wifredo en 880. El obispo de Manresa sugirió

que se trasladara a su Diócesis, pero, con ecos de Santa Eulalia, la figura, aunque de menos de un metro de altura, resultó demasiado pesada para ser levantada, en un claro deseo de la Virgen de quedarse y ser venerada en la montaña. La Moreneta comparte el estatus de patrona de Cataluña con San Jorge: Montserrat (Montse) y Jordi son nombres cristianos muy comunes en Cataluña.

9. XII. El incorregible padre Jacint Boada i Casanoves dejó más de cincuenta piezas de música después de su muerte en Montserrat en 1859. Interpretaciones musicales y desarrollos de su *Salve Montserratina* pueden escucharse en varios álbumes modernos. Para apreciar el asombroso poder de la música producida en Montserrat, la Viajera recomienda empezar con el *Ave María* de Schubert grabado en el CD de 2014 *In Montibus Sanctis* dirigido por Bernat Vivancos. Schubert compuso el trabajo en 1825, cuando Lyell era secretario de la Sociedad Geológica de Londres y publicaba su primer trabajo de investigación geológica. Los dos hombres, ambos nacidos en 1797, estaban en su apogeo juvenil.

10

VOLCANES EN GIRONA

Vista de los volcanes alrededor de Olot (Cataluña) en un dibujo de campo hecho por Sir Charles Lyell y publicado en sus *Principios de Geología* volumen III (1833).

10

VOLCANES EN GIRONA

I

El viaje más directo al aeropuerto de Girona desde la base de la litosfera, en la profundidad de la Tierra a 70 kilómetros bajo Cataluña, lleva solo unos días. La litosfera es la dura, rígida y rocosa cáscara de nuestro planeta, que comprende la parte superior del manto y toda la corteza encima. Es la materia de la cual están hechas las placas tectónicas. Para llegar a ella, el magma extraído de la astenosfera debe primero subir a través de la roca del manto rica en olivino verde. En algunos lugares, fragmentos de estas rocas cristalinas se desagregan y son llevados hacia arriba por la corriente de roca fundida. Hay una breve pausa en la base de la corteza terrestre, donde los fundidos se reagrupan para encontrar una ruta a través de los últimos 30 kilómetros del viaje, pero sin perder nunca la urgencia. Es necesario encontrar un camino intrusivo, y aquí debajo de Cataluña lo proporciona el sistema de fallas de Amer. Ahora la ruta de escape está clara, y el caliente magma basáltico se mueve con insistencia hacia la biosfera catalana a más de setecientos metros por hora. El flujo intrusivo es inicialmente lo suficientemente rápido para que el magma todavía lleve algunos de sus nódulos ricos en olivino, a los que se unen otros trozos y fragmentos de roca sólida arrancados a medida que el basalto sube por la corteza.

En la superficie la llegada inminente del magma basáltico es anunciada por una serie de terremotos. Ahora, los dedos de magma caliente están palpando su camino por los niveles más altos del sistema de fallas de Amer, a través de rocas graníticas y del basamento más antiguas que forman las raíces de la Cordillera Costero Catalana. Este basamento es viejo, ha sido fisurado con el tiempo, y sus niveles más altos están húmedos con fracturas llenas de agua que comienza a vaporizarse y producir explosiones amortiguadas a medida que el magma se acerca. Más amenazante, en los últimos metros del ascenso elevándose a lo largo del lado este de una falla, el basalto fundido encuentra capas débiles de sedimento joven suave y poroso, saturado con agua subterránea freática.

De repente los eventos giran fuera de control y hay una explosión paroxística centrada justo al noroeste de la pista del aeropuerto. La nube de erupción resultante de esta detonación hidromagmática está inicialmente formada por vapor blanco pero rápidamente se llena de ceniza y rocas voladoras a medida que alcanza una altura de varios miles de metros y se extiende hacia el exterior para crear una clásica forma de hongo. Una oleada piroclástica de base, como la observada por primera vez en las pruebas con bombas nucleares en el atolón Bikini durante la década de 1940, irradia desde el lugar de la explosión. Fragmentos de roca son lanzados horizontalmente a velocidades superiores a ciento cincuenta kilómetros por hora, arrancando árboles maduros a varios kilómetros en todas direcciones. Los trozos de roca que caen en el cráter recién excavado se vuelven a reciclar y mezclar en una serie de nuevas explosiones repetidas acompañadas por oleadas piroclásticas y colapsos de la pared del cráter. Los daños por la explosión y la deposición de escombros volcánicos comienzan a centrarse cada vez más en la zona hacia el este en dirección a la ciudad de Girona, mientras el cráter desarrolla una forma asimétrica, aprovechando las ventajas de excavar más fácilmente los sedimentos del Pleistoceno al este de la falla.

Los volcanes basálticos del noreste de Cataluña se concentran principalmente alrededor de Olot (campo volcánico de la Garrotxa) y a lo largo del sistema de fallas de Amer. El vulcanismo comenzó en tiempos del Mioceno alrededor de 14 millones de años atrás y continuó durante el Plioceno y Pleistoceno, como breves erupciones normalmente separadas por largos períodos de inactividad. Las erupciones más recientes ocurrieron en Garrotxa en algún momento cerca del límite Pleistoceno-Holoceno, probablemente hace alrededor de trece mil años, de modo que el vulcanismo es más probable que esté latente en lugar de extinto y se esperan nuevos volcanes en el futuro.

El gran ruido en auge de cada explosión freatomagmática resuena a través de la tierra desde los Pirineos hasta la Costa Brava, y el eyecta traído por el viento comienza a llover cubriendo una amplia zona a favor del viento desde el cráter recién formado.

II

La Viajera decide frenar drásticamente y rebobinar. Siempre le han fascinado las erupciones freatomagmáticas. El vulcanismo basáltico le parece como un animal domesticado capaz de volverse completamente salvaje con tan solo la adición de un poco de agua. Aquí, con la oportunidad de presenciar el proceso, desacelera bruscamente para ir en tiempo lento y la escena instantáneamente se congela. Ahora un segundo en tiempo normal es para ella como un siglo y así puede admirar de cerca el vulcanismo explosivo con un relajante placer.

Los dedos del magma apuntan hacia arriba pero no parecen moverse. Tienen una temperatura de más de mil doscientos grados centígrados, pero de alguna manera están protegidos de la roca fría y húmeda circundante. Mirando de cerca la piel de cada dedo puede ver una película de vapor de agua separando el agua líquida freática del basalto caliente. El fenómeno es el mismo explicado por Johann Gottlob Leidenfrost *De Aquae Communis Nonnullis Qualitatibus Tractatus* ("Un tratado sobre algunas cualidades del agua común") publicado en 1756. ¡Atrapado en un fotograma congelado, éste es el famoso efecto de Leidenfrost!

Leidenfrost fue el primero en describir cómo las gotas de agua pueden levitar cuando se colocan en una cuchara candente y moverse con facilidad sin fricción sobre un lecho de vapor. En este contexto volcánico la fina capa de vapor, que tiene una conductividad térmica mucho menor, aísla el magma fundido del agua fría e inhibe un intercambio de calor catastrófico entre los dos materiales. Sin embargo, es una situación peligrosamente inestable, formando efectivamente una delicada premezcla explosiva lista para ser activada por cualquier perturbación que pueda colapsar la película de vapor.

Esta perturbación llega en forma de onda de choque sísmica que, sostenida en tiempo lento, se mueve majestuosamente a través de los materiales a sólo diez milímetros por minuto. Al pasar, la película protectora de vapor alrededor del basalto se desestabiliza y colapsa, poniendo el magma caliente en contacto directo con agua líquida fría. En tiempo normal el proceso es desastrosamente rápido, sólo unos pocos nanosegundos. Incluso para la Viajera en el tiempo lento sólo dura un segundo o dos, y lo que sucede a continuación es increíble. Durante el siguiente minuto (unos pocos milisegundos en tiempo normal) observa el magma incandescente transfiriendo gran parte de su energía calorífica a energía mecánica a medida que comienza a enfriarse, romper y liberar ondas de choque. Este proceso de desintegración destructiva expone progresivamente más magma al agua en un modo de retroalimentación que da lugar a que el frente de fragmentación se mueva y agriete completamente el material caliente. Mientras tanto, el agua circundante se vaporiza expandiéndose para impulsar una irreprimible explosión lo suficientemente fuerte como para perforar la roca circundante. La gran explosión se centra en la base de los sedimentos húmedos pleistocenos, lo bastante cerca como para alcanzar la superficie y producir la primera de muchas erupciones freatomagmáticas que causan estragos en toda la zona circundante.

III

Inspirada por su visión privilegiada de los procesos explosivos, la Viajera regresa para disfrutar del resto de la erupción en tiempo normal. A estas alturas, a unos pocos minutos de la fanfarria explosiva, el respiradero se ha ensanchado hasta convertirse en un cráter profundo a medida que los fragmentos de roca estallan desde la pared del conducto. Las continuas explosiones debajo del cráter perforan el material balístico de ambos lados del respiradero hacia el este y envían ondas piroclásticas de base que arañan la superficie de la tierra dos o tres kilómetros. Cada onda piroclástica de base deja detrás una pequeña capa de eyectas depositadas en y alrededor del cráter subsidente.

Después de días de repetidas detonaciones, más de diez metros de material volcánico ha sido depositado sobre un área de forma ovalada que se extiende cuatro kilómetros al este, formada principalmente por la combinación de explosiones laterales y el colapso de la nube de erupción. Esta nube eruptiva, alimentada especialmente por las detonaciones más violentas, se eleva kilómetros por encima del joven volcán. Debajo en el suelo, las explosiones son más y más profundas, excavando progresivamente el basamento granítico, fragmentos del cual son ahora más comunes en el eyecta del volcán que los sedimentos más jóvenes que lo cubren. Hay una implosión final y profunda en la garganta del conducto y luego de repente las percusiones cesan.

Tanta agua subterránea se ha evaporado después de las repetidas explosiones freatomagmáticas que las rocas simplemente se han secado. Ahora el magma basáltico es libre para alcanzar la superficie sin frustrarse por los encuentros con agua subterránea y una relativa calma puede reinar sobre la escena de devastación volcánica. Pero la calma es definitivamente sólo relativa a medida que la lava produce erupciones exuberantes desde una fisura dentro del cráter para formar una magnífica fuente de fuego líquido incandescente que brota cientos de metros en el aire. Los fragmentos resplandecientes de lava se congelan mientras caen sobre el terreno circundante donde se acumulan como bombas negras de pómez y piedras más pequeñas (conocidas como "lapilli").

Después de horas de esta entusiasta fuente de magma, la velocidad de salida de lava se ralentiza y se reduce a sólo las emisiones erráticas interrumpidas por descargas ocasionales de bombas volcánicas. Debajo del suelo, la disminución de la fuerza de la erupción está permitiendo que el agua subterránea vuelva a infiltrarse en el sistema. El vapor silba violentamente desde varias aberturas pequeñas a medida que la proporción de agua a magma se incrementa lentamente. Un punto crítico se alcanza en la profundidad de la roca madre granítica cuando hay alrededor de tres partes de magma por una de agua, un nivel óptimo para el inicio de la explosión freatomagmática. En una repetición de los acontecimientos se mezclan agua y magma, protegido por la película de vapor de Leidenfrost que de repente colapsa para inducir la fragmentación catastrófica, la expansión del vapor y otra enorme explosión. Bloques del basamento granítico de hasta un metro de diámetro son arrojados fuera del volcán, bombardeando la superficie cuando caen pesadamente de nuevo a tierra. El proceso entero repetido de explosiones, nube eruptiva ascendente, lluvia de fragmentos volcánicos y ondas piroclásticas de base deja más metros de depósitos volcánicos situados alrededor del lugar de la erupción. Pero es cada vez más evidente que el volcán está perdiendo energía y que el final se acerca. Por segunda vez el agua se seca en el área del conducto volcánico, y ahora el proceso es terminal. El acceso al magma que asciende es negado a cualquier agua restante a medida que las fracturas en la roca que encierra se taponan progresivamente con basalto congelado sólidamente en su propio sistema de tuberías.

El acto final de la actividad volcánica se caracteriza por el regreso de la erupción de lava basáltica que ahora construye un típico cono de estilo estromboliano con fragmentos de escoria negra de aspecto esponjoso por las burbujas de gas. El suministro de magma ha disminuido ahora hasta el punto en que las burbujas de gas pueden subir más rápido a través de él, hasta que se encuentran atrapadas debajo de un respiradero recién solidificado en la superficie. Cada pocos minutos la presión del gas se vuelve demasiado grande y el cráter estalla su parte superior. Por la noche es especialmente impresionante a medida que el volcán lanza en repetidas ocasiones salpicaduras de lava burbujeante brillantemente incandescente, que se enfrían y desvanecen al solidificarse en forma de bombas redondeadas, lapilli y cenizas más finas que se depositan en el cráter circundante.

En la escena final, incluso esta leve explosividad estromboliana va muriendo y es reemplazada por la salida silenciosa de una viscosa corriente de lava de basalto negro que se desliza lejos del respiradero y llena en parte el fondo del cráter freatomagmático. Trozos redondeados del manto desalojado son llevados por el flujo como incorporaciones tardías a la escena eruptiva. Con su olivino fresco cristalino brillando a la luz del sol, viajan junto al flujo de lava hasta que su huésped no puede transportarlos más y se congela hasta detenerse.

El viaje a la superficie ha terminado y los nódulos de olivino verde acaban incrustados en basalto negro sólido. El vapor disminuye y la paz vuelve cuando el cráter se llena con agua lacustre. Cientos de siglos después, los geólogos reconocen la forma de tierra circular distintivamente deprimida como un cráter de tipo "maar" formado por una erupción freatomagmática, y llaman al volcán La Crosa de Sant Dalmai. Es la mayor estructura volcánica de Cataluña y se encuentra justo al noroeste del aeropuerto en el extremo sur del sistema de fallas de Amer, diez kilómetros al sur de la ciudad de Girona.

IV

Los jóvenes volcanes de Cataluña forman parte de una escena mucho más grande. Durante decenas de miles de siglos la lava basáltica ha fluido periódicamente a través de la litosfera europea para entrar en erupción en volcanes. Grupos de ellos se han formado al norte de Praga, a lo largo del graben del Rin al suroeste de Alemania, en el Macizo Central francés y aquí en Cataluña. La mayoría de estos volcanes son esencialmente eventos de una única erupción como La Crosa de Sant Dalmai, con el sistema de tuberías volcánico bloqueado por la solidificación del magma evitando cualquier reapertura del respiradero. A medida que cada volcán individual se extingue todo el campo volcánico vuelve a estar inactivo marcando el tiempo para la próxima erupción en algún lugar cercano.

Las erupciones más antiguas de esta zona volcánica son de edad miocena y se encuentran en la esquina noreste de Cataluña. Despues la actividad se desplazó hacia el distrito de La Selva al sur de Girona. Una de las erupciones más notables en esta fase fue otro evento freatomagmático, esta vez en Caldes de Malavella, sede del agua embotellada Vichy Catalán a veinte kilómetros al sur de Girona. La erupción dejó un cráter similar tipo maar, que luego será conocido imaginativamente como el Camp dels Ninots. Imaginativo porque el nombre, que significa "Campo de Títeres", se debe a los nódulos de ópalo gris-marrón de forma peculiar que yacen esparcidos por el suelo. Este maar es especial porque, después de la violencia de la erupción, el cráter se llenó con un lago que existió serenamente durante miles de años en el tiempo del Plioceno. Una lenta lluvia de fino sedimento en el fondo del lago dio lugar a metros de arcilla que contienen los delicados restos de los animales y plantas que vivían en y alrededor del agua. La preservación de algunos de estos fósiles es tan perfecta que el sitio ha sido elevado a la categoría de *Lagerstätte* ("lugar de almacén"), un término introducido en 1970 por el paleontólogo alemán Adolf Seilacher. Hay muy pocos *Lagerstätten* en el mundo: cada uno de nosotros tiene sólo una pequeñísima posibilidad de ser conservado de forma tan perfecta en el tiempo profundo.

V

Los fósiles desenterrados en el Camp dels Ninots ofrecen una ventana al mundo ibérico del Plioceno superior. Aquí, más de tres millones de años antes del Holoceno, aun no hay humanos (llegarán en el Pleistoceno), aunque por lo demás la escena parece familiar. Hay pinos, abedules, avellanos y robles, madroños de color rojo, ajenjo aromático, brezos, jaras coloridas y asfódelos puntiagudos. Alrededor del lago crecen juncos y resuenan coros de ranas, mientras que salamandras, tritones y tortugas mediterráneas están ocupados en la vegetación densa de los pastizales húmedos y en las mansas aguas llenas de carpas.

Varios individuos de un rebaño cercano de animales biungulados tipo antílope están rumiando en el suelo mojado a la orilla del lago. No se asemejan mucho a nada que sobreviva en tiempos modernos. Pesan más de cuatrocientos kilos, con patas cortas y cuernos curvos sin ramificaciones, y parecen un cruce entre un ñu, un buey y un no sé qué.

Vadeando y detenido en el mismo lago hay otro gran mamífero, pero en este caso es definitivamente reconocible: un tapir solitario, de pie en el agua esperando el crepúsculo para alimentarse. Los peces pequeños están recogiendo parásitos de su piel gruesa, y parece bastante contento en la tenue luz del sol. Pertenece a una larga línea de mamíferos perisodáctilos que todavía parecen tapires en el Mioceno inferior, veinte millones de años antes de este ejemplar.

Al otro lado del lago, parcialmente sumergido en el barro y también esperando pacientemente su alimento al anochecer, hay otro mamífero perisodáctilo grande y solitario, un rinoceronte fornido de dos cuernos que pesa tres mil kilos y pertenece al género *Stephanorhinus*. No muchos rinocerontes pasan el límite entre el Mioceno y el Plioceno. Muchas de sus especies se han restringido a África, y sólo el linaje de *Stephanorhinus* vive en Europa. Los descendientes de este individuo y de sus colegas se quedarán en España hasta casi el Holoceno, tres millones de años después. En el lago de títeres, desde el punto de vista de un rinoceronte del Plioceno, no hay necesidad de hacer las cosas corriendo.

VI

La más reciente de las jóvenes erupciones volcánicas de Cataluña tiene lugar cerca del pueblo de Olot, al sur de los Pirineos en el campo volcánico de la Garrotxa. Más de cincuenta volcanes basálticos entraron en erupción aquí durante la época del Pleistoceno, otro segmento de tiempo nombrado por Charles Lyell quien reconoció que los sedimentos del Pleistoceno contienen muchos más fósiles similares a los modernos que los del Plioceno. Así definido, y posteriormente revisado, el Pleistoceno incorpora esa parte de la historia de la Tierra que va desde hace casi veintiséis mil siglos, hasta hace poco (Holoceno). Incluye repetidas edades de hielo y termina con el surgimiento de los humanos modernos y la extinción de muchos otros mamíferos.

La mayoría de los volcanes de la Garrotxa entraron en erupción en el tiempo del Pleistoceno hace menos de dos mil siglos. Un buen ejemplo de una erupción temprana en el área es el volcán Puig d'Adri que se encuentra diez kilómetros al noroeste de Girona. Este volcán registra una historia eruptiva complicada, ofreciendo a la población local neandertal la oportunidad de tener una de las primeras observaciones humanas no registradas de los procesos volcánicos freatomagmáticos.

Los eventos ocurrieron de manera similar a La Crosa de Sant Dalmai, comenzando con un estallido masivo que deja atrás los depósitos fragmentados de rocas hechas pedazos por las explosiones y las oleadas piroclásticas de base. Esto es inmediatamente seguido por un comportamiento estromboliano más calmado que produce unos pocos metros de depósitos de escoria y bombas, antes de que una nueva afluencia de agua subterránea provoque el retorno al modo violento freatomagmático. Ahora el peligro volcánico alcanza un máximo cuando rápidas nubes de fragmentos de roca caliente y gas lanzados desde el volcán, destruyen todo lo que encuentran en su camino a medida que arrasan dos o tres kilómetros valle abajo. Los fragmentos de roca que contienen incluyen una mezcla de bombas de lava y trozos de arenisca roja del Eoceno a través de la cual el volcán ha estallado. Esta capa de material sedimentario-permeable eoceno tiene mucho que ver con la inusual violencia de la erupción porque es un acuífero eficiente, con suficiente agua para fomentar y recargar un período sostenido de explosiones freatomagmáticas. Eventualmente, sin embargo, el área de la chimenea volcánica se seca y la erupción vuelve a una actividad estromboliana, salpicando aun durante suficiente tiempo para construir veinte metros o más de escoria negra alrededor del cono. Finalmente el gas se ha ido, y el basalto líquido oscuro rezuma en silencio desde las profundidades para producir dos flujos de lava, uno de ellos viaja más de diez kilómetros al sur a lo largo del valle.

Durante los siglos posteriores a la erupción de Puig d'Adri hay episodios repetidos de vulcanicidad pleistocena similar en la zona de la Garrotxa. A veces los productos eruptivos emanan de largas fisuras que siguen fallas geológicas, como las que conectan los volcanes de Repàs, Cairat y Claperols en la parte norte del campo volcánico. Otras erupciones se centran en la intersección entre dos fallas de orientaciones diferentes, como el volcán Aiguanegra que nace ciento ochenta siglos después de Puig d'Adri. Este nuevo volcán se encuentra justo al noreste del futuro Olot, un pueblo construido mil quinientos siglos más tarde.

Casi junto a Aiguanegra, y utilizando el mismo sistema de fallas, el magma basáltico entra en erupción desde un nuevo respiradero para producir el vecino volcán de Garrinada. El comportamiento de Garrinada es diferente, comenzando con la efusión de lava tranquila que luego se convierte en estromboliano para producir un cono de ceniza que se eleva más de cien metros por encima del campo que lo rodea. La erupción entonces se vuelve gradualmente más explosiva, probablemente debido a una disminución en el suministro de magma que permite penetrar al agua subterránea en el conducto volcánico. La mayor parte de la evolución posterior de este volcán es en consecuencia freatomagmática con variaciones diarias en el estilo eruptivo y explosividad, dependiendo de la mezcla de agua fresca del acuífero y el nuevo magma que alimenta el conducto. Finalmente la erupción se vuelve tenue, terminando como comenzó con la efusión tranquila de lava basáltica.

VII

Las generaciones de cazadores neandertales que viven durante este período necesitan lidiar con condiciones climáticas difíciles si quieren persistir en Cataluña. A veces la capa de hielo polar en Europa se extiende por el sur hasta Alemania, y gran parte del centro de los Pirineos está helada. Durante los años más fríos el noreste de Iberia se caracteriza por condiciones propicias para la estepa o incluso tundra, y los bosques se retiran hasta el sur del río Ebro. Sin embargo, coincidiendo con la erupción del volcán de Garrinada alrededor de ciento treinta mil años antes de los tiempos modernos, ya se siente un cambio en el aire. Es el comienzo de un período interglacial y las capas de hielo retroceden a medida que el clima se calienta, los bosques se extienden por el norte de Noruega y, lanzando las campanas al vuelo, los hipopótamos se bañan en el barro del río Támesis. Es la traca final. Junto con muchos otros grandes mamíferos en el Pleistoceno de Europa como mamuts, rinocerontes, elefantes, osos de las cavernas, leones y hienas, los hipopótamos europeos no sobrevivirán el período glacial que sigue.

El cambio está en el aire también para los neandertales, aunque tardará en llegar. Lejos, muy lejos en África Oriental ya hay seres humanos anatómicamente tan similares y aventureros como nosotros. Durante el Pleistoceno superior grupos de estos humanos modernos se dispersan desde su África natal y se extienden por Asia. No son tan robustos ni bien adaptados al frío como los Neandertales, pero hay caminos en tierra y en la línea de costa al sur de la tundra y del hielo, y por lo tanto no hay necesidad de ir demasiado lejos al norte. Hace quinientos siglos ya habían viajado hacia el este hasta llegar a Australia y al Océano Pacífico, y hacia el norte al Oriente Medio y la puerta de entrada a Europa.

Pero en Cataluña después de la erupción de Garrinada varios miles de generaciones de Neandertales siguen viviendo y muriendo sin ser molestados por la evolución de otros humanos en latitudes más al sur. Durante este tiempo en la Garrotxa algunas de estas generaciones tienen la suerte de ser testigos de una de las más de doce erupciones volcánicas que ocurrirán. Cada uno de estos eventos muestra algun tipo de combinación de explosiones inducidas por agua subterránea, fuentes de fuego basáltico, salpicaduras estrombolianas, y salida de lava líquida desgasificada. El volcán de Montsacopa es uno de esos eventos, que aparece como un nuevo vecino de Garrinada y extiende así la línea de volcanes guiada por fallas en Olot más hacia el suroeste.

El campo volcánico de la Garrotxa ya está marcado por numerosos conos de ceniza y cráteres, con sus distintivas formas acentuadas por la vegetación de tundra y el escenario árido durante los helados inviernos. Pero las condiciones son todavía mejores que en otras partes de Europa. A medida que el fin del Pleistoceno se acerca, los Neandertales están encontrando un refugio final en Iberia antes de su eventual extinción, y los humanos modernos están a punto de cruzar por primera vez los Pirineos para entrar en Cataluña desde el sur de Francia. La Viajera sabe que estos dos eventos están probablemente relacionados, pero ahora mismo está más interesada en los volcanes que en ir detrás de los humanos.

VIII

Cruzando a través de los años del Pleistoceno superior a la velocidad reducida de un siglo por minuto, la Viajera está disfrutando del espectáculo. A esta velocidad de desplazamiento en el tiempo cada volcán estalla en el paisaje en un gran destello y luego muere repentinamente, dejando brevemente una larga y disipante pluma de cenizas y gas en la atmósfera sobre Cataluña y el mar Mediterráneo.

Su próxima parada programada es la erupción del volcán de Santa Margarida, casi al final del Pleistoceno. Este volcán es especial porque marca el comienzo de una secuencia interesante de eventos, y también porque es una de las erupciones más jóvenes ocurridas en Cataluña antes de los tiempos modernos. Como de costumbre, la violencia inminente está marcada por una serie de terremotos antes de que todo el infierno se abra con una explosión freatomagmática que produce un respiradero de varios cientos de metros de ancho. El potencial destructivo de esta salva de apertura es inusual, incluso para un evento freatomagmático, expresándose como una avalancha ardiente de gas, ceniza y fragmentos de roca que explotan hacia el este desde el respiradero para abrumar a toda la población de mamíferos en la futura área de Santa Pau.

El nuevo volcán se tranquiliza entonces, murmurándose a sí mismo de manera estromboliana por un corto tiempo que es interrumpido por la aparición de una línea de fisuras en el suelo inmediatamente al norte. Se ha producido una fuga. Ahora el magma basáltico ha encontrado una salida nueva y más fácil y abandona Santa Margarida en su humeante decadencia. En cambio, una gran cortina de fuego surge de la nueva fisura que continúa alargándose hacia el norte hasta alcanzar tres kilómetros de largo, produciendo un espectáculo digno de las mejores erupciones hawaianas. Las salpicaduras de lava fundida incandescente desde la grieta de propagación se enfrían rápidamente pasando de un estado líquido a plástico, al extenderse sobre la superficie terrestre circundante. A medida que pasan los días la cortina se acorta en segmentos más estrechos y la erupción de la fisura se restringe a sumideros de salpicaduras específicos para producir los conos volcánicos de Croscat y La Pomerada.

La actividad eruptiva continúa entonces y se centra intensamente en Croscat (pronunciado "kruskat" en catalán), que proporciona una exhibición formidable de comportamiento estromboliano, construyendo más de diez metros de escoria, y arrojando depósitos hasta cinco kilómetros hacia el este. Los fragmentos espumosos arrojados por este volcán son burbujas vacías más que lava, a medida que el basalto se desgasifica como una botella de cava negro caliente recién abierta. En lugar de disminuir la actividad con el tiempo, el volcán se vuelve cada vez más violento cuando el agua se filtra en el sistema y las explosiones freatomagmáticas se vuelven dominantes. Más material es lanzado hacia el este añadiéndose a la destrucción ya producida por la exuberante actividad estromboliana.

Finalmente, después de varios meses de acción, el volcán se seca y desgasifica lo suficiente para concentrar su actividad en la simple efusión de lava. El magma que discurre dentro del nuevo volcán amenaza la estabilidad del nuevo cono volcánico que finalmente colapsa en su flanco occidental. El basalto negro fluye de la brecha como melaza abrasadora, avanzando a través de la tierra y rompiéndose en grandes bloques angulosos mientras se enfría y se vuelve más viscoso. El flujo de lava eventualmente se detiene a diez kilómetros de su fuente, añadiendo los toques finales a uno de los mejores volcanes en el campo volcánico de la Garrotxa.

IX

Mientras tanto, en el verano de 1830, Charles Lyell y su mula están haciendo su camino para rendir homenaje a los volcanes de Olot, llevados por un guía catalán que viaja a pie.

Los tres se comunican lo suficientemente bien con unas pocas palabras de francés, italiano, lenguaje de signos y el uso ocasional del bastón. A pesar de las advertencias del capitán general conde Carlos de España en Barcelona, no encuentran ningún problema. Desde Montserrat su ruta pasa por Manresa, sigue el valle de Cardener, parando en Súria donde Lyell hace una pausa para esbozar el curioso pliegue de falla conocido como la falla Mig-Món. Visitan las famosas minas de sal de Cardona, excavadas desde el Neolítico, mencionadas por Plinio el Viejo, y fuente de gran riqueza para los poderosos "barones de la sal" medievales desde el siglo X. La línea de Cardona, progresando de señores a vizcondes y duques, es a veces denominada "los reyes sin corona"; tal es el valor de la geología local.

El trío entonces gira hacia el este varios días cruzando "un paisaje muy agradable (con)... paseos agrestes de Cardona a Olot por caminos de montaña a través de interminables bosques de pinos y olivos y algunas excelentes encinas", como Lyell más tarde escribe a su padre. Pasan la ciudad de Vic y descienden por el valle profundo de Brugent donde Lyell descubre sus primeros afloramientos catalanes de lava volcánica. También hace una desviación para visitar la ciudad de Amer, arruinada por el terremoto de 1427, y la localidad cercana de Lloret Salvatge, llevado por informes no confirmados sobre agua, gas y fuego allí durante la crisis del terremoto del siglo XV. No está convencido, sin embargo, de que haya habido vulcanismo histórico en la zona, y gira hacia el norte para llegar a Olot el 3 de agosto después de más de una semana de camino desde que salió de Barcelona. Ha alcanzado su objetivo principal.

Una vez en la ciudad, Lyell se presenta al farmacéutico Francesc Bolòs i Germà de cincuenta y siete años, con una carta del capitán general de España. Bolòs ha alcanzado una considerable reputación científica tras haber publicado un artículo sobre los volcanes de la Garrotxa diez años antes.

Recibe cordialmente a su famoso huésped escocés, y los dos son capaces de comunicarse bien en francés.

Lyell está encantado de llegar a Olot el día que está lleno de gente con una procesión religiosa que observa desde el balcón de la casa de Bolòs. Más tarde escribe una descripción de esta experiencia a su padre, terminando con: "Una parte de la procesión era realmente imponente: estaba compuesta por "los devotos", individuos principalmente campesinos que asistieron voluntariamente, cada uno con una larga antorcha y un manto marrón cubriéndoles. Iban de dos en dos, de manera que había una larga fila de llamas hasta donde alcanzaba la vista en cualquier dirección. Le comenté a Bolòs que los catalanes eran muy religiosos, aunque los franceses dicen que menos que en otras partes de España. Su respuesta fue *C'est un pays de montagnes, monsieur*".

X

Durante los siguientes días, Lyell aprovecha al máximo la información local facilitada por Bolòs. Aprecia la perfección de muchos de los jóvenes conos eruptivos cerca de la ciudad, como los volcanes de Montsacopa y Garrinada, y reconoce sus estrechas similitudes con los respiraderos modernos encontrados en los flancos del Etna o alrededor de Nápoles. Está impresionado con el tamaño de Santa Margarida y su cráter y, aunque sin conocer los procesos freatomagmáticos, observa cómo en muchos lugares las eyecciones volcánicas se extienden sobre un área mucho más amplia que simplemente cerca del sumidero.

Lyell registra el efecto de estas erupciones jóvenes en el paisaje circundante, no sólo en el edificio del cono sino también llenando parcialmente los valles existentes con flujos de lava que en algunos lugares se unen para crear zonas planas como en Olot: "la llanura en la que se encuentra esta ciudad ha sido claramente producida por la confluencia de muchos flujos de lava desde esas colinas hasta el fondo de un valle, probablemente uno de profundidad considerable, como los del paisaje circundante".

A pesar de la aparente juventud de la actividad volcánica, Lyell también observa sin embargo cómo en algunos lugares los ríos ya han tenido tiempo suficiente para erosionar nuevos valles en los flujos de lava: "La excavación más profunda hecha por un río a través de lava, que he observado en esta parte de España, es la que se puede ver en el fondo de un valle cerca de Sant Feliu de Pallerols, frente al Castillo d'Hostoles. La lava ha llenado el fondo de un valle, y un barranco estrecho corta a través de él a una profundidad de 100 pies". Pero en cuanto a la edad exacta de los volcanes, Lyell reconoce en una carta a su gran amigo Poulett Scrope (quien sugirió la visita a Olot) que hasta que surjan más evidencias "no se puede adivinar su fecha geológica".

Una vez más Lyell se queda colgando sobre el abismo del tiempo de James Hutton. Convencido de que "el presente es la clave del pasado", que los procesos que ocurren en y dentro de la Tierra hoy pueden producir montañas, erupciones volcánicas, cambiar especies y dejar su marca una y otra vez en el registro rocoso, no puede imaginar cómo calcular los años necesarios para ello. El tiempo geológico tiene que ser enorme, pero ¿cómo de enorme? La sabiduría convencional en el siglo XIX se basa todavía en el gran trabajo de erudición publicado en 1650 por el arzobispo James Ussher, primado de toda Irlanda, que calculó que la creación del mundo había comenzado a las seis de la tarde del sábado 22 de octubre del año 4004 antes del nacimiento de Jesucristo. Las observaciones de Lyell y otros geólogos se contradicen con una porción de tiempo tan pequeña, pero ¿cómo presentar un alternativo argumento cuantitativo convincente? John Phillips, que sigue a Lyell como catedrático de geología en King's College, se queja en 1837 "si no sabemos la escala de tiempo, el problema de la historia de las sucesivas condiciones del globo se vuelve casi desesperado".

Tanto Charles Lyell como Charles Darwin están cada vez más convencidos de que el tiempo geológico involucra cientos y quizás incluso miles de millones de años, pero sus inadecuados intentos para calcular dicho lapso de tiempo chocan con la incredulidad de no menos que John Phillips. Alertado por Phillips, aparentemente la ciencia más rigurosa es debatida por el formidable físico William Thomson, futuro Lord Kelvin y uno de los científicos dominantes de la época. Kelvin basa su método en el tiempo que ha llevado al Sol y la Tierra a enfriarse hasta su condición actual, refinando su enfoque termodinámico teórico hasta concluir hacia el final de su carrera que la Tierra tiene sólo entre veinte y cuarenta millones de años (y probablemente mucho más cerca de los veinte). Este enfoque, sin embargo, es desafiado por el ingeniero irlandés John Perry, a pesar de haber sido un estudiante y gran admirador de Kelvin. Perry está de acuerdo en que "es inútil pensar que Lord Kelvin pudiera haber cometido un error de cálculo", pero argumenta que las matemáticas se basan en suposiciones sobre la conductividad térmica interna de la Tierra que son incorrectas. La percepción de Perry recibe poca atención.

Phillips muere el 24 de abril de 1874, Lyell el 22 de febrero de 1875, Scrope el 19 de enero de 1876, y Darwin el 19 de abril de 1882, todos sabiendo que aún no hay consenso: los geólogos necesitan más tiempo pero no lo pueden calcular, los físicos calculan respuestas con números reales pero suposiciones incorrectas, y los cristianos obedientes creen que la Tierra tiene menos de seis mil años.

XI

El avance viene como resultado del descubrimiento accidental de la radiactividad en noviembre de 1895 por Henri Bequerel, en su intención de demostrar cómo los minerales de uranio que brillan en la oscuridad después de ser expuestos al sol están emitiendo realmente rayos X.

Afortunadamente el invierno francés le niega el sol que necesita, pero encuentra para su sorpresa que sus minerales son muy capaces de dañar los placas fotográficas tanto si han visto el sol como si no. La investigación de esta nueva fuente de energía radiactiva es realizada por Marie Curie (que la llama radioactividad) y su marido Pierre.

El bastón de mando pasa entonces a Ernest Rutherford, el gran pionero de la física nuclear, que estudia las propiedades de la desintegración radioactiva y sugiere que la edad radiométrica de las rocas, e incluso la edad de la Tierra, podría ser determinada por el reloj natural predecible que convierte el uranio en plomo. En 1907 el primer intento de aplicar esta idea es publicado por el radioquímico Bertram Boltwood que estima que la Tierra tiene más de dos billones de años de antigüedad.

Ahora el tiempo profundo que Lyell y Darwin anhelaban para explicar la inmensidad de la evidencia geológica escrita en el registro rocoso está disponible y lentamente se vuelve respetado por los científicos. En 1913 el geólogo británico Arthur Holmes publica la primera escala de tiempo geológico con fechas radiométricas, y en 1953 Clair Cameron Patterson utiliza la nueva técnica de datación uranio-plomo para calcular que el meteorito Cañón del Diablo, y por lo tanto la Tierra, tiene poco más de cuatro billones y medio de años.

Para finales del siglo XX ya es normal integrar las edades geológicas relativas demostradas por las rocas y fósiles en el campo con más y más datos radiométricos cuantitativos, y gradualmente se produce una escala más precisa para la flecha del tiempo en la Tierra. Edades cada vez más exactas y detalladas se asignan a cada una de las multiples subdivisiones del tiempo geológico.

La introducción original de Lyell de los términos Eoceno, Mioceno, Plioceno y Pleistoceno conserva aún su validez en la geología moderna, sólo que ahora pueden expresarse en años reales: 22 millones de años (Ma) para el Eoceno (que dura entre 33,9-56 Ma), 17,7 Ma para el Mioceno (5,333-23,03 Ma), 2,75 Ma para el Plioceno (2,58-5,333) y 2,57 Ma para el Pleistoceno (0,0117-2,58). Una nueva subdivisión del tiempo, la época del Oligoceno, es insertada entre el Eoceno y el Mioceno, una intrusión contra la que Lyell pasó mucho tiempo luchando durante su vida. Otro refinamiento es la adición del Paleoceno detrás del Eoceno, y el Holoceno encima del Pleistoceno, completando todo el tiempo geológico entre hoy y hace sesenta y seis millones de años. Esta es la era cenozoica, una palabra del griego que significa nueva vida, y registra la edad de mamíferos y aves después de la extinción masiva de los dinosaurios no-aviares. La era cenozoica es reconocida como precedida por la era mesozoica (66-252 Ma), la era paleozoica (252-541 Ma) y el tiempo inmensamente imposible del Precámbrico hasta el origen del planeta hace poco más de cuatro billones y medio de años. Es una cantidad asombrosa de tiempo, demasiado para que la mente humana lo comprenda, pero al menos ahora puede medirse con precisión.

XII

Las fechas radiométricas obtenidas de los restos orgánicos en las capas de suelo por debajo del volcán Croscat demuestran que la erupción ocurrió poco después del año 11000 a. C. No ha habido una erupción en la Garrotxa desde entonces, y la Viajera se pregunta cuando se manifestará la próxima, imaginando las consecuencias para la gente de Olot, Girona y Barcelona, si es que todavía hay gente por allí para entonces. Un cono estromboliano o una fuente de fuego hawaiana proporcionaría sin duda una oportunidad para una gran atracción turística, pero una detonación freatomagmática total sería otra cosa.

Ya está llegando al final de su viaje a través del Neógeno para reunirse con Charles Lyell y su mula en Olot y, aún en un estado de ánimo volcánico, decide detenerse en 1816, el año en que el joven Charles entra en la Universidad de Oxford. Este es un momento en el que una combinación de baja actividad de las manchas solares y grandes erupciones volcánicas, notablemente las de Monte Tambora en la isla de Sumbawa en Indonesia el año anterior, está afectando el clima de todo el hemisferio. Las cosas no van tan mal al sur de los Pirineos comparado con el drama de escasez de alimentos del "año sin verano" más al norte en Francia y Alemania, pero el clima no es ciertamente normal. El sacerdote portugués José Manuel da Silva Tedim de setenta y ocho años de edad escribe ese julio "Nunca he visto tanta lluvia y frío, ni siquiera en los meses de invierno". En Barcelona el barón de Maldá se queja en su diario de como el verano parece mucho más como la primavera, notando que ha habido mucha nieve en los Pirineos.

La erupción de Tambora comenzó el 5 de abril de 1815 y alcanzó su clímax cinco o seis días después, convirtiéndose en uno de los acontecimientos volcánicos más grandes de los últimos diez mil años. Las detonaciones se oyeron a más de dos mil kilómetros de distancia a medida que el volcán explotaba su parte superior, eliminando casi mil quinientos metros de la antigua montaña. En solo una breve pero colosal explosión ultra-pliniana emitió alrededor de cien veces más material a la atmósfera que todo lo que los volcanes del campo volcánico de la Garrotxa habían logrado producir durante más de un cuarto de millón de años de tiempo pleistoceno. Gran parte de la ceniza volcánica y gas sulfuroso de Tambora fue lanzado a la estratosfera, alcanzando alturas de hasta cuarenta y tres kilómetros sobre la superficie. Los aerosoles de azufre inyectados en la estratosfera reflejaban la luz solar y enfriaron el planeta mientras rodeaban el globo, induciendo un invierno volcánico.

La peculiar interferencia de la luz en todo el mundo debido a la presencia en la atmósfera de millones de toneladas de azufre volcánico se hizo evidente unas semanas después de la erupción de Tambora, pero los efectos a largo plazo sobre el clima duraron varios años. Se las culpa de varias maneras del hambre de la población más dependiente de subsistir con las cosechas agrícolas (es decir, casi todo el mundo), las epidemias de cólera y tifus, y los disturbios sociales generalizados. Incluso la derrota de Napoleón en Waterloo en junio de 1815 se ha atribuido a las fuertes precipitaciones inducidas por Tambora durante la batalla.

Oyendo tarde sobre la erupción, aunque ignorante de sus efectos atmosféricos en todo el mundo, Charles Lyell escribió en su *Principles of Geology*: "En abril de 1815, una de las más espantosas erupciones registradas en la historia ocurrieron en Tomboro, en la isla de Sumbawa, a unas 200 millas del extremo oriental de Java. En abril del año anterior el volcán se había mostrado en un estado de actividad considerable, con cenizas cayendo sobre las cubiertas de los barcos que pasaban por la costa. La erupción de 1815 comenzó el 5 de abril, pero fue más violenta el 11 y el 12, y no cesó enteramente hasta julio. El sonido de las explosiones se oyó en Sumatra, a una distancia de 970 millas geográficas en línea recta; y en Ternate, en dirección opuesta, a una distancia de 720 millas. De una población de 12.000 habitantes en la provincia de Tomboro, sólo sobrevivieron veintiséis personas".

Al describir estos y otros horrores geológicos, Lyell desarrolla su misión de convencer a un mundo incrédulo de que los procesos geológicos y los cambios continuarán en un inimaginable futuro profundo: "... con el conocimiento de estas terribles catástrofes, presenciadas durante un período tan breve por la generación actual, ¿declarará el geólogo con perfecta compostura que la Tierra se ha establecido en un estado de reposo? ¿Seguirá afirmando que los cambios en el nivel relativo de tierra y mar, tan comunes en edades anteriores del mundo, han cesado ahora?"

Notas

10. I. *El magma extraído de la astenosfera debe primero subir a través de la roca del manto rica en olivino verde.* El planeta Tierra comprende un sólido "núcleo interior" metálico, un líquido "núcleo exterior" metálico, un grueso (en su mayoría de silicato) "manto", y una fina "corteza". Desafortunadamente, la simplicidad de esta subdivisión núcleo-manto-corteza es confusa por el hecho de que la corteza y el manto superior son mecánicamente similares (ambos son duros y rígidos) y por eso se agrupan bajo el nombre de "litosfera", que es de lo que están hechas las placas tectónicas (o "litosféricas"). La parte del manto debajo de la litosfera es caliente y blanda y ha sido llamada "astenosfera". Vivimos en la superficie de la litosfera, que está dividida en placas tectónicas parecidas a un puzle que se mueven centímetros cada año por encima de las gigantes corrientes de convección en el caliente y lento flujo de la astenosfera (aún sólida) debajo.

10. II. La Crosa de Sant Dalmai es el mejor ejemplo de un volcán "maar-diatrema" en la zona volcánica catalana. Una revisión reciente (2015) de "relieves volcánicos negativos", es decir, depresiones en la superficie terrestre formadas por erupciones volcánicas explosivas, es proporcionado por Danilo M. Palladino y colegas en *Maars to calderas: end-members on a spectrum of explosive volcanic depressions,* publicado gratuitamente en la Web en *Frontiers in Earth Science.* Un gráfico útil que ilustra el proceso eruptivo en los volcanes de maar-diatrema se presenta en el documento de 2014 de Greg Valentine, Alison Graettinger e Ingo Sonder en *Explosion depths for phreatomagmatic eruptions,* publicado en *Geophysical Research Letters* (no disponible de forma gratuita en la Web).

10. III. Una reconstrucción de la erupción del volcán de La Crosa de Sant Dalmai se proporciona en el trabajo del 2014 por Dario Pedrazzi, Xavier Bolós, y Joan Martí titulado *Phreatomagmatic volcanism in complex hydrogeological environments: La Crosa de Sant Dalmai maar (Catalan Volcanic Zone, NE Spain)* publicado en *Geosphere.* Ver también el documento del 2012 de Xavier Bolós y colegas titulado *Investigation of the inner structure of La Crosa de Sant Dalmai maar (Catalan Volcanic Zone, Spain),* publicado en *Journal of Volcanology and Geothermal Research.* Ninguno de estos documentos está disponible de forma gratuita en la Web. La fecha exacta de la erupción está todavía poco delimitada, pero se cree que es geológicamente reciente (Pleistoceno superior, menos de mil doscientos siglos) aunque obviamente mucho antes de la construcción del aeropuerto de Girona (por favor permita al autor un

poco de dramatismo). La fecha y la ubicación del próximo despertar eruptivo de la latencia volcánica en Cataluña no se conocen.

10. IV-V. El Camp dels Ninots *Lagerstätte* se describe en el documento de Bruno Gómez de Soler y colaboradores titulado *A new key locality for the Pliocene vertebrate record of Europe: the Camp dels Ninots maar (NE Spain)* publicado en Geologica Acta (2012) y disponible gratuitamente en la Web.

Aquí, más de tres millones de años antes del Holoceno, no hay humanos aun (llegarán en el Pleistoceno), aunque por lo demás la escena parece familiar. Así como el trabajo de los astrónomos desplazó a la Tierra del centro del universo, el trabajo de los geólogos más tarde movió a los humanos del centro de la historia de la Tierra. En la introducción de su libro *Earth's Deep History* Martin J. S. Rudwick comenta gráficamente sobre cómo fue de revolucionaria la comprensión de que "la mayor parte de este tiempo profundo recién descubierto carecía por lo tanto de cualquier presencia humana como las inmensidades del espacio profundo".

10. VI. Las colinas volcánicas alrededor de Olot (campo volcánico de la Garrotxa) proporcionan un ejemplo clásico de vulcanismo basáltico monogenético, con cada fisura normalmente estallando una sola vez para luego congelarse en sólido de manera que el magma posterior va por otra parte para llegar a la superficie y formar un nuevo volcán, normalmente en la intersección entre dos fallas. Este tipo de volcán es el más común en la Tierra, con el magma llegando directamente desde la parte superior del manto y cada erupción durando típicamente semanas o algunos meses. Las variaciones entre volcanes basálticos dependen principalmente del contenido en gas del magma, la cantidad de agua presente y la geología local a través de la cual el volcán entra en erupción. Tales campos volcánicos monogenéticos muestran generalmente repetidas fases eruptivas separadas por largos períodos de inactividad (en el caso de Olot, generalmente de quince a veinte mil años) y están típicamente activos durante períodos de tiempo de varios millones de años. Algunos volcanes de Olot contienen nódulos verdes ricos en olivino de hasta veinte centímetros de tamaño, llevados por el magma desde la astenosfera: se ha calculado que para llevar tales nódulos el basalto necesita fluir a una velocidad de por lo menos veinte centímetros por segundo.

Una revisión y listado de los muchos volcanes entre Olot y Girona, y su relación con el sistema local de fallas activas, se proporciona en los documentos de 2014 y 2015 por Xavier Bolós y colegas titulados *Volcanic stratigraphy of the Quaternary La Garrotxa Volcanic Field (north-east Iberian*

Peninsula) (publicado en *Journal of Quaternary Science*) y *Volcano-structural analysis of La Garrotxa Volcanic Field (NE Iberia): Implications for the plumbing system* (en la revista *Tectonophysics*). Véase también el artículo de 2011 de Joan Martí y colegas titulado *Complex interaction between Strombolian and phreatomagmatic eruptions in the Quaternary monogenetic volcanism of the Catalan Volcanic Zone (NE of Spain)* publicado en *Journal of Volcanology and Geothermal Research*. Ninguno de estos tres documentos está disponible gratis en la Web.

La posibilidad de nuevas erupciones en la provincia de Girona, especialmente en la zona de Olot donde viven más de cuarenta mil personas, crea un riesgo geológico potencial para los habitantes del noreste Cataluña. Este tema es considerado por el artículo de 2015 de Stefania Bartolini y colegas titulado *Hazard assessment at the Quaternary La Garrotxa Volcanic Field (NE Iberia)* publicado en la revista *Natural Hazards*, pero tampoco disponible de forma gratuita en la Web.

10. VII-VIII. Las erupciones más recientes en el área de Olot surgieron de la grieta que une los sumideros de Santa Margarida, Croscat y Pomerada. El volcán de Croscat, un ejemplo clásico de cono estromboliano bien conservado, fue el centro de una disputa por la extracción en canteras a finales del siglo XX. La controversia llevó finalmente al cese de la explotación y la puesta en marcha del Parque Natural de la Zona Volcánica de la Garrotxa para proteger estos relieves vulnerables. La gran cicatriz dejada en la ladera por las actividades de extracción reveló la estructura interna del volcán y se ha convertido en una especie de atracción turística.

10. IX. La breve visita de Charles Lyell a España ha sido documentada por varios autores españoles, sobre todo Carmina Virgili: vea su artículo de 2007 titulado *Lyell and the Spanish Geology* publicado por Geologica Acta y disponible de forma gratuita en la Web. El documento incluye una imagen de Francesc Bolòs, que fue lo suficientemente generoso para mostrar a Lyell los volcanes de Olot. Otro documento relevante, esta vez específicamente sobre Lyell en la zona de Olot, ha sido escrito por Jorge Ordaz, titulado *El viatge de Charles Lyell a Olot* y publicado en *Butlletí de la Institució Catalana d'Història Natural* (gratuito en la Web).

10. X - XI. Para más detalles sobre la fascinante historia de cómo los seres humanos han calculado la edad de su planeta ver *The Age-of-the-Earth Debate* por Lawrence Badash (1989) publicado en *Scientific American* y disponible gratuitamente en la Web. La reacción de Patterson al convertirse en el primer humano en conocer la edad de la

Tierra fue refrescantemente modesta al reconocer el esfuerzo colectivo de la comunidad científica. El escribió "El verdadero descubrimiento científico hace que el cerebro sea incapaz en esos momentos de gritar vigorosamente al mundo "¡Mira lo que he hecho! Ahora cosecharé los beneficios del reconocimiento y la riqueza". En su lugar tal descubrimiento instintivamente obliga al cerebro a tronar "lo hicimos" en una voz que nadie más puede oír, dentro de la sagrada, pero solitaria, capilla del pensamiento científico". Su experiencia en la obtención de edades de minerales mediante la medición de isótopos de plomo le llevó a darse cuenta de que actividades humanas como la quema de combustibles con contenido en plomo estaban contaminando severamente el ambiente atmosférico. A pesar de recibir inicialmente lo que llamó "insultos burlones y despreciativos de toxicólogos, ingenieros sanitarios y funcionarios de salud pública, porque sus tradicionales puntos de vista eran cuestionados", demostró tener razón y se convirtió en alguien influyente en el establecimiento de estándares ambientales para la calidad del aire y los alimentos según su contenido en plomo.

10. XII. Para más información sobre la erupción de Tambora de 1815 ver el libro de 2014 *Tambora: The Eruption That Changed the World* por Gillen D'Arcy Wood (Princeton University Press).

11

CREANDO CATALUÑA

Estatua de Ramón Berenguer III "El Grande" conde de Barcelona, que lideró una gran expansión de las tierras catalanas hacia el norte tras los Pirineos, este a las Islas Baleares, y por la costa mediterránea hasta la toma de Tarragona.

11

CREANDO CATALUÑA

I

Domingo 8 de junio del 721 d. C., fin del calendario islámico del año 102 A. H., y ochenta y nueve años después de la muerte del profeta Muhammad. El vasto Imperio islámico, actualmente centrado en Damasco bajo la dinastía Omeya, se extiende desde el río Indo hasta los Pirineos e incluye la mayor parte de Iberia, que es rebautizada como al-Ándalus. La frontera norte de al-Ándalus se está expandiendo a través de los Pirineos hacia el Mediodía francés donde el sol se está poniendo sobre las fortificaciones de Toulouse, capital de Aquitania. El comandante musulmán Al-Samh ibn Malik al-Khawlani tiene aún sus tropas acampadas fuera de la ciudad y sigue confiando que el asedio tendrá éxito. Ante la perspectiva de un largo y caluroso verano con provisiones decrecientes después de tres meses encarcelados dentro de sus propias murallas, los defensores de la ciudad están llegando al límite de su resistencia. Siempre pasa lo mismo con los cristianos: incluso cuando lo intentan, sus mejores esfuerzos nunca son suficientes. La Viajera no puede dejar de admirar la serena presunción de Al-Samh.

La conquista primero de Iberia y ahora del sur de Francia está resultando casi demasiado fácil. Sólo diez años después de la llegada de la primera invasión a la península, las tropas árabes y bereberes han destruido virtualmente todo el reino visigodo. La fuerza inicial, dirigida por el bereber Tariq ibn Ziyad en la primavera de 711, se mueve al norte desde Gibraltar (*Jebel Tariq* = Montaña de Tariq) para enfrentarse y matar al rey Rodrigo, el gobernante visigodo de Hispania. La iniciativa de Tariq atraviesa el corazón visigodo hasta Toledo, pero es rápidamente sometido por el comandante árabe Musa ibn Nusayr y su hijo Abd al-Aziz que llegan desde el norte de África con una fuerza con mayor respaldo. Musa toma Sevilla, luego Mérida y se une a Tariq en Toledo, los dos ya en control de gran parte del sur de España.

La red de carreteras romanas está resultando ser muy útil para las fuerzas invasoras a medida que Tariq y Musa abruman rápidamente a gran parte del norte de Iberia. Pero luego, en medio de la campaña se ordena a los líderes de la invasión que vuelvan para informar a su superior, y Musa deja a Abd al-Aziz en control del nuevo territorio islámico de al-Ándalus. En el noreste la invasión llega tan lejos como para tomar las ciudades de Tortosa y Tarragona: llevará a los cristianos más de cuatro siglos reconquistar esta esquina al suroeste de lo que un día se convertirá en Cataluña.

Mientras tanto, Musa ibn Nusayr llega triunfalmente a Damasco, cubierto de su propia gloria, pero antagoniza con el nuevo califa y es despojado de su rango y botín de guerra. No impresionado con los rumores sobre el comportamiento independentista del hijo de Musa, del que se dice que se ha casado con la esposa (o hija) cristiana del rey visigodo Rodrigo y que disfruta llevando una corona, el califa ordena su asesinato. Abd al-Aziz es decapitado mientras reza en la mezquita de Sevilla, y su cabeza enviada a Damasco para que todos, incluido su padre, lo vean.

A pesar de esta lucha interna, una señal temprana de las que vendrán, la conquista islámica de Iberia continúa bajo subsiguientes comandantes. En primer lugar está Ayyub ibn Habib al-Lakhmi (que algunos sugieren estaba implicado en el asesinato de su predecesor y primo Abd al-Aziz) que dura sólo seis meses. El siguiente es Al-Hurr ibn Abd al-Rahmān al-Thaqafī, que mejora la administración y la distribución de la riqueza de la naciente al-Ándalus, ya con su capital en Córdoba, pero no consigue asegurar el noreste de Iberia.

Finalmente, el califa pasa el mando de al-Ándalus a Al-Samh quien en 719 y 720 hace lo que se espera de él y se mueve rápidamente a través de la futura Cataluña, asegurando Barcelona en el proceso y cruzando los Pirineos Orientales. Ahora, con la última gran barrera geomorfológica al noroeste de Europa detrás de él, Al-Samh y sus hombres entran en la provincia visigoda de Septimania en lo que será el Mediodía francés, y fuerzan una sangrienta capitulación de su capital, Narbona. Rodeado en el último vestigio de su reino, el rey Ardo se extingue como el último de los gobernantes visigodos, solo unos pocos siglos después de que sus antecesores del siglo V se movieran al sur entrando en Cataluña para tomar España. Los visigodos tienen la histórica distinción de ser los primeros que unen prácticamente toda la Península Ibérica bajo un solo rey. Ahora han cedido el territorio a los invasores islámicos, cuyos descendientes seguirán gobernando en partes de Iberia más de setecientos años después.

II

Es lunes 9 de junio de 721 d. C. y otro día de asedio. El ejército de Al-Sahm cuenta con miles de hombres de infantería fortalecidos con maquinaria de asedio y la ayuda de caballería y tropas no musulmanas como los tiradores vascos. La inevitable capitulación de Toulouse se espera en cualquier momento, especialmente al estar ausente su líder el duque Odo de Aquitania, que huyó tan pronto como los musulmanes hicieron su inesperada aparición a principios de primavera. Odo se encuentra en una situación difícil, rodeado por el Imperio omeya al sur (y ahora al este, al caer Narbona) y las fuerzas francas de su rival Carlos Martel al norte. Sin embargo, el duque no es novicio, habiendo controlado Aquitania durante más de veinte años. Tampoco es demasiado orgulloso para dirigirse al norte y pedir ayuda a Carlos ni, después de recibir un no por respuesta ("vamos a esperar y veremos, ¿no?"), es incapaz de reunir un ejército de socorro de aquitanos y francos y retroceder hacia el sur para salvar Toulouse. En pocas palabras, Odo sigue siendo el líder de la mayor y más políticamente cohesionada zona del sur de Francia, y como tal es una fuerza a tener en cuenta.

Sin embargo, Al-Samh no está interesado en las amenazas planteadas por Odo y deja de tener exploradores en los campos de alrededor o de asegurar las defensas exteriores para proteger su parte posterior, contra el consejo de su segundo al mando, Abdul Rahman. Con las fuerzas sitiadoras concentrándose en la muralla de la ciudad, y con la mayor parte de la infantería y la caballería musulmana descansando, las tropas de Odo aparecen repentinamente por detrás. Tomados totalmente por sorpresa, los soldados de asedio no preparados se dispersan con el primer ataque y luego son rodeados al comienzo de la matanza.

Dentro de la trampa mortal creada por Odo y ahora complementada por los defensores emergentes de Toulouse, Al-Samh y sus hombres presentan un último combate desesperado pero son superados. Algunos, incluyendo Abdul Rahman y su ahora críticamente herido comandante, logran escapar, pero miles mueren. Víctima de su excesiva confianza Al-Samh muere poco después en Narbona, en la primera gran derrota de los Omeyas desde su llegada a Europa occidental una década antes. Tan grave es el descalabro que la batalla es recordada en el mundo islámico por más de cuatro siglos.

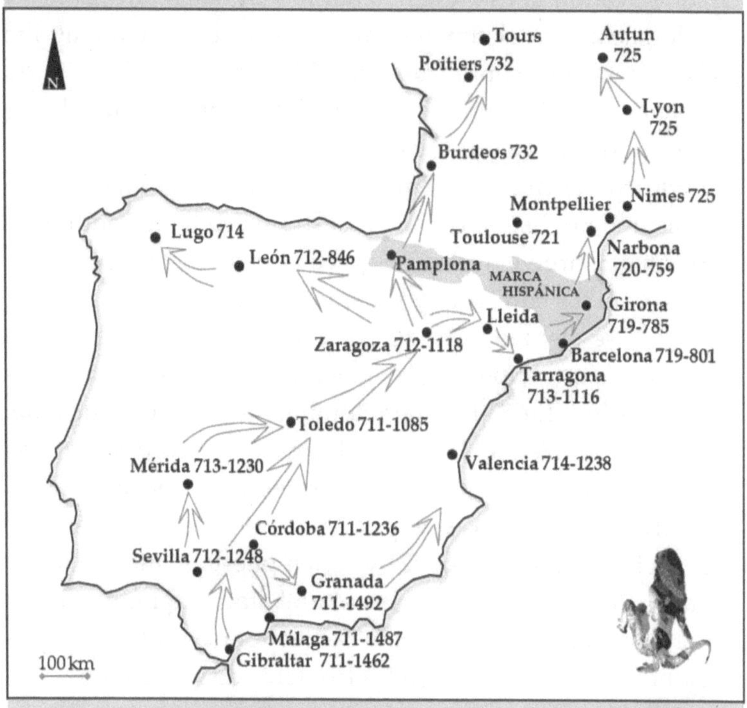

La rápida conquista islámica y la subyugación de la mayor parte de Iberia en el siglo VIII destruyó el antiguo reino visigodo. La expansión continuada y las incursiones durante las siguientes décadas llegaron hasta Francia central, aunque la ocupación y el asentamiento a largo plazo de los invasores sólo ocurrió al sur de los Pirineos. Mientras que el NE de Cataluña estuvo ocupado menos de cien años, Tarragona se mantuvo durante más de cuatrocientos años, y en partes del sur de España el dominio islámico persistió durante más de setecientos años.

Abdul Rahman se retira hacia el sur en al-Ándalus donde un período más tranquilo de consolidación bajo el nuevo gobernador Anbasa ibn Suhaym al-Kalbi es ordenado por el califa. Durante 724-725 Anbasa termina la conquista de lo que queda de la Septimania visigoda, empezando por Carcassona y terminando con Nimes, pero deja Aquitania al margen. Mientras tanto Odo, ahora elevado a "Odo el

Grande", continúa estando amenazado en todas direcciones y decide pactar con el comandante bereber vecino Uthman ibn Naissa (conocido como Munuza). Munuza controla la tierra montañosa de los Pirineos inmediatamente al sur de su territorio (parte del futuro norte de Cataluña) y está de acuerdo con la tregua, aceptando la mano de la hija de Odo en matrimonio. Este movimiento estratégico de los aquitanos tiene sin embargo el efecto negativo al involucrar a Odo en la pugna entre los bereberes y los árabes de al-Ándalus. Muchos bereberes se sienten maltratados por los árabes que se ven como una clase superior de musulmanes, y Munuza no es una excepción. En 730 declara la militante independencia del califato, produciendo la ira de Damasco y Córdoba y una rápida campaña de respuesta contra él. Esta nueva ofensiva está dirigida no menos que por Abdul Rahman, veterano de la debacle de Toulouse en 721 y recién puesto al mando de al-Ándalus. Mientras tanto Carlos Martel ataca Aquitania desde el norte, ni Odo ni Munuza pueden ayudarse mutuamente, y el asunto se vuelve crítico en las fronteras de los Pirineos.

III

La rebelión de Munuza se controla rápidamente en 731 y su cabeza es enviada a Damasco junto con la hija de Odo, quien según se informa ingresa en un harén. Ahora Abdul Rahman vuelve su atención a Aquitania, esta vez eligiendo evitar las almenas de Toulouse y dirigiéndose en lugar al noroeste vía Pamplona para cruzar los Pirineos por el Puerto de Roncesvalles. Odo mientras tanto ha interrumpido la batalla con Carlos Martel y vuelto al sur para defender Burdeos, pero es en vano. Esta vez los cristianos carecen de cualquier elemento sorpresa y se enfrentan a un formidable ejército que incluye caballería pesada capaz de vencer la infantería de Odo, la cual es debidamente aniquilada en la ribera del río Garona en 732. Las crónicas de la época comentan: "Sólo Dios sabe cuántos murieron". Odo de Aquitania sobrevive sin embargo a la carnicería y huye hacia el norte a los brazos de su enemigo Carlos Martel para pedir ayuda. Carlos, bastante contento viendo la humillación de su adversario cristiano, está sin embargo desconcertado por la escala de la derrota. Odo tiene claramente razón al advertir de que el rey franco es el siguiente en la línea: los musulmanes se dirigen a Tours, uno de los sitios más ricos y sagrados del mundo cristiano post-romano. Carlos acepta la obediencia de Odo, que ahora luchará contra los árabes bajo el mando de su antiguo rival, e inmediatamente comienza a planear cómo enfrentarse a los árabes antes de que lleguen a Tours.

No será fácil, especialmente teniendo en cuenta la superioridad táctica de la caballería islámica, pero Carlos tiene varias ventajas, la más importante es que Abdul Rahman no le espera. ¿Por qué un gobernante franco vendría en ayuda de sus enemigos aquitanos? Ahora moviéndose ya través del norte de Aquitania, habiendo decidido evitar la obstinada resistencia de la ciudad de Poitiers con el fin de llegar a Tours más rápidamente, Abdul Rahman recibe de sus exploradores las desconcertantes noticias de un gran ejército cristiano bloqueando el camino delante. Eligiendo la precaución sobre el valor, el líder musulmán ordena una breve retirada para reagrupar sus fuerzas. Muchos de sus hombres no sólo se han adelantado al tren de suministro sino que también han estado en la *razzia,* saqueando pueblos y aldeas a ambos lados de la ruta hacia el norte.

Carlos, todavía manteniendo la iniciativa, elige su posición defensiva con cuidado, usando tierra alta y árboles para proteger su ejército de la carga de la caballería. En los años transcurridos desde la victoria de Odo en Toulouse, el líder franco ha tenido tiempo de usar fondos de la iglesia para construir una experimentada infantería de batalla y convertirse en el poder militar dominante del noroeste de Europa. Sus hombres se enfrentarán a las fuerzas árabes como una falange fuertemente disciplinada, su única y obvia esperanza de resistir a la caballería que se avecina. Dado que la oposición cristiana ha cogido a los árabes desprevenidos, ha elegido el campo de batalla, y está escondida en los árboles para que él no tenga idea de a cuántos hombres se está enfrentando, hay buenos razones para que Abdul Rahman rechace la intervención y regrese al sur. El progreso a través de Aquitania ese verano ha sido lento, dada la necesidad de reabastecer a su caballería con la cosecha de grano, y ya es octubre. Su ejército musulmán en tiendas de campaña no está equipado para el invierno, a diferencia de los francos que están acostumbrados a dormir en el frío al aire libre, y sus hombres están ya pesadamente cargados con el botín aquitano. ¿Pero retirarse ahora, a más de mil quinientos kilómetros al norte de Gibraltar, con Odo todavía vivo, y con los tesoros de Tours tan cerca de la mano?

IV

Acampados a veinte kilómetros al norte de Poitiers los dos ejércitos se vigilan durante casi una semana, pero no deseando repetir la experiencia de Odo a orillas del Garona, no hay manera de que los francos salgan a campo abierto. Finalmente Abdul Rahman decide terminar con esto y ordena atacar a su caballería. Cargando cuesta arriba para colisionar con la infantería pesada, los jinetes rompen repetidamente la brigada defensiva y tratan de acabar con el líder cristiano, pero cada vez los francos resisten, se reagrupan y repelen a los agresores.

En medio de los intensos combates Carlos envía un grupo de sus hombres, según informes dirigido por Odo, para atacar y quemar el campo base de los Omeyas, liberar a los prisioneros esclavos y crear el estrago general en la retaguardia árabe. Con rumores en el campo de batalla de que el enorme botín recogido por las tropas musulmanas está bajo amenaza, muchos de los atacantes regresan al campamento, creando lo que parece una retirada que pronto se convierte en realidad. Abdul Rahman es rodeado y cae muerto mientras intenta restaurar el orden, y el ataque llega a su fin.

A la mañana siguiente, después de que no se materialice un nuevo ataque, las fuerzas cautivas cristianas se asombran al descubrir el campo árabe abandonado, habiendo dejado las tiendas vacías y mucho botín. El avance musulmán ha sido detenido y nunca más penetrará tan lejos al noroeste de Europa. Todo es para el vencedor y Carlos Martel se convierte en un héroe del mundo occidental y es recibido por el papa como el salvador de la cristiandad. Odo mientras tanto puede volver a regir Aquitania pero mucho más reducido que en su antigua grandeza y será recordado más por la derrota en Burdeos que por la victoria en Toulouse.

Para Martel, la amenaza del sur sigue claramente ahí y será una preocupación importante durante el resto de su vida. Subrayando este punto, sólo cuatro años después, el hijo de Abdul Rahman ataca Narbona y las ciudades cercanas, precipitando otra gran confrontación. Pero entonces capaz de reforzar su infantería con la caballería pesada, Carlos Martel gana una vez más la partida. Sin embargo, no recupera Narbona antes de su muerte el 22 de octubre de 741, cuando el control de la zona de conflicto de los Pirineos pasa a su hijo Pipino el Breve, que es proclamado rey de los francos.

Pipino recupera Narbona en 759, pero se abstiene de la invasión de la Iberia islámica, estando más ocupado suprimiendo rebeliones en Aquitania y en el País Vasco. El movimiento hacia el sur desde Narbona a través de los Pirineos y de lo que se convertirá en Cataluña se deja al mando de su hijo Carlomagno, el próximo y más ilustre de los emperadores y reyes carolingios.

En los últimos años del siglo VIII Carlomagno establece y estabiliza progresivamente una zona de varios condados al sur de los Pirineos en lo que más tarde se convierte en las partes norteñas de Navarra, Aragón y Cataluña. Esta franja fronteriza protectora se conoce como la "Marca Hispánica" y separa al emirato musulmán al sur del Imperio franco cristiano al norte. Es gobernado por condes, todos los cuales deben su lealtad al rey franco. Tomando Girona en 785, a Carlomagno se le presenta años más tarde la oportunidad de añadir Barcelona a su línea protectora de condados vasallos, cuando el wali (o gobernador musulmán de la ciudad) Sa'dun al Ruayni expresa su insatisfacción con su jefe el emir de Córdoba y ofrece la posibilidad de cambiar de bando. Carlomagno envía un ejército comandado por su hijo, Luis el Piadoso, que llega a las puertas de Barcelona a principios del año 801. Para entonces, sin embargo, Sa'dun al Ruayni ha cambiado de opinión y comienza un asedio que termina con la derrota del wali y el regreso al control cristiano de Barcelona y su interior. El 4 de abril de 801 Berà se convierte en el primer conde de Barcelona después de poco más de ochenta años de gobierno árabe en la ciudad.

Ahora la Marca Hispánica ha crecido a diecisiete condados en un ajustado rompecabezas protector en forma de hacha que amenaza las tierras del emirato debajo. El mango del hacha define los Pirineos, y la hoja comprende toda la futura Cataluña al este del valle del Llobregat: "La vieja Cataluña" como será conocida.

La Viajera se eleva por encima de esta frontera conflictiva y examina la forma de la tierra que se extiende por debajo. La geomorfología catalana está dominada por las dos cadenas montañosas de los Pirineos y la cordillera costera que se encuentra hacia la costa noreste para definir una forma de "V" lateral que se abre hacia el suroeste. Los Pirineos son un clásico cinturón montañoso causado por la colisión de placas, con sus picos más altos superando los tres mil metros sobre el nivel del mar. A diferencia de las montañas más altas de la Cordillera Costero Catalana que alcanzan solo la mitad de la altura de sus hermanos pirenaicos, al haber subsidido y estar separadas por extensos valles y llanuras costeras. Entre las estribaciones de los Pirineos y las cordilleras costeras está la Depresión Central Catalana que, aunque topográficamente más baja, presenta un número respetable de macizos que pueden elevarse hasta mil metros sobre el nivel del mar. La altura de esta depresión central disminuye gradualmente al suroeste hacia las llanuras de Lleida y el río Ebro.

Son estas tres amplias unidades geológicas, dos cordilleras montañosas y la cuenca central que las separa, las que definen la topografía de Cataluña. ¿Pero por qué están allí? ¿Cómo surgieron? ¿Por qué está la costa donde está? La Viajera se aleja de la historia humana y es tentada a viajar en el tiempo profundo para presenciar el surgimiento de las tierras catalanas en un viaje a través del pasado cenozoico y mesozoico superior.

La evolución de Cataluña desde Berà el primer conde de Barcelona en adelante hasta los tiempos modernos dura doce siglos, mientras que la evolución de las rocas que subyacen y forman la superficie de la tierra catalana es cien mil veces más larga: la diferencia entre la geología y la historia. La historia geológica de cómo se crea Cataluña empieza mejor en el Cretácico, hace ciento veinte millones de años, un trayecto que lleva a la Viajera dos semanas viajando a una velocidad de un siglo por segundo.

V

La geografía del Cretácico inferior es otra cosa. Iberia es una isla más que una península, una microplaca independiente separada de Europa. Todavía reconocible por su forma de bloque angular, pero girada en sentido horario de manera que la futura Barcelona se encuentra en el sureste más que en el noreste. Canales marinos de unos cientos de kilómetros de ancho separan la isla de Iberia de África al sur y del oeste de Francia que se encuentra al noreste. Estos estrechos marinos sirven para conectar el Atlántico, que se está abriendo, con un antiguo océano que separa África, India, Australia y la

Antártida de Asia, llamado Tetis. Al noroeste de Iberia, más allá del norte de Galicia y a través del joven y estrecho océano Atlántico, América del Norte se encuentra a menos de mil kilómetros de distancia. Abajo en el sureste de la isla está la futura Cataluña, aunque nunca la reconocerías. No tiene montañas y, como las modernas Islas Canarias, se encuentra a una latitud por debajo de 30°N, barrida por vientos del noreste en un clima subtropical.

La aparición de grandes montañas volcánicas submarinas en respuesta a la creación de nuevos océanos mundiales, tales como el Atlántico, está desplazando grandes cantidades de agua marina que fluye por los continentes. La Viajera, ahora avanzando hacia delante en el tiempo, observa como mucha de la baja Iberia se inunda progresivamente, dejando sólo dos áreas separadas por mares tibios y poco profundos. Una de estas tierras se encuentra al oeste e incluye gran parte del centro y oeste de España y la mayor parte de Portugal, mientras que la otra se encuentra al este, donde una isla alargada define ampliamente la futura zona al sur y este de Cataluña. Es curioso observar este archipiélago remanente disminuyendo gradualmente de tamaño a medida que el nivel del mar sube y el agua inunda la tierra.

Los Pirineos aún no existen, pero los eventos están preparados para producirlos. El Golfo de Vizcaya comienza a abrirse forzando lentamente a Iberia a moverse hacia el sudeste y girar en contra de las agujas del reloj a una posición más familiar, inmovilizada entre África y la punta sur de Europa. Parece que la relativamente pequeña microplaca ibérica se desliza serenamente hacia la trampa creada por sus dos vecinos mucho más grandes. Bloqueada entre los principales actores continentales, todo cambia a medida que África comienza a ejercer una fuerza de compresión en Iberia, que es conducida hacia el norte hasta chocar con Europa.

Todo este movimiento tectónico y reordenamiento de la geografía lleva mucho tiempo, de hecho varios cientos de miles de siglos, pero hace ochenta y cinco millones de años la escena ya está establecida para la construcción de montañas a medida que Iberia está siendo seriamente empujada contra el sur de Europa. La primera respuesta obvia a la colisión de placas es la desaparición del estrecho marítimo que separa Iberia de la futura Francia. Setenta millones de años antes de los tiempos modernos, Iberia está firmemente adherida al Mediodía francés y el Macizo Central, creando una nueva gran masa terrestre. La Viajera ya ha alcanzado los últimos millones de años del Cretácico y eso, al menos para ella, significa una cosa: la extinción masiva de los dinosaurios.

Por el momento, sin embargo, todavía hay muchos dinosaurios alrededor, seguros de que el mundo del Cretácico es suyo. La Viajera observa manadas de saurópodos catalanes, con sus largos cuellos y colas guiados por cabezas relativamente pequeñas. Las bestias se ocupan de sus nidos con huevos en las zonas deltaicas bajas que luego se convertirán en las montañas de los Pirineos. Aún más comunes que los saurópodos son los distintivos dinosaurios ornitópodos "pico de pato" (Hadrosáuridos), los adultos crecen hasta tamaños de seis metros moviéndose alrededor de las colinas como el ganado moderno. A diferencia de las vacas, sin embargo, comen plantas de crecimiento bajo en lugar de hierba, que aún no ha evolucionado. Disfruta viendo unos cuantos carnívoros terópodos de aspecto malvado, pero aún más interesantes son las aves, también terópodos, muchas ya bien adaptadas al vuelo. A pesar de sus formas arcaicas, son sorprendentemente abundantes y diversas. Sólo un número reducido de ellas sobrevive la crisis del fin del Cretácico, pero las que lo consiguen van a disfrutar de la explosión evolutiva que crea todas las aves modernas a partir de los únicos sobrevivientes de los dinosaurios.

******

VI

Es principios de junio bajo el sol del Cretácico superior, hace poco más de seiscientos cincuenta mil siglos. El modelo del Señor Charles Lyell "el presente es la clave del pasado" sobre la lenta y no catastrófica continuidad de los procesos geológicos en la Tierra está a punto de recibir una sorpresa extraterrestre. Un deslumbramiento cegador a través de las Américas anuncia la llegada de un asteroide de casi quince kilómetros de tamaño. Moviéndose oblicuamente hacia el noroeste a más de veinte kilómetros por segundo golpea el Golfo de México. En una fracción de segundo después del impacto el bólido se ha enterrado a si mismo en la corteza terrestre, generando masivas ondas de choque y lanzando un chorro de roca fundida y vaporizada por encima de su blanco. Durante los cinco minutos siguientes una vasta cortina de roca fundida y fragmentos de la roca impactada salpican en todas direcciones desde el rápidamente excavado cráter, mientras que por encima del impacto una enorme bola de fuego entra en la estratosfera. Terremotos que llegan a magnitudes inimaginables de más de diez son acompañados por olas de mega-tsunami que en algunos lugares se elevan a más de cien metros de altura antes de romper en la costa del Golfo. La dirección oblicua noroeste del profundo impacto lanza la onda de choque y la radiación de calor hacia América del Norte como si fuera un soplete.

Mientras tanto, en el Cretácico superior para Barcelona a más de cinco mil kilómetros al este de México, al otro lado del joven océano Atlántico, la monstruosa bola de fuego del meteorito está demasiado lejos para ser vista en el horizonte. Poco más de un cuarto de hora después del impacto, sin embargo, los primeros temblores pasan a través de Iberia a medida que la Tierra comienza a sonar como una campana. Los terremotos que llegan a la futura Cataluña no son graves, aunque los dinosaurios definitivamente los notan y son perturbados. Más tarde ese día los animales se alarman más por la extraña presencia de polvo en el aire cuando los primeros fragmentos de eyección llegan a Europa.

Para entonces un homogéneo velo de un peculiar polvo rico en iridio y vapor condensando, derivados del impacto del asteroide y las rocas del punto de impacto, está engullendo el planeta entero y el cielo se oscurece progresivamente a medida que el día se convierte en crepúsculo. Varias horas después del impacto un sonido extraño, acompañado de una aceleración repentina del viento, registra la llegada a Iberia de la onda expansiva venida desde lejos, y el día siguiente trae olas de tsunami de pocos metros de altura lavando el litoral este atlántico.

El sol ha desaparecido y el día se vuelve terriblemente frío a medida que los aerosoles del impacto se combinan con el humo de grandes cantidades de incendios forestales, evitando que el calor y la luz lleguen a la superficie de la Tierra. La situación es mucho peor por el hecho de que el bólido ha golpeado y vaporizado una sucesión sedimentaria que resulta contiene potentes capas del mineral evaporítico de sulfato de calcio, yeso. Elevado a la estratosfera y condensando como diminutos aerosoles, estas partículas de sulfato son perniciosamente persistentes, tardando meses en diluirse lentamente y caer con la lluvia. Durante estos meses un severo invierno generado por el impacto ataca la biosfera y las plantas mueren en todo el mundo, seguidas por los herbívoros y carnívoros que dependen de ellas a medida que la cadena alimentaria se derrumba. Algunos pocos animales terrestres que pesan menos de un kilo logran sobrevivir al clima helado y las condiciones de inanición, en su mayoría refugiándose bajo tierra y viviendo de cualquier fuente de alimento que no sea fotosintético. Para cuando todo haya terminado, alrededor de tres cuartas partes de las especies de la Tierra habrán sido exterminadas.

VII

Es en este mundo feliz post-Cretácico del período Paleógeno limpiado astronómicamente donde los Pirineos comienzan a formarse gradualmente. Al principio el progreso es lento a medida que África empuja meramente a su vecino ibérico, contenta con aplicar tasas bajas de convergencia de placas durante los primeros más o menos diez millones de años. En este tiempo del Paleoceno la placa ibérica está cada vez más bloqueada en una posición entre África y Europa, su frente norte es forzado bajo Eurasia, penetrando en la Tierra profunda para elevar la corteza sobre ella y producir tierras más y más altas. Así es como se forman los clásicos cinturones de colisión orogénicos: dos placas chocan para crear una zona lineal de rocas elevadas, falladas y deformadas llamada "orógeno". Es un proceso que requiere cientos de miles de siglos y ha producido grandes cinturones montañosos en el mundo moderno como los Himalayas, los Alpes y los Pirineos. Cinturones de montañas similares han ido y venido durante la mayor parte del tiempo geológico, desde que el movimiento tectónico de placas se estableció en la Tierra durante su temprana historia precámbrica.

Las primeras colinas de los Pirineos surgen en el este, en el extremo catalán del cinturón montañoso en desarrollo. Después del lento inicio del Paleoceno las tuercas se aprietan en el Eoceno inferior a medida que África comienza a presionar más fuerte contra Iberia, empujando, troceando y acortando el orógeno para apilar montañas de más de un kilómetro de altura. Para entonces el orógeno pirenaico, ahora expuesto sobre el nivel del mar, ha crecido hasta doscientos kilómetros de longitud, extendiéndose hacia el oeste para desaparecer en la profunda cuenca marina del País Vasco y el abierto océano Atlántico. La plataforma meridional de este margen oceánico se extiende inicialmente hacia el este todo el camino hasta el noreste de Cataluña, pero al final de los tiempos del Eoceno los mares se han retirado de manera que la tierra se extiende hacia el oeste hasta Pamplona, a medida que los Pirineos se elevan para dominar y definir el límite de colisión de placas. Ahora a las cuencas situadas al sur de los Pirineos se les niega una conexión con el mar hacia el oeste y nace la aislada cuenca del Ebro de drenaje interior, que recibe el sedimento fluvial de las montañas inmediatamente al norte. A medida que avanza el tiempo y los Pirineos empiezan a bloquearse, la compresión tectónica aplicada por África se transfiere hacia el sur en la placa ibérica en lugar de limitarse a su margen norte. Dos nuevas familias de montañas toman forma en respuesta a este cambio de foco tectónico, una paralela a la costa mediterránea (Cordillera Costero Catalana), y la otra al noroeste desde la costa valenciana hacia Burgos (Cordillera Ibérica). La cuenca del Ebro se vuelve cada vez más confinada y aislada por las nuevas montañas que se elevan en estos cinturones orogénicos y empujan hacia el norte para imponer una forma distintiva de boomerang en la cuenca hidrográfica de los sedimentos del río.

VIII

Trescientos mil siglos han volado desde la desaparición de los dinosaurios, y la larga construcción colisional de los Pirineos y sus orógenos vecinos al sur está entrando en su fase final. Durante la siguiente época del Oligoceno África libera su control contractivo en el norte de Iberia, concentrando ahora sus esfuerzos orogénicos al sur para construir una nueva cordillera (Bética) desde Málaga hasta Mallorca. El cinturón definido por la cordillera de los Pirineos queda abandonado como una corrugación de la corteza, arrugada en algunos lugares hasta casi el doble de su espesor original. Iberia está ahora soldada a Francia, despojada de su independencia tectónica y sometida como un apéndice menor al sudoeste de la gran placa eurasiática.

Para la Viajera lo más extraño de la geografía ibérica del Eoceno y Oligoceno es que el lugar donde estará Barcelona es interior y se encuentra lejos de la costa. Uno puede perfectamente ir a pie a lo que se convertirá en Mallorca y las otras Islas Baleares. Para producir la geografía más moderna a la que ella está familiarizada otro gran evento geológico está a punto de suceder, dando forma al futuro Mediterráneo occidental y finalmente dando lugar a una ubicación en la playa para Barcelona: la apertura del Golfo de Valencia. Observa la lenta incursión del mar Mediterráneo en el Oligoceno superior y Mioceno inferior en el noreste de Iberia, a medida que la zona balear se separa de la futura Cataluña y una profunda cuenca marina se abre entre las dos. La corteza ibérica está siendo extendida a medida que la Cordillera Costero Catalana se derrumba como una pila de fichas de dominó que se deslizan por el canal marino que se ensancha.

Esta extensión "pull-apart" de la corteza continúa hasta afectar a toda la región, con placas más pequeñas que giran como rodamientos de bolas entre las fuerzas dominantes de los principales actores africano y eurasiático. Córcega y Cerdeña, por ejemplo, rotan durante el Mioceno desde una posición paralela a la costa francesa a su moderna orientación norte-sur, y el Mediterráneo occidental continúa ampliándose y profundizando todo el camino desde la costa de Provenza hasta el sureste de España. En la costa, miles de siglos de erosión esculpen y modifican el paisaje catalán mientras los sistemas fluviales excavan las rocas y suelos, tallan valles profundos y depositan sedimentos en llanuras fluviales.

La extensión regional se centra ahora en el noreste de Cataluña donde el sistema de fallas de Amer baja su profundidad lo suficiente para estimular la erupción del magma basáltico desde la tierra profunda. Finalmente, está todo listo y extendiéndose por debajo de ella, el resultado de más de un millón de siglos de evolución tectónica y geomorfológica. Por supuesto que todo sigue siendo "trabajo en curso", y hay muchos más momentos geológicos mediterráneos en los próximos milenios a medida que África completa su misión de colisionar definitivamente con Eurasia y construir un nuevo continente gigante.

Una vez más en el familiar tiempo del Holoceno, la Viajera está feliz de volver a entrar en la historia humana y los desafíos militares de Carlomagno en el noreste de Iberia. Volviendo al reciente campo de batalla de una recapturada Barcelona en 801 está interesada en ver cómo le van las cosas a Berà y sus sucesores. Es aquí donde una nueva entidad política surgirá dentro del mosaico geológico de paisajes en un pequeño rincón de Europa que se llamará Cataluña.

IX

A pesar de su prestigioso nombramiento como primer conde de Barcelona, la incómoda verdad de Berà es que ahora es responsable de proteger el afilado final del Imperio franco, atrapado entre las agresivas exigencias de sus jefes al norte y el emir de Córdoba al sur. La frontera está justo al lado, custodiada por la fortificada guarnición islámica de Alcalà, donde el río Llobregat llega a su delta. Mucho más tarde aquí estará el pueblo cristiano de Sant Boi, pero en 801 la guarnición se levanta como una amenaza para la recientemente reconquistada y vulnerable Barcelona, a lo largo de la Vía Augusta a no más de diez kilómetros del río.

Persuadido de que el ataque es la mejor forma de defensa para consolidar su nuevo condado carolingio, Berà pasa su primera década como conde participando en varias incursiones militares francas inspiradas por Carlomagno y su hijo Luis el Piadoso. Están dirigidas al terreno entre los ríos Llobregat y Ebro, un área que un día se convertirá en la "nueva Cataluña", pero la expansión prevista no va según el plan. A pesar de los repetidos ataques que se centran especialmente en la poco envidiable y estratégica ciudad de Tortosa, no se logran progresos efectivos y en 812 la corte franca está preparada para firmar un tratado con el emir en Córdoba. El río Llobregat, todavía atravesado por el puente romano en Martorell, continúa proporcionando la frontera natural entre los grupos confrontados. Los musulmanes deben considerar cómo mantener y fortalecer su línea de defensa contra los cristianos merodeadores, especialmente en puntos de cruce conflictivos como Martorell y aguas arriba en El Cairat, donde se ha construido un puente árabe a través del río debajo de Montserrat.

La paz se interrumpe en 814 al morir Carlomagno a quien le sucede su hijo Luis el Piadoso. Las incertidumbres políticas introducidas por el cambio de rey cristiano alientan a los musulmanes para ir a la ofensiva, y Abd Allah "el Valenciano" es ordenado por el emir a lanzar una *aceifa* o incursión en Barcelona en el verano de 815. Berà se las arregla para evitar que la ciudad caiga de nuevo en manos del emir, y negocia un nuevo tratado. Este dura hasta la próxima crisis, una intriga política en 820 en la que Berà es acusado de infidelidad al nuevo rey, desterrado a Rouen, y reemplazado por el noble franco Rampó que se anima a adoptar una política más agresiva hacia sus vecinos musulmanes. Un ataque cristiano en 822 llega hasta el río Segre, una incursión considerable en territorio árabe, pero tampoco se consigue un cambio fundamental en la frontera. Si acaso, los cristianos están cada vez más a la defensiva desde la muerte de Carlomagno, y cuando Rampó muere inconvenientemente en 825, el control carolingio de las fronteras del sur está a punto de volverse drásticamente más difícil.

El rey Luis nombra a Bernat I de Septimania, uno de sus consejeros más cercanos, tercer conde de Barcelona. Bernat I complace a su rey con una actitud convenientemente belicosa hacia el emir al sur, pero su nombramiento es profundamente impopular entre la nobleza local en la Marca Hispánica. Se inicia una breve pero violenta rebelión, dirigida por Guillemó (hijo del depuesto Berà) y el poderoso Aissó (un viejo enemigo de Bernat I y también conocido por tener vínculos con Berà). Cuando Luis promete refuerzos militares a Bernat I, Aissó aumenta las apuestas pidiendo ayuda al emir de Córdoba, quien toma ventaja de la lucha cristiana y envía a uno de sus generales para atacar Barcelona y Girona. Aunque los musulmanes eventualmente se retiran de estas dos ciudades, llevándose con ellos a los instigadores rebeldes sin éxito al sur en Córdoba, mucho territorio previamente conquistado en Cataluña ha sido ya cedido. Además, una campaña militar en 828 enviada para ayudar a Bernat I y dirigida por dos hijos del rey Luis fracasa incluso en cruzar los Pirineos, dañando gravemente la autoridad y reputación de los francos dentro de las fronteras ibéricas. El control carolingio sobre Cataluña está desmoronándose.

X

Con su impopular dominio sobre el condado de Barcelona finalmente garantizado, Bernat I tiene la desgracia ahora de verse involucrado en las luchas internas entre el rey Luis y su problemáticos hijos. En 829 el conde es llamado por el rey a la corte franca, pero el nombramiento rápidamente va desastrosamente mal y Bernat I se ve obligado a huir de nuevo a Barcelona bajo la amenaza mortal de rivales dentro de la familia real. Luis tiene tres hijos de su primer matrimonio (Pipino I de Aquitania, Lotario I y Luis el Alemán) y uno de su segundo matrimonio (Carlos el Calvo), por no mencionar a cuatro hijas y por lo menos dos hijos ilegítimos. Es la rivalidad generada por esta prolificidad que envenena la casa real y arruina las ambiciones de Bernat.

Llega un punto (832) en que la discordia franca se ha vuelto tan complicada que Bernat I es atrapado apoyando al hijo equivocado (Pipino) contra su rey. Por ello Bernat es despedido y desposeído de su título de conde de Barcelona que es temporalmente transferido a Berenguer de Tolosa hasta que Bernat I consigue congraciarse una vez más con su rey (esta vez derrotando una rebelión del hijo Lotario I). Bernat pide de nuevo su condado y en 835 el rey ordena una comparecencia ante la corte para discutir el asunto, pero Berenguer muere convenientemente a lo largo del viaje, permitiendo así a Bernat I recuperar sus títulos. La Viajera no está impresionada con esta feliz coincidencia ni tampoco, piensa, muchos en las clases dominantes barcelonesas.

En 838 muere el príncipe Pipino I, pero no antes de exceder su jurisdicción pasando el título de rey de Aquitania a su hijo Pipino II, para disgusto del rey Luis, que había asignado el trabajo a Carlos el Calvo. Dos años después el rey Luis muere, el 20 de junio de 840, un acontecimiento seguido de tres años de ruinosa guerra civil y el desmembramiento del Imperio franco. Carlos reclama Aquitania contra Pipino II, que es apoyado por Bernat I. Una vez más, el incorregible conde de Barcelona está apostando por el caballo equivocado, aunque nunca repetirá el error porque Carlos ordena su ejecución, que tiene lugar en 844.

Carlos pasa ahora el título de conde de Barcelona a un poderoso, pero leal, súbdito llamado Sunifredo, que ha tenido un éxito considerable contestando los continuados ataques islámicos. Sunifredo quedará en la historia catalana como el padre de Wifredo el Velloso (*Guifré el Pilós*), pero su nombramiento provoca una seria rebelión dirigida por Guillermo de Septimania, hijo de Bernat, que se alía con Pipino II. La cuestión no se resuelve hasta la muerte de Sunifredo en 848, cuando Guillermo entra en Barcelona e insiste en que la ciudad sea suya por la fuerza. Su impertinente intento de recuperar el control de la Casa de Bernat sin embargo es rápidamente frustrado por Carlos el Calvo que trata en primer lugar con Pipino II en Toulouse, y a continuación, nombra a Alerán próximo conde de Barcelona. Adoptando tácticas una vez asumidas por los enemigos de su padre veintitrés años antes, Guillermo pide la ayuda de los musulmanes al sur y ataca Girona pero es derrotado, llevado a Barcelona y ejecutado. En represalia, las fuerzas árabes saquean Barcelona en 851, vengándose y llevando a Alerán a la muerte.

Hasta la fecha, la Viajera ha contado siete condes de Barcelona no hereditarios, excluyendo la repetición del nombramiento de Bernat I. Continúa contando otros tres; todos nombrados por Carlos el Calvo durante el próximo cuarto de siglo hasta que el joven Wifredo tiene edad suficiente para lucir barba. El próximo nombramiento real después de Alerán es Odalrico, quien tiene la desafiante tarea de tratar con el formidable Musa ibn Musa (también conocido como "tercer rey de España"), alcanzando ahora la cumbre de sus poderes como wali de Zaragoza y comandante de la poderosa dinastía Banu Qasi.

En 856 Musa ibn Musa lanza un ataque destructivo contra el territorio gobernado por Odalrico, tomando el castillo de Terrassa pero no logrando ganar Barcelona. Odalrico es sustituido (en 858) por Hunifredo que firma un tratado de paz con el gobernador de Zaragoza y se dirige luego hacia el norte para ayudar a su rey en las continuas luchas internas francas entre los hijos de Luis el Piadoso (en esta ocasión entre Carlos el Calvo y Luis el Alemán). En 861 Hunifredo vuelve a Barcelona con éxito defendiendo otro ataque feroz por parte de los musulmanes, y esta vez logra el beneficio de un tratado de paz más duradero. A pesar de estos éxitos, sin embargo, las luchas viscerales entre los condados carolingios resultan en una rebelión fallida contra la corona franca, y Hunifredo se ve obligado a huir a Italia en 864. Su sustituto es Bernat II (Bernard de Gothia) pero él también se involucra en otra rebelión contra Carlos el Calvo (que muere en 877) y su débil sucesor el rey Luis el Tartamudo. Wifredo ayuda a Luis a superar a Bernat II, que es desposeído de su cargo el 11 de septiembre de 878 y el rey nombra a Wifredo conde de Barcelona.

La vida política diaria en las fronteras cristianas al sur de los Pirineos continúa alejándose de la desintegración del Imperio franco a medida que en el área evoluciona un distintivo carácter cada vez más distante de sus orígenes visigodos y romanos. Ya han pasado muchos años desde que la gente del pueblo se comunica en latín formal, y han tomado forma nuevas lenguas. El tratado acordando el nombramiento de Carlos el Calvo como rey de Aquitania, por ejemplo, está escrito en una lengua distintamente diferente de sus raíces latinas. Después de que la muerte de Luis el Tartamudo en 879 deje un vacío de poder, los distintos condes de la Marca Hispánica se vuelven de hecho independientes, cada uno con una élite militar.

Aprovechando la pérdida de control del Imperio franco, Wifredo se convierte en el primer conde en nombrar sucesor a su propio hijo y fundar el linaje hereditario de la Casa de Barcelona. También fomenta enérgicamente la repoblación de las tierras perdidas después de la rebelión de Aissó cincuenta y cinco años antes, y promueve la reforma eclesiástica para fortalecer la iglesia local. Es con Wifredo, astuto a la vez que hirsuto, que una vieja Cataluña nuevamente estabilizada empieza a tomar forma, emergiendo de las astillas de la autoridad franca al norte, pero manteniéndose bajo la continua amenaza islámica al sur y oeste.

XI

El desafío presentado por la consolidación y expansión del territorio de Wifredo, en especial la toma de Montserrat en 880, no pasa desapercibido en Córdoba. Sin embargo, el emir está ocupado reprimiendo una serie de revueltas de musulmanes y cristianos ibéricos, sin mencionar la perturbación causada por un poderoso terremoto que sacude el sur de España en 881. El hijo del emir, Almondir, intenta persuadir a los temerosos musulmanes de que el suelo se sacude igual para todas las criaturas de Dios, incluyendo incluso los cristianos, y que éste es un evento natural que no tiene nada que ver con los asuntos humanos. La visión geológica de Almondir sin embargo cae en oídos sordos y para la mayoría de la gente la naturaleza divina del castigo de Alá dirigido contra ellos es obvia.

Al norte del corazón cordobés, sin embargo, el poder de Wifredo es una preocupación más acuciante para los vecinos inmediatos de Banu Qasi en el área del Ebro, que comienzan a reforzar las defensas de Lleida. Wifredo se siente atraído a responder esta provocación con un ataque a Lleida en 884 que fracasa estrepitosamente, reduciendo cualquier ambición inmediata de expansión hacia el oeste. En su lugar, el conde pasa los siguientes trece años continuando la repoblación y fortaleciendo del territorio antes de enfrentarse al resurgimiento musulmán de Lleida en 897, cuando las tropas encabezadas por Lubb ibn Muhammad ibn Lubb al-Qasi asedian Barcelona, para entonces un núcleo urbano de alrededor de mil habitantes. La ciudad resiste, pero Wifredo muere por las heridas sufridas en la lucha, nombrando a su joven hijo Wifredo Borrell nuevo conde de Barcelona.

Bajo el gobierno de Wifredo Borrell los musulmanes son rápidamente derrotados y las fronteras del condado restablecidas hasta la muerte prematura del conde en 911, cuando su hermano Sunyer asume el mando y reinicia una política exterior cristiana más belicosa. En una serie de ataques y contraataques entre cristianos y musulmanes, Sunyer tiene éxito en la repoblación de la región del Penedès y empuja la frontera catalana un poco más al suroeste. También continúa con el trabajo de fomentar la repoblación cristiana y fortalecer las instituciones eclesiásticas, antes de retirarse finalmente a una vida monástica en 947, pasando el liderazgo del condado de Barcelona a sus hijos Miró I (que muere en 966) y Borrell II.

Borrell II es conde de Barcelona hasta 992. Aunque no se hace con una reputación como gran guerrero, es un buen diplomático y durante varias décadas se las arregla para mantener relaciones pacíficas en general con lo que en la actualidad se ha convertido en el próspero e independiente Califato de Córdoba. Esta relativa calma se rompe por la confrontación con la aparición de una dictadura altamente agresiva liderada por el temible Al-Mansur que impulsa más de cincuenta lucrativas *aceifas* desde Córdoba hasta el norte de España.

El primer ataque dirigido al noreste llega a Barcelona en 978 pero es rechazado por Borrell II y sus hombres, sólo para ser seguido de nuevos ataques en 982, 984 y 985 cuando Al-Mansur finalmente logra saquear la ciudad antes de volver al sur. Esta vez no hay posibilidad de que la ayuda llegue del norte de los Pirineos, y cualquier resto de vínculo geopolítico entre los francos y Barcelona queda roto. Los territorios militarizados regidos por castillos al sur de los Pirineos deben ahora mirar por sí mismos cuando, en 999, Al-Mansur ataca el noreste por quinta vez, saqueando y quemando la ciudad de Manresa.

La amenaza inmediata de nuevos ataques musulmanes se suaviza en 1002 con la muerte del irreprimible Al-Mansur, un evento seguido por la rápida desintegración del anterior califato en una serie de pequeños reinos conocidos como *taifas*. Para entonces el control sobre Barcelona está en manos de Ramón Borrell (hijo de Borrell II) y especialmente su influyente esposa Ermesinda. Bajo su régimen se acuñan las primeras monedas catalanas mientras Ramón empuja las expediciones militares hacia el oeste a los ríos Ebro y Segre, envía soldados catalanes para ayudar a las fuerzas aliadas que se oponen al poder colapsante de Córdoba (con resultados diversos), y alienta la repoblación de la zona de guerra al norte de Tarragona.

La continua provocación y respuesta entre las fuerzas musulmanas y cristianas opuestas, alimentadas por la adquisición de botines de guerra como principal motor económico, asegura que la Cataluña occidental siga siendo una zona fronteriza peligrosa durante los doscientos años desde que Berà retomó Barcelona por primera vez. Ramón muere en 1017 tras un ataque musulmán a Barcelona lanzado desde Zaragoza, dejando a la política Ermesinda al mando efectivo sobre el condado por más de veinte años más, supervisando el gobierno de su hijo Berenguer Ramón I (BR1) hasta su muerte en 1035.

El siguiente heredero del condado es el niño Ramón Berenguer I (RB1), por lo que Ermesinda reasume su gestión hasta que su nieto llega a la mayoría edad. Emergiendo de la supervisión de su abuela, RB1 se enfrenta de inmediato en 1041 con una rebelión de la nobleza que controla la frontera en la región de Penedès. Las décadas anteriores de relativa paz han beneficiado al comercio dentro del condado, pero han generado poco para los guerreros que mantienen la frontera, y muchos de ellos están descontentos. La posición del conde es débil y, reconociendo que es necesario ampliar el territorio y reforzar el estado de derecho interno, RB1 inicia campañas de operaciones militares dirigidas a asegurar una importante fuente de tributo de las *taifas* de Tortosa y Zaragoza. En su exitosa misión de enriquecer y ampliar el condado Ramón es ayudado por su notable tercera esposa Almodis de la Marca, que es en conjunto la figura más interesante para la Viajera.

XII

Al repudiar a su segunda esposa y casarse con Almodis, quien todavía está casada con su segundo marido, RB1 ha desafiado abiertamente a su poderosa abuela Ermesinda. La envejecida condesa está tan indignada por este comportamiento que utiliza su considerable influencia para obtener el consentimiento del papa para que la pareja de pecadores sea excomulgada por adulterio. Almodis responde de inmediato dando a luz varones gemelos: Ramón

Berenguer II (RB2) y Berenguer Ramón II (BR2), y siguiendo una energética carrera con su marido durante la cual el condado de Barcelona emerge como el indiscutible centro de "Los Catalanes".

Estas dos mujeres fuertes y mutuamente antagónicas, Ermesinda y Almodis, juegan papeles cruciales en la historia de la naciente Cataluña. Ermesinda es finalmente forzada a someterse a su nieto y a su esposa, retirándose del poder antes de morir en sus ochentas. Almodis vive otros trece años antes de ser asesinada el 1 de noviembre de 1071, víspera del día de los muertos, por el resentido hijo sobreviviente del primer matrimonio de su marido. Sus díscolos gemelos van a heredar y gobernar conjuntamente hasta la muerte de RB2 durante un accidente de caza, un evento que se cree popularmente haber sido orquestado por su hermano que queda en la historia como Berenguer Ramón II "el Fratricida". Manchado por su supuesta mala acción, es obligado a prometer el condado a su sobrino Ramón Berenguer III (RB3), el joven hijo de su hermano. Una vez que RB3 llega a la mayoría de edad en 1097 su travieso tío desaparece en el anonimato para morir en Jerusalén.

En este último cuarto del siglo XI continúa la expansión de Cataluña empujando la frontera cristiana en el interior a través de la cordillera costera al norte de Tarragona, después de la cual no existen barreras geológicas naturales para inhibir la conquista a través de la fértil cuenca del río Ebro y sus afluentes. Bajo RB3 "el Grande" se aseguran importantes avances en la extensión de las tierras catalanas re-cristianizadas hacia el norte en los Pirineos, hacia el este hasta Baleares y el suroeste en la costa Mediterránea. La ciudad de Tarragona, una vez fenicia, luego romana, vándala, visigoda y árabe, es ahora catalana, y desde aquí se pueden organizar expediciones militares cristianas para ir por la costa tan lejos como Valencia.

La espléndida carrera de los condes RB alcanza su apoteosis con Ramón Berenguer IV (RB4) "el Santo", hijo y heredero de RB3 y hombre destinado a vincular la Casa de Barcelona con el reino de Aragón. En sus veinte años, toma la futura mano en matrimonio de Petronila, hija de Ramiro II, rey de Aragón. Considerado por algunos como un golpe político maestro, este lazo crea la Corona de Aragón e intenta frenar el creciente poder del reino de Castilla al oeste. Asumiendo la autoridad real en 1137, RB4 continúa la tradición de hacer campañas contra los musulmanes, capturando Tortosa en 1148 y luego moviéndose hacia el norte en la confluencia de los ríos Ebro y Segre.

A medida que el condado se consolida y la vida se vuelve más segura detrás de la frontera, la Barcelona de mediados del siglo XII se expande con mayor confianza más allá de sus muros romanos, y un importante foco de urbanización tiene lugar a lo largo de la calle Montcada en lo que se convertirá en el barrio de la Ribera de la ciudad medieval. En 1150 la *reconquista* de Cataluña es completada, terminando la larga historia de confrontación musulmana-cristiana en el noreste de Iberia.

Cataluña forma ahora parte de un proyecto mucho más grande, la Corona de Aragón, que crece y consolida el poder como una colección de tierras autónomas, cada una con sus propias leyes pero gobernadas por un solo rey. Esta pesada y complicada herencia pasa de RB4 y Petronila a su hijo RB5 que cambia su nombre a Alfonso ("el Trovador"), en deferencia al ilustre rey aragonés Alfonso el Guerrero. Así comienza el primero de una serie de gobernantes que continua el linaje de la Casa de Barcelona y que son al mismo tiempo reyes de Aragón. La línea no se rompe durante casi dos siglos y medio en los cuales las fortunas de Cataluña y Aragón están inextricablemente unidas entre sí durante el gobierno de Alfonso el Trovador, Pedro el Católico, Jaime el Conquistador, Pedro el Grande, Alfonso el Liberal, Jaime el

Justo, Alfonso el Benigno, Pedro el Ceremonioso, Juan el Cazador, y finalmente Martín el Humano que muere casi exactamente siete siglos después del ataque a Gibraltar de Tariq ibn Ziyad en el 711.

La historia es muy interesante para la Viajera, con su singular e inexplicable destino de haber nacido como un ser humano holoceno, pero sabe que desde una perspectiva geológica es sólo un momento fugaz en la historia de la Tierra. Después de todo, las rocas más antiguas de España han existido durante casi *un millón de veces* más tiempo que estos siete siglos de lucha ibérica. Pero está impactada de nuevo por la gran similitud entre el tiempo humano y el tiempo profundo: siempre hay en el registro mucho más tiempo perdido que presente. En las historias de nobles que luchan por el control, la riqueza, fama y gloria, infligiendo su transitoria huella en la biosfera, hay pocas o ninguna palabra sobre el resto de nosotros.

Notas

11. I-IV. Además de la enorme cantidad de información disponible en Wikipedia hay varias otras fuentes que tratan el conflicto medieval árabe-visigodo-franco disponibles gratis en la Web, por ejemplo *The Arabs in Occitania* escrito por Ian Meadows (Aramcoworld) y en spainthenandnow.com. Para un relato sobre la batalla de 732 d. C. de Poitiers véase el artículo de 1993 por William E. Watson *The Battle of Tours-Poitiers Revisited* reeditado en la Web en 2013 por De Re Militari, *The Society for Medieval Military History*. Otra página que trata sobre la historia española (en español) es cronologiahistorica.com.

11. V-VI. El artículo de 1980 en *Science* por Luis W. Álvarez y colegas titulado *Extraterrestrial Cause for the Cretaceous-Tertiary Extinction* no tuvo una recepción entusiasta por parte de los geólogos con un estricto enfoque "Lyelliano" no catastrófico para interpretar acontecimientos pasados en tiempo profundo. Una década más tarde, el reconocimiento de la prueba fehaciente de un enorme cráter de impacto en Chicxulub en la península del Yucatán cambió la mente de muchos de estos

geólogos, y la evidencia del impacto del bólido es ahora indiscutible. El autor ha sido privilegiado visitando otros dos sitios de mega-impactos en la Tierra, Sudbury en Canadá y Vredefort Dome en Sudáfrica, y puede decir que ambos lugares generan un sentimiento de extremo temor. El lento trabajo del trasfondo "Lyelliano" de los procesos geológicos como la erosión, deposición y el movimiento de placas tectónicas es a veces interrumpido por eventos catastróficos que tienen el potencial de colapsar el conjunto del castillo biológico de naipes y repartir de nuevo lo que queda de la baraja.

Si bien el impacto del bólido en Chicxulub es un hecho geológico establecido, algunos geólogos sin embargo, todavía prefieren invocar una combinación de causas para explicar la extinción de finales del Cretácico. Por ejemplo un reciente (2015) artículo de Mark A. Richards y colegas titulado *Triggering of the largest Deccan eruptions by the Chicxulub impact* (publicado en acceso abierto en *Bulletin of the Geological Society of America*) sostiene que las ondas de choque generadas por el impacto de Chicxulub habrían sacudido el planeta lo suficientemente fuerte como para alentar el vulcanismo masivo que ocurrió alrededor de ese tiempo en la India. Los efectos atmosféricos de estas erupciones combinados en forma sinérgica con los producidos por el impacto para aumentar los "mecanismos de erradicación" (como el aumento de aerosoles de sulfato en la atmósfera) produjeron la extinción masiva.

11. VII. Trabajos especializados sobre la evolución estructural de los cinturones montañosos en España escritos por Ramón Capote, Josep Anton Muñoz, José Luis Simón, José Miguel Azañón y colegas se encuentran en los capítulos 15 y 16 del libro titulado *The Geology of Spain* publicado en 2002 por la *Geological Society of London.*

11. VIII. Para más detalles sobre la apertura del Golfo de Valencia véase el artículo de 2003 de Jorge M. Gaspar-Escribano titulado *Mechanical (de)coupling of the lithosphere in the Valencia Trough (NW Mediterranean): what does it mean?* publicado en la revista *Earth and Planetary Science Letters* y disponible gratuitamente en la Web. Una revisión moderna (con ilustraciones en color) de la geología del Golfo de Valencia se proporciona en el trabajo de 2015 por Conxi Ayala y colegas titulado *A review of the current knowledge of the crustal and lithospheric structure of the Valencia Trough Basin* publicado en el Boletín Geológico y Minero y disponible gratuitamente en la Web. La complejidad geológica de cómo el Mediterráneo occidental ha evolucionado durante los últimos veinticinco millones de años es considerada e ilustrada en el documento de 1998 de Erwan Gueguen y colegas titulado *On the post-25 Ma*

geodynamic evolution of the western Mediterranean, publicado en la revista *Tectonophysics* y disponible gratis en la Web.

11. IX. *El control carolingio sobre Cataluña está desmoronándose.* A principios del siglo IX las conquistas carolingias en la Cataluña ancestral desaparecen rápidamente después de la muerte de Carlomagno, a medida que diversos condes reafirman su poder como caudillos de sus tierras independientes.

11. X. Sunifredo queda en la historia catalana como el padre de Wifredo el Velloso (*Guifré el Pilós*). Wifredo, al parecer de linaje godo, es venerado como fundador de Cataluña por los nacionalistas catalanes. Fue el primero de los condes de Barcelona en escapar del control del poder carolingio al nombrar con éxito a su hijo como heredero. Una popular, pero no probada, historia es que Carlos el Calvo deslizó los dedos ensangrentados del herido Wifredo en el escudo de cobre del conde para producir el diseño de la bandera catalana (la *Senyera*).

11. XI. El terremoto del 10 de junio de 881 fue uno de los mayores registrados en Iberia, con una magnitud estimada de 7.2 y una intensidad de X - XI. Había sido precedido el mes anterior por otro fuerte temblor, y el efecto global de esta crisis sísmica fue causar daños generalizados y el terror en gran parte del sur y sureste de Iberia. El epicentro estaba situado en el golfo de Cádiz, por lo que también produjo mucho daño en partes del noroeste de África.

11. XII. La historia de Cataluña es un tema sensible, dadas las dificultades que todavía rodean la cuestión catalano-castellana, y he intentado quedarme con lo que me parecen ser los hechos en lugar de opiniones, alejandome de cualquier tendencia a sesgar el relato histórico. El surgimiento de una identidad catalana medieval después de la desintegración del Imperio franco en el noreste de Iberia, seguido por la fusión con Aragón, creó la oportunidad de desarrollar un impresionante imperio en el Mediterráneo. La subsiguiente alianza entre Aragón y Castilla y el cambio de poder hacia el oeste desde la Casa de Barcelona hacia el recién emergente imperio mundial de habla castellana no favoreció a los catalanes. El inicio de la hostilidad abierta en el siglo XVII estuvo estrechamente vinculado a las demandas centralizadoras de Olivares, su rey y el declinante Imperio español.

La compleja relación política entre catalanes y castellanos ha continuado a través de generaciones, dejando una historia de mutua y, a veces, visceral falta de confianza y respeto entre nacionalistas opuestos.

Mientras que algunos catalanes prefieren enfatizar las similitudes dentro de un patrimonio común ibérico, otros se centran en las diferencias culturales y lingüísticas y las injusticias pasadas, tanto reales como imaginadas, infligidas por el gobierno centralizado. La historia reciente de represión durante el régimen de Franco no hizo nada por la relación entre Barcelona y Madrid, aunque ciertamente no sólo los catalanes sufrieron bajo la dictadura.

Cuando esta energía conflictiva se concentra en el deporte, se producen algunos de los partidos de fútbol más competitivos del mundo. El héroe nacional de la final de la Copa del Mundo de la FIFA en 2010, marcando el gol ganador contra Holanda, fue Andrés Iniesta Luján. Iniesta nació en la localidad castellana de Fuentealbilla en la provincia de Albacete, pero más tarde creció en, y se dedicó a, el club de futbol del Barcelona. Después del partido de 2010 dijo: lo que es más importante que la rivalidad, tu equipo, o tus colores es ser humano y una buena persona.

La experiencia del autor como extranjero en España es que es mejor evitar tomar partido. Igualmente, es útil saber algo sobre los últimos mil años de historia ibérica para comenzar a entender las tensiones políticas entre las comunidades autónomas en la España moderna. Fue un hispanoamericano, George Santayana, quien en 1905 escribió en su *Life of Reason* el famoso aforismo "Aquellos que no recuerdan el pasado están condenados a repetirlo”. Nacido Jorge Agustín Nicolás Ruiz de Santayana y Borrás en Madrid el 16 de diciembre de 1863 escribió también: "Sólo los muertos han visto el final de la guerra".

12

EL VIAJE DE VUELTA

La Puerta del Dragón en la entrada principal de los Pabellones Güell. Esta dramática creación de hierro diseñada por Antoni Gaudí fue forjada en los talleres del cerrajero Vallet i Piquer.

12

EL VIAJE DE VUELTA

I

Las rocas más antiguas son las más misteriosas. Tienen millones, incluso decenas de millones, de siglos de antigüedad. Esta enormidad de tiempo perturba la mente humana y recuerda la famosa conclusión de James Hutton en 1788: "con respecto al tiempo que el globo de esta tierra ha existido, como un mundo que mantiene plantas y animales ... no encontramos ningún vestigio de un principio, ni perspectiva de un fin". La Viajera recuerda a un amigo artista tratando de entender cómo las rocas pueden ser interesantes "¡cuando son tan inanimadas!" Ella trata de explicarlo mencionando terremotos, volcanes, fósiles, minerales y el registro dinámico de la vida y de los paisajes que evolucionan sobre placas tectónicas en movimiento bajo un clima variable, pero el único momento en el que su amigo parece contagiarse de su entusiasmo es cuando hablan sobre el tiempo y el espacio. Disfrutan discutiendo sobre los puntos de vista de Einstein y Minkowski, y recordando la cita hecha en 1895 por el viajero en la máquina del tiempo de H. G. Wells: "No hay diferencia entre el tiempo y cualquiera de las tres dimensiones del espacio excepto que nuestra conciencia se mueve a lo largo de él".

Muchas de las rocas más antiguas fueron originalmente partículas erosionadas por el viento y el agua, que se depositaron en niveles de sedimentos sobre la superficie de la Tierra antes de ser enterrados debajo de depósitos más jóvenes. Estos sedimentos se secan gradualmente en el subsuelo, quedando comprimido cualquier agua o espacio de aire entre los granos minerales individuales a medida que se compactan por el peso en aumento del sedimento sobre ellos. La temperatura en la corteza terrestre aumenta con la profundidad, típicamente alrededor de veinticinco grados Celsius por cada kilómetro. Bajo estas condiciones cambiantes de mayor calor y presión de sobrecarga, se estimula el crecimiento de nuevos minerales dentro de cualquier pequeño espacio aún presente, cementando los granos en piedra. El lodo se convierte en lutita, el limo en limolita, la arena en arenisca, y los restos fosilizados de conchas marinas y bosques se convierten en piedra caliza y carbón. Lo que originalmente era sedimento blando ahora ha madurado en una roca más dura con un largo y cada vez más cristalino futuro por delante.

Gran parte de este futuro cristalino está enterrado pasivamente en la corteza terrestre, pero como en la analogía con las guerras, los largos períodos de normalidad para una roca son ocasionalmente perturbados por grandes eventos. Puede ser que la placa tectónica que llama casa choque con otra para formar un cinturón montañoso orogénico, o una placa contigua se deslice por debajo para perturbar el statu quo térmico, enviando corrientes de fluido caliente y derritiendo el área vecina. En algunos casos, en lugar de chocar de frente o subducir por debajo, una placa tectónica adyacente pasa abrasivamente, con fallas partiendo el terreno en bloques que progresivamente pierden contacto entre sí. Sólo de vez en cuando, y con mucha suerte algo improbable, nuestra roca se encuentra directamente en el camino del impacto de un meteorito o un cometa. De una forma u otra, tarde o temprano, la mayoría de las rocas más antiguas han pasado por al menos una importante crisis geológica de la que emergen completamente cambiadas. Recristalizan con nuevas asociaciones minerales y pierden su aspecto original. Si vuelven a la superficie de la Tierra y se exponen al nivel del suelo, su gran edad les otorga el prestigio de convertirse en el antiguo "basamento" que se erosiona para producir sedimentos más jóvenes, y el ciclo continúa con, para la mente humana, poca perspectiva de un final.

II

Charles Lyell se casa con Mary Elizabeth Horner en 1832, dos años después de su aventura en Cataluña. Ahora es catedrático de geología en King's College, ha trabajado como secretario de la Sociedad Geológica de Londres y está a punto de convertirse en su presidente. Mary y Charles pasan su luna de miel en los Alpes suizos, combinando trabajo y placer con una visita a través de la frontera francesa para examinar los afloramientos de granito en Vallorcine.

Aunque inicialmente concentró sus estudios geológicos en sedimentos y volcanes, Charles ha ampliado su interés a otros tipos de rocas como las "plutónicas" descritas por su eminente predecesor James Hutton. La teoría del plutonismo de Hutton propone que tales rocas, granito por ejemplo, representan masas de magma líquido que se han solidificado bajo tierra. A medida que ascienden a través de la corteza terrestre estos "plutones" fundidos se enfrían gradualmente y se congelan, conduciendo su calor hacia afuera alterando visiblemente las rocas adyacentes. Lyell está de acuerdo y está convencido de que el efecto de horneado de tales masas plutónicas es lo suficientemente importante para producir un nuevo tipo de roca, con nuevos cristales minerales que aparecen durante el proceso de calentamiento y endurecimiento. Lyell llama a esta nueva clase de rocas "metamórficas", derivadas del poema clásico del autor romano Ovidio *Las metamorfosis* que comienza "Me lleva el ánimo a decir las mutadas formas a nuevos cuerpos". La visita a Vallorcine es uno de los mejores momentos de la luna de miel. Se pueden observar rocas sedimentarias fósiles transformadas al ser progresivamente calentadas y recristalizadas cerca del contacto con el granito. La Viajera disfruta de esta feliz mezcla de romance y ciencia, recordando su presentación en un congreso en Barcelona durante su propia luna de miel y la oferta de trabajo que siguió. También observa el apoyo científico dado a Charles por su joven esposa, que proviene de una familia de geólogos y no es ajena a rocas y fósiles. Según la propia experiencia de la Viajera, detrás de los científicos con más éxito suele haber una pareja clave apoyando.

La aparición del nuevo campo sobre geología metamórfica no viene sin detractores. Para los que aún están convencidos de la visión tradicional en la que tales rocas se depositaron en el agua, esto es un pensamiento herético. Un crítico se burla de la idea llamándola "la cocina subterránea del señor Lyell". Pero Lyell continúa demostrando su razonamiento y justifica su fama como geólogo moderno, especialmente durante una visita con Mary a la región de Oslo en el verano de 1837. Una vez más, hay ejemplos claros de granitos intruyendo y metamorfizando rocas más antiguas, y en su libro de texto *The Elements of Geology* publicado el año siguiente se describen cuatro "grandes clases de rocas": "acuosas" (sedimentarias), "volcánicas" (ígneas eruptivas), "plutónicas" (ígneas intrusivas) y "metamórficas".

Lyell deduce correctamente que sus granitos intrusivos deben ser más jóvenes que las rocas que han penetrado, pero no tiene ningún medio para establecer la edad de sus plutones franceses y noruegos y sus extraños efectos metamórficos. Si hubiera vivido en el siglo XX se habría tambaleado al descubrir que hace alrededor de tres millones de siglos sus plutones de granito hornearon su roca más fría de contacto. Por casualidad tanto Vallorcine como la región de Oslo registran el mismo episodio regional orogénico, el paroxismo geológico de la orogenia Varisca.

III

Tres millones de siglos atrás en el tiempo profundo llegamos a la parte final de la era del Paleozoico en el límite entre el Carbonífero y Pérmico. La geografía mundial en este tiempo está dominada por el gran continente Pangea y el gigante océano Panthalassa. Recordando el comienzo de nuestros cuentos, Pangea fue creado por la colisión orogénica de Gondwana (África, América del Sur, India, Antártida y Australia) con Laurasia (Norteamérica y gran parte de Eurasia). La cicatriz marcando esta colisión forma la cordillera Varisca que va de México a Polonia, y las rocas más antiguas de la futura de Barcelona están enterradas dentro de estas montañas.

La mayoría de estas antiguas rocas comenzaron como sedimentos depositados lejos en el fondo marino en las altas latitudes meridionales de la costa "africana" de Gondwana, mucho antes de la formación de Pangea. Pero desde entonces han sufrido los golpes y dardos de la insultante fortuna tectónica y muchas se han metamorfizado hasta ser casi irreconocibles. Exprimidas y recristalizadas por fuerzas horizontales a medida que las montañas se amontonaban durante la colisión de placas y el metamorfismo regional, aquí al comienzo del Pérmico están en el proceso de ser separadas mientras las raíces de la montaña se ablandan y ceden bajo una temperatura creciente.

El calentamiento en profundidad es lo suficientemente importante en algunos lugares para fundir grandes áreas de la corteza inferior, produciendo masas kilométricas de magma plutónico granítico que se elevan lentamente y se solidifican contra la roca sólida más fría que se altera por el calor en el contacto entre las dos. A mediados del siglo XIX el geólogo francés Achille Ernest Oscar Joseph Delesse acuña el término "metamorfismo de contacto" para describir esta cocción plutónica, y su colega Gabriel Auguste Daubrée lo contrasta con el "metamorfismo regional" producido sobre áreas más grandes durante orogenias. ¡*Et voilá*! Otra pieza en el puzle del conocimiento geológico completada.

Durante su visita de 1830 para estudiar las rocas miocenas expuestas en Montjuïc, Lyell y su compañero Agustín Yáñez i Girona disfrutaron de la vista panorámica por la pendiente de buzamiento, una vez sembrada de los cuerpos de los hombres de Torrecuso casi dos siglos antes, con vistas de Barcelona y los campos de Sants y Sarrià alrededor. Tan cerca pero tan lejos, desconocían los afloramientos tan instructivos de plutones variscos y sus efectos de metamorfismo de contacto en el basamento regionalmente metamórfico que se ve en las colinas de Collserola detrás de la ciudad. Estos afloramientos tienen muchas similitudes con los que Lyell se entusiasmó durante su luna de miel dos años después. Además, en algunos lugares de los afloramientos del Mioceno de Montjuïc los sedimentos marinos de doce millones de años contienen guijarros de rocas plutónicas y metamórficas erosionadas en lo que entonces era la cercana línea de costa de Collserola. Cómo se habría vanagloriado el famoso geólogo al saber no sólo que la geología de Barcelona demuestra la continuidad de los procesos sedimentarios durante millones de años, pero también que las viejas rocas del basamento de Collserola han perdurado a través de *cientos* de millones de años en la historia de la Tierra.

Obtener la edad exacta de una roca es complicado, pero los granitos ofrecen una de las mejores oportunidades para conseguirlo. Varios minerales que están normalmente en granitos, como micas, feldespatos, anfíboles o zirconio, contienen elementos que tienen isótopos radiactivos, como potasio, rubidio y uranio. Estos minerales crecen como parte del mosaico entrecruzado de cristales a medida que el granito se enfría a partir de un magma líquido hasta ser roca sólida. Desde ese momento congelado en el tiempo sus isótopos radiactivos comienzan a decaer a su isotopo hijo (potasio a argón, rubidio a estroncio, uranio a plomo) a medida que el reloj en la roca comienza a hacer tictac.

Siguiendo el trabajo pionero de Bertram Boltwood, es Arthur Holmes en 1910-1913 quien establece la base para una escala geológica cuantitativa, iniciando su investigación a la precoz edad de veinte años siendo aún estudiante en Londres. Demostrando su capacidad para la investigación independiente y los cuidadosos experimentos, utiliza con éxito la desintegración radiactiva del uranio para obtener una edad de trescientos setenta millones de años para una roca plutónica de Noruega que se cree pertenece al período del Devónico. Futuros trabajos demuestran su exactitud cuando el período del Devónico es datado entre 419 y 359 millones de años: su roca noruega es del Devónico superior.

IV

La Viajera se da cuenta de que su tiempo se está acabando antes del viaje de regreso y se sumerge en un poco de nostalgia. Hace mucho tiempo de sus paseos cotidianos al pie de las colinas de la Collserola, acompañada siempre por su marido. La excursión comenzaría en su barrio de Sant Ramon al oeste de la ciudad, convenientemente situado justo al norte de la romana Vía Augusta, a pocos kilómetros al oeste del campamento militar de Los Vélez en la Cruz Cubierta, en la parroquia de Santa María de Sants, y al sur del convento de clarisas de Santa María en Pedralbes. Sería un domingo por la mañana y con el plan de comer en Can Martí arriba en las laderas de Collserola, haciendo hambre durante la subida de trescientos metros sobre el nivel del mar.

Su ruta pasa inicialmente cerca del complejo deportivo que incluye el Camp Nou, el estadio de fútbol construido doce años antes de que naciera la Viajera. En esta zona las laderas suaves del piedemonte de Barcelona son regadas por torrentes que alimentan la riera Blanca, que a su vez desemboca en la pantanosa orilla oriental del delta del Llobregat, en el extremo occidental de Montjuïc.

Continuando hacia las colinas la ruta alcanza la más impresionante de las avenidas de Barcelona. Conocida siempre por los lugareños simplemente como "la Diagonal" desde su inauguración a mediados del siglo XIX, ha cambiado sin embargo oficialmente de nombre varias veces dependiendo del clima político, el más reciente en 1979 implicando el cambio de Avenida del Generalísimo Francisco Franco a la Avenida Diagonal tras el restablecimiento del régimen democrático. La avenida aquí pasa sobre la falla del *Pla* de Barcelona y recorre la ciudad de oeste a este a través de la ladera del piedemonte pleistoceno por la Plaça de les Glòries Catalanes, y luego sobre los sedimentos holocenos del delta del Besòs para llegar al mar. Aunque Ildefons Cerdà concibió las Glòries como el centro de su moderna ampliación urbana, no se convirtió en mucho más que una gigante rotonda a medida que el foco natural de la ciudad medieval dio este honor en su lugar a la Plaça de Catalunya.

Cruzar la Diagonal permite la entrada a los exuberantes jardines del Palau Reial de Pedralbes, una vez parte de la finca del pabellón de Eusebi Güell (diseñado en parte por Antoni Gaudí) antes de ser donada a la familia real en 1918. Dejando el parque por su entrada este la pareja se dirige hacia el noreste, deteniéndose en la Puerta del Dragón de Gaudí en la entrada principal de los Pabellones Güell. Entre las muchas habilidades aprendidas por el arquitecto en su ciudad natal de Reus está la de forjar hierro, lo que le permitió instruir al cerrajero Ramón Vallet i Piquer sobre cómo producir esta dinámica y compleja creación metálica.

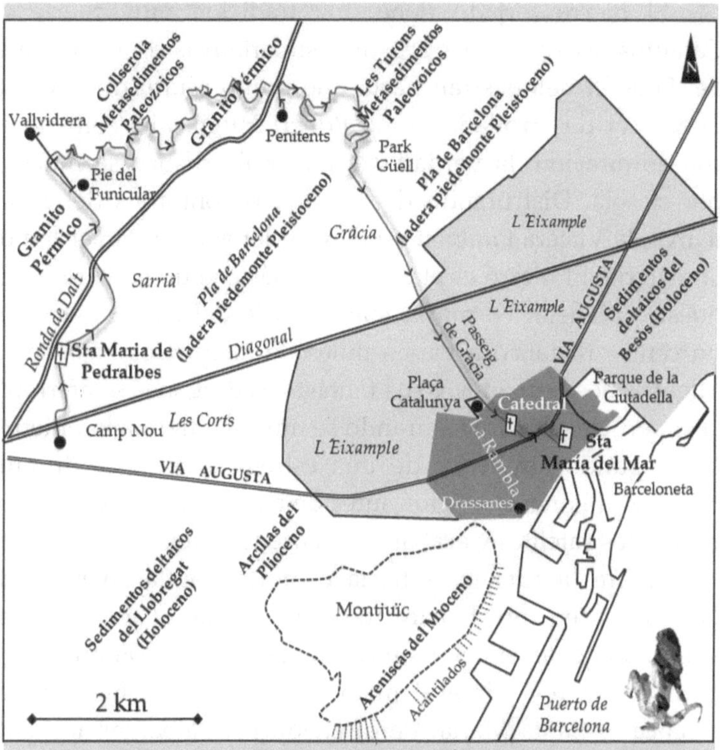

Mapa mostrando varios aspectos de Barcelona mencionados en el Cuento 12. Obsérvese la expansión del siglo XIX de la Barcelona medieval a través del *Pla* para formar L'Eixample a ambos lados de la Diagonal. Las areniscas del Mioceno de Montjuïc se sumergen suavemente hacia el noroeste bajo las arcillas del Plioceno y los sedimentos del Pleistoceno del piedemonte del *Pla*. Al suroeste de la ciudad se encuentra el delta del río Llobregat. La ruta descrita en el texto comienza justo al oeste del estadio de fútbol Camp Nou, atraviesa la Diagonal para pasar el convento de Santa María de Pedralbes y continúa hasta el lugar de nacimiento de Santa Eulalia antes de subir a los granitos y rocas metamórficas de la Collserola. El viaje de regreso a la ciudad pasa por las colinas diseccionadas por las fallas de Les Turons, el Park Güell, y desciende por Gràcia para cruzar de nuevo la Diagonal y seguir el Passeig de Gràcia hasta la ciudad medieval.

El hierro forjado tiene una tradición muy fuerte en Cataluña, y expresiones artísticas superlativas como la Puerta del Dragón demuestran hasta qué punto esta forma de arte puede ser desarrollada, como Robert Hughes ha comentado con admiración, la verdad del material artístico se muestra por sí sola. Disfrutando de los curvos contornos del metal nativo, la Viajera también está impresionada por la verdad de la materia. El hierro es el elemento más común en la masa de nuestro planeta. Forma la mayor parte del núcleo terrestre, un centro metálico a varios miles de kilómetros bajo tierra. Mientras los humanos y sus fantásticos dragones se aferran a la superficie, el planeta girando se mueve a treinta kilómetros por segundo alrededor de una estrella que existe durante ochenta millones de siglos antes de agrandarse, envolver sus diminutos satélites y acabar con el espectáculo.

Ahora la ruta sube hacia el norte por la Avenida de Pedralbes, en un barrio tranquilo y caro que culmina adecuadamente en el monasterio de clarisas. Fundado en 1326 por el rey Jaime el Justo para su esposa Elisenda de Montcada, Santa María fue diseñado para albergar a la élite de "pobres clarisas" de en su mayoría familias nobles. Una vez más la Viajera recuerda las fortunas opuestas de los dos monasterios de clarisas en Barcelona. Mientras el Convento de Santa Clara ha desaparecido completamente sin dejar rastro, el de Santa María no sólo ha conservado su delicado claustro gótico y los jardines, pero además la iglesia adyacente con su torre octogonal está también en buenas condiciones. Todo el edificio conserva una tranquila armonía que ha ofrecido un recogimiento del ruido exterior y de la guerra a través de los siglos. La pareja siempre encuentra los jardines del claustro un lugar perfecto para descansar y charlar con calma en su camino antes de almorzar.

V

Siguiendo hacia el este desde el Monasterio de Pedralbes, pasando los frondosos suburbios lejos de la densa locura urbana del centro de la ciudad, su ruta gira hacia el norte por un estrecho parque que marca el confinado valle superior del principal afluente de riera Blanca, conocido aquí como la riera de les Monges. Ahora subiendo más empinadamente y cruzando la circunvalación parcialmente subterránea de la Ronda de Dalt, su camino alcanza el supuesto lugar de nacimiento de Santa Eulalia. Es en este lugar desafiante en el "desierto sin ley" de Sarrià, apenas cincuenta años antes de la culminación de la ceremonia de rogación encabezada por el obispo Joan Sentís el viernes 7 de abril de 1628, donde un grupo de frailes estableció el primer monasterio de capuchinos en Iberia. Viniendo de una estancia temporal inicial en la ermita de la Santa Madrona en Montjuïc a la capilla dedicada a Santa Eulalia aquí en Sarrià, utilizaron su nueva base para salir y difundir la palabra. Sus ruegos a los fieles incluyeron alentadoras reflexiones sobre la mortalidad como la de la cripta de Santa María de la Concezione dei Cappuccini en Roma, adornada con cráneos humanos: "Como vosotros nosotros éramos; como nosotros vosotros seréis". Y así se cumplió para los monjes capuchinos de Sarrià, que fueron expulsados para siempre en 1835 durante la confiscación de los monasterios supervisada por Juan Álvarez Mendizábal, y el sitio se convirtió en un instituto geriátrico.

Aquí en el *Instituto del Desierto de Sarrià* la ruta ha llegado al final del piedemonte pleistoceno e inmediatamente se alzan las elevadas pendientes de Collserola en la Cordillera Costero Catalana. No muy lejos por debajo está el granito varisco, de trescientos millones de años de antigüedad, pero ahora meteorizado a un suelo rico en fragmentos cristalinos manchados con hierro de feldespato, cuarzo y los restos alterados de minerales más oscuros como mica biotita. En realidad no tiene trescientos millones de años. Las fechas radiométricas publicadas para los plutones catalanes están entre 285 y 295 millones de años, otorgando al granito una edad del Pérmico inferior de casi cuatro millones de vidas Gaudí. Ni siquiera es exactamente "granito", sino más bien una "granodiorita", y el experto purista se refiere correctamente a tales rocas como "granitoides" en lugar de "graníticas". Pero la Viajera no es muy purista, y está muy contenta con el uso de "granito" como término general para describir una roca que se ha solidificado desde el magma profundamente en la Tierra y está hecha principalmente de cristales gruesos de feldespato y cuarzo. Le gustan especialmente los granitos, no sólo porque hacen espléndidas piedras pulidas y un paisaje bonito, pero sobre todo por el asombroso proceso de intrusión plutónica.

En todo el mundo los granitos son generalmente grandes, con intrusiones individuales que se unen para formar masas gigantes llamadas batolitos, y los que hay en Cataluña no son una excepción. El lugar de nacimiento de Santa Eulalia se encuentra al borde de una enorme familia plutónica que puede seguirse más de cien kilómetros hacia el noreste hasta la Costa Brava pasando por Blanes, Tossa de Mar, Palamós y finalmente Aiguablava. La Viajera recuerda admirando los espléndidos afloramientos costeros donde el batolito desaparece en el mar debajo del hotel Parador en Aiguablava. En el interior desde la costa el mismo batolito forma las montañas de Montseny, los picos más altos de la Cordillera Costero Catalana.

Y hay más. Moviéndose hacia el suroeste al otro extremo de Cataluña, ahora a más de doscientos kilómetros de Aiguablava, los granitos vuelven a emerger para aportar su química a los suelos de los viñedos del Priorat alrededor de Falset. Considerándolos juntos, y sin olvidar la inmensa cantidad de roca plutónica presumiblemente escondida bajo la superficie, hay unos cuantos miles de kilómetros cuadrados de granito bajo Cataluña. Esta masa de roca fundida se deslizó una vez hacia arriba a través de la corteza terrestre, normalmente usando fallas profundas como vías de escape y horneando su fría envoltura rocosa a medida que se enfriaba y solidificaba a partir de temperaturas próximas a los mil grados centígrados. Estaba de hecho tan caliente que algunos afloramientos en la Collserola muestran un metamorfismo de contacto de setecientos grados centígrados, causando el crecimiento de nuevos minerales inusuales como gemas de granate. Es un tema fascinante y la Viajera se alegra de que Santa Eulalia tuviera la suerte de nacer en granito, o más bien, en granodiorita.

VI

La ruta se acerca ahora a una tranquila calle adoquinada llamada en honor al artista barcelonés Josep María Vidal-Quadras i Villavecchia. Desde su mudanza a Sitges, la Viajera y su marido han tenido interés en la historia de Vidal i Quadras. El artista procedía de una familia de banqueros cuya riqueza viene de la decisión de su tatarabuelo poco más de un siglo antes de dejar su trabajo como pescador en Sitges y emigrar a las Américas. Inicialmente radicada en Venezuela y luego en Cuba, la familia hizo fortuna en el comercio, invirtiendo más tarde gran parte del dinero en Cataluña. La Viajera pasea habitualmente por la mansión neoclásica de Manuel Vidal i Quadras en la playa de San Sebastián, visitando exposiciones de arte en el cercano edificio "Miramar" (Can Vidal-Quadras), y admirando las colinas de piedra caliza del "Garraf blanco" desde el mirador adyacente en el Baluarte de Vidal i Quadras financiado por la familia para mejorar el paseo marítimo de Sitges.

Aquí en Sitges, treinta y cinco kilómetros en la costa al suroeste de Barcelona, está en contraste en un mundo geológico con una piedra caliza pálida muy diferente de los granitos de la Costa Brava al norte de la capital. El basamento metamórfico y granítico de la Collserola ha desaparecido profundamente bajo tierra debajo de una cubierta de rocas más jóvenes que forman las colinas del Garraf. El Baluarte de Vidal i Quadras es un excelente lugar para contemplar la influencia de la geología en la sorprendente diversidad escénica de la costa catalana. Un pozo perforado bajo la playa de San Sebastián tendría que penetrar primero muchos metros de calizas del Cretácico, Jurásico y Triásico, y luego pasar a través de la secuencia de piedra arenisca triásica tan útil para los ingenieros romanos que construyeron su puente sobre el Llobregat, antes de alcanzar finalmente el basamento metamórfico-granítico subyacente. Pero está todo allí, preservado debajo de la pequeña ciudad costera, un registro de millones de siglos de evolución de la Tierra.

Barcelona también se transformó con la riqueza de los "Indianos" o "Americanos", como se llamaban a los sobrevivientes de aventuras exitosas en las Américas. Un recordatorio de esto es otra mansión modernista de Vidal-Quadras, construida aquí en el desierto de Sarrià por Alejo Vidal-Quadras i Villavecchia, y posteriormente convertida en el colegio infantil Dolors Monserdà-Santapau. Desde la escuela la calle adoquinada sube abruptamente hacia el cruce con un pequeño camino lateral a la derecha, cruzando una importante divisoria para descender al sistema del valle de rieras que drena hacia el centro de la ciudad en lugar de hacia el delta del Llobregat. Este es uno de los valles más prominentes en las laderas de Collserola y proporciona una parte importante de las aguas de inundación durante eventos de gota fría como el que se registró en septiembre de 1389.

A una corta distancia arriba en el valle hay un funicular que ofrece fácil acceso al suburbio de Vallvidrera, pero la Viajera y su compañero están allí para caminar y por eso siempre eligen los empinados escalones que suben a la derecha un poco más adelante en la carretera. Es una subida difícil, pero alivia dejar el tráfico atrás subiendo por la Collserola, y vale la pena ver los afloramientos de basamento metamórfico con cristales nuevos por el calor de la intrusión de la cercana granodiorita. Aunque no es visualmente el afloramiento más impresionante, estas rocas metamórficas son las más antiguas que Barcelona puede ofrecer. Habiendo existido sólo alrededor del diez por ciento de la edad del Planeta Tierra, tal vez deben ser consideradas relativamente jóvenes, pero aun así han estado aquí más de cuatro millones de siglos. Mucho más de lo que la mayoría de las grandes ciudades europeas puede presumir. Compara los jóvenes sedimentos cenozoicos bajo Londres, París y Madrid por ejemplo, todos solo con una fracción de la edad del basamento de Collserola.

Es la combinación de rocas viejas y duras del basamento expuestas por las jóvenes fallas que cortan el paisaje, lo que le da a Barcelona su distintivo telón de fondo escénico. Superpuestos a esta plantilla geológica, eones de lluvia esporádica esculpen las colinas y depositan sedimentos en el terreno abajo, proporcionando una fiesta geomorfológica para los ojos que puede apreciarse mejor desde arriba, especialmente a lo largo del camino conocido como el Passeig de les Aigües. Después de comer en Can Martí la pareja a menudo camina de regreso hacia el sudoeste a lo largo de este ancho camino, a medida que deambula por los suaves contornos de la escarpada Collserola profundamente erosionada. Hoy, sin embargo, la Viajera se dirige en la otra dirección, sabiendo que es hora de volver a la ciudad medieval. El protocolo lo requiere.

VII

Es imposible cansarse de las vistas que ofrece la ruta noreste a lo largo del Passeig de les Aigües. Todo está allí, en formato inverso al panorama que se observa desde el avión cuando se aproxima al aterrizaje en el aeropuerto de Barcelona. Por delante, la ladera lisa y muy urbanizada del piedemonte pleistoceno del *Pla* se conecta con la verde pendiente de buzamiento de la larga loma de Montjuïc que emerge entre el delta del Llobregat y el centro de la ciudad. Más al noreste a la izquierda, las colinas de les Turons se elevan como olas rompiendo el tejido densamente construido del entorno, cada una sobre una sucesión de fallas que trocean en piezas desiguales complejas secuencias de rocas paleozoicas.

Al noreste los batolitos de granito de la Costa Brava definen el acantilado, mientras que hacia el mar todo desaparece en la fosa de Valencia de dos kilómetros de profundidad que separa Cataluña de las Islas Baleares. La impresión para el geólogo es de inestabilidad y transitoriedad. Toda la ciudad parece encaramada como una pila inclinada de fichas de dominó, esperando allí lista para descolgarse y deslizarse por el mar Balear a lo largo de grandes fallas que se curvan a través de la corteza terrestre hasta profundidades superiores a diez kilómetros.

La Viajera ya está en el sector norte del Passeig de las Aigües, donde la falla de Barcelona une las colinas de Collserola y les Turons en la vertiente conocida como Col de Penitents. Desde aquí hay sólo cinco kilómetros hacia abajo hasta el núcleo romano de Barcino, incluido en la ciudad medieval. Se toma un tiempo para desviarse de las canteras de piedra caliza del Parc de la Creueta del Coll y visitar la iglesia románica de La Mare de Déu del Coll. La iglesia, construida en el siglo XI durante el largo mandato de los Ramón Berenguers, se eleva en otra vertiente clave que separa las laderas de la ciudad. Aquí, justo al otro lado de la iglesia, es el único lugar en Barcelona donde se pueden ver sedimentos rojos triásicos lo que, por lo menos para la Viajera, lo hace un lugar especial. Es la misma secuencia de rocas utilizada por los romanos al otro lado del valle del Llobregat para construir el Puente del Diablo en Martorell, pero aquí en la ciudad se conserva solo un pedacito de la sucesión triásica. Estos sedimentos cuentan sobre las inundaciones repentinas de los ríos efímeros que drenaron el paisaje desierto que existía aquí después de que la orogenia Varisca hubiera producido sus colisiones de placas e intrusiones de granito, un tiempo doscientos cincuenta millones de años antes de que los seres humanos existieran.

Desde aquí hay una distancia corta desde el afloramiento triásico hasta el Park Güell donde disfrutar de las últimas vistas espectaculares de la ciudad, esta vez desde el Mirador del Virolai, antes de descender por la tierra de ensueño de Gaudí, cruzar la falla del *Pla* de Barcelona, y abandonar las rocas más antiguas por las laderas suaves y muy urbanizadas del *Pla*. Hacia adelante y hacia abajo a lo largo de la calle Verdi por el barrio de Gràcia, una de sus partes favoritas de la ciudad, y otra oleada de nostalgia al pasar cerca del bar Time Line donde los relojes todavía están haciendo tictac. Zigzagueando de una plaza de Gràcia a otra llega de nuevo a la Diagonal, con el Passeig de Gràcia directamente en frente.

VIII

El gran bulevar del Passeig de Gràcia desciende por la menor pendiente del piedemonte pleistoceno, ofreciendo un desfile de mansiones modernistas del siglo XX. La Viajera ya está retrocediendo en el tiempo para su cita en la ciudad del siglo XV. Descendiendo por el Passeig ve la finalización de la Casa Milà de Gaudí en 1910 y luego Casa Batlló cuatro años antes, terminada al mismo tiempo que la cercana Casa Lleó Morera diseñada por Lluís Domènech i Montaner. En el paso de este siglo al anterior, Josep Puig i Cadafalch, otro de los grandes arquitectos modernistas, completa la versión neogótica de Casa Amatller durante un período glorioso en la historia cívica de Barcelona, apenas siete décadas después de los oscuros días cuando Charles Lyell cruzaba de vuelta la frontera con Francia.

Esas siete décadas: sólo un latido de la historia de la Tierra pero tan llenas de acontecimientos humanos. La Viajera retrocede a través de sus propios recuerdos pensando sobre cómo la existencia del tiempo profundo fue deducida por la investigación de los seres humanos mucho antes del descubrimiento en 1895 de la radiactividad por Henri Bequerel. Pasa momentos clave como la publicación de Darwin *On the Origin of Species* (1859) que coloca el pensamiento humano en un mundo nuevo, justo el mismo año de la demolición de las murallas medievales que rodean Barcelona, liberando a la ciudad de su pasado confinamiento y permitiendo su moderna ampliación. Para entonces la comunidad científica geológica está aceptando finalmente la evidencia de que los antiguos seres humanos han vivido al mismo tiempo que mamíferos extinguidos como los mamuts. Charles Lyell destaca el "gran lapso de edades" que debe existir entre los primeros humanos de la Edad de Piedra y la reciente historia alfabetizada, un concepto asombroso para muchos, pero impulsado por una lógica que es difícil de refutar. En 1858 George Julius Poulett Scrope publica su trabajo crucial sobre los volcanes de Auvernia y exclama a sus lectores la revelación del tiempo profundo: "La idea principal que está presente en todas nuestras investigaciones, y que acompaña cada nueva observación, cuyo sonido en el oído del estudiante de la naturaleza parece tener eco en todas y cada una de las partes de sus obras, es ….. ¡Tiempo!- ¡Tiempo!- ¡Tiempo!"

A mediados del siglo XIX los viejos argumentos sobre la evidencia geológica de una gran inundación se ven reemplazados por el reconocimiento de que la Tierra ha experimentado edades glaciales que han dejado depósitos sedimentarios previamente interpretados como "diluviales", y la mayoría de los geólogos dejan de preocuparse por la necesidad de interpretar la Biblia literalmente. El registro fósil está ya suficientemente bien entendido para convencer a muchos del desarrollo progresivo de la vida en la Tierra, aunque Lyell se resiste obstinadamente a la noción en favor de una estable falta de direccionalidad (una resistencia que lo inhibirá de lo que él llama "Going the whole Orang (-Utan)", es decir, ligar a los humanos con sus ancestros simios como en el trabajo de su colega Darwin). Como Charles Darwin establece en su histórico viaje en el Beagle en diciembre de 1831, las discusiones se enfrentan sobre si se debe interpretar el registro geológico como una serie de catástrofes (catastrofismo, como propone Georges Cuvier y Alexandre Brongniart en sus estudios sobre la cuenca de París) o como un registro inconmensurablemente largo de los mismos procesos que ocurren hoy en día (uniformismo, defendido por Hutton, Playfair y especialmente por Lyell en su *Principles of Geology* de tres volúmenes publicado en 1830-33).

IX

Siete años antes de su visita a Cataluña, Lyell ya es un geólogo respetado y secretario de la Sociedad Geológica de Londres, la primera organización en el mundo de ese tipo y ya en su decimosexto año. Durante un viaje de campo para estudiar los sedimentos de la cuenca de París, queda convencido de que la interpretación catastrófica de la extinción masiva utilizada para explicar las diferentes capas rocosas debe ser reemplazada por un enfoque menos fantasioso, que requiera sólo el funcionamiento de procesos observables como la erosión y la variación del nivel del mar. Él no es el único en discrepar con Cuvier y Brongniart, por ejemplo casi una década antes Giovanni-Battista Brocchi informa de que alrededor de la mitad de los fósiles en el registro rocoso cenozoico de los Apeninos italianos siguen vivos como especies, de modo que el cambio lento a través del tiempo es una explicación mejor que la extinción masiva.

Mientras tanto, Nicolas Desmarest con ya casi noventa años ha pasado gran parte de su vida profesional reconstruyendo el profundo pasado geológico de las volcanes de Auvernia y discutiendo vigorosamente contra cualquier interpretación catastrofista. Mirando hacia atrás sobre el lento proceso de entendimiento humano del tiempo profundo, a pesar de vanos intentos individuales reclamando la gloria para sí mismos, parece más un esfuerzo de grupo, con las ideas de cada nuevo científico fusionándose con las de los demás a medida que el proceso avanza.

Los geólogos del siglo XVIII no cuentan con las ventajas de los datos que luego estarán disponibles, pero ellos también tienen sus héroes del tiempo. Incluso antes de que a James Hutton le rondara por la cabeza la idea de la profundidad inconmensurable de la escala de tiempo, George-Louis Leclerc, conde de Buffon publica sus grandes e inventivas teorías sobre la historia de la Tierra. Convencido de que la Tierra se ha enfriado lentamente, en 1778 lleva a cabo experimentos prácticos calentando bolas de hierro y calcula que la Tierra debe tener más de 75.000 años. Aunque esto no es antiguo para las mediciones más modernas, supone una mejora considerable respecto a la determinación en 1650 del cronólogo Arzobispo de Ussher de 4004 a. C.

La Viajera pasa por el momento de la revelación cronológica de Ussher, ya dentro de la ciudad antigua pasando una vez más por la rebelión del siglo XVII, la peste, la sequía y el hambre. Cruzando la antigua localización de la Barcino romana, observa brevemente la procesión de abril de 1628 dirigida por el Obispo Joan Sentís i Sunyer para orar por la intercesión de San Severo. Finalmente, retrocede otros dos siglos para llegar al amanecer del día de Candelaria en 1428 en la calle Argenteria, con las altas torres octogonales de Santa María del Mar elevándose en la temprana luz de la mañana. Se alegra de saber que la mujer del abrigo azul dejó a su hija segura en la cama esa mañana. Entra en el dormitorio de la chiquilla, que está durmiendo pacíficamente justo antes del susto que matará a su madre, y se reincorpora a la vía genética de sus antepasados.

X

La Viajera se divierte pensando cómo en generaciones anteriores sus antepasados maternos directos eran tan catalanes como Montserrat. Aún más desconcertante es el hecho de que en sólo otras setenta madres, regresando en el tiempo a sus ancestrales antepasados femeninos, todas son ¡ciudadanas romanas de pleno derecho! Y aún hay más, sus genes trazan una línea hacia el este a través del Mediterráneo y las tierras mesopotámicas en sucesivas civilizaciones que caen y se levantan a medida que acelera su vida a lo largo de su particular camino a través del tiempo humano y el número de generaciones llegan a miles. En menos de diez mil generaciones de su especie, y ya en el Pleistoceno medio en el espacio-tiempo de África oriental, se mueve a través de la "Madre Afortunada" de piel oscura de todos los linajes mitocondriales de los humanos en el siglo XXI. Sin embargo, todavía hay miles de generaciones más de antepasados del Pleistoceno claramente reconocibles como personas similares a ella, antes de que los misterios de la especiación se hagan evidentes. Pasa de una serie de antepasados a otras especies de *Homo* bípedo y, ahora en el Plioceno, simios australopitecinos. Otros momentos clave ocurren en el Mioceno superior cuando su corriente de genes se une a aquellos ancestrales a los chimpancés y luego gorilas.

Ahora en el tiempo pre-humano, pre-chimpancé, pre-gorila, pero todavía en el Mioceno, pasa por el vínculo genético ramificado con los simios driopitécidos del valle del Penedès, luego la rama procedente de los orangutanes y después de los gibones. Ya en el Mioceno inferior sus antepasados todavía tienen características similares a los simios (por ejemplo, carecer de cola) pero definitivamente se parecen más y más a los monos.

Recuerda un párrafo favorito de *Descent of Man* de Charles Darwin publicado en 1871: "La conclusión principal a la que se llegó en este trabajo, es que el hombre desciende de alguna forma poco organizada, aunque sea, lamento pensar, muy desagradable para muchos. Pero difícilmente puede haber alguna duda de que somos descendientes de bárbaros. Nunca olvidaré el asombro que sentí al ver por primera vez un grupo de fueguinos en una costa salvaje y recortada, por la reflexión de inmediato que se precipitó en mi mente, así eran nuestros antepasados. Estos hombres estaban absolutamente desnudos y embadurnados con pintura, su cabello largo enredado, sus bocas echando espuma con la emoción, y su expresión era salvaje, sobresaltada y desconfiada. No poseían prácticamente ningún arte, y como los animales salvajes vivían de lo que podían atrapar; no tenían gobierno, y eran despiadados con todos los que no eran de su pequeña tribu. El que ha visto un salvaje en su tierra natal no sentirá mucha vergüenza si se ve obligado a reconocer que la sangre de alguna criatura más humilde fluye por sus venas. Por mi parte yo sería el mismo si descendiera de ese heroico pequeño mono que se enfrentó a su temido enemigo con el fin de salvar la vida de su guardián, o de ese viejo babuino, que descendió de las montañas, salvando triunfalmente a sus jóvenes camaradas de una multitud de perros asombrados - o de un salvaje que se deleita torturando a sus enemigos, ofreciendo sangrientos sacrificios, practicando infanticidio sin remordimiento, tratando a sus esposas como esclavas, sin conocer la decencia, y perseguido por la supersticiones más grotescas".

De regreso a través del Oligoceno, Eoceno y Paleoceno de los primeros primates, rozando la extinción en masa a finales del Cretácico para entrar en el peligroso mundo de los dinosaurios cuando nuestros mamíferos antepasados eran discretamente pequeños y en su mayoría nocturnos. La línea de primates continúa a través de millones de generaciones de mamíferos primitivos en el Cretácico, Jurásico, Triásico y Pérmico para entrar en el Carbonífero y pasar la rama de la vida que lleva a las serpientes, lagartos y dinosaurios.

La Viajera ha atravesado más de tres millones de siglos, pero esto todavía es un mero siete por ciento de la historia de la Tierra. Ahora sus antepasados directos son animales parecidos a los lagartos adaptados para reproducirse en tierra firme y, a su vez, anfibios y peces que habitan el mundo del Devónico. Pasa a través de más de cien millones de años de peces en el Silúrico, Ordovícico y Cámbrico y alcanza la edad de las rocas más antiguas expuestas en las colinas de Collserola. Pero Barcelona está lejos, muy lejos ahora a medida que su línea de descenso continúa a través de los animales multicelulares más simples, cosas peculiares que parecen gusanos, medusas y esponjas, y la aparente eternidad del tiempo del Precámbrico. Hay eones de esteras microbianas pegajosas con cianobacterias fotosintéticas, formas de vida exitosas que llevan en la Tierra muchos millones de siglos. Generaciones sin fin de organismos monocelulares, todos remontándose a una fuente común y de repente, en un instante, llega al pequeño y cálido charco de Darwin, sólo para ser devuelta de inmediato en un viaje de retorno de casi cuatro mil millones de años. Junto con un sinnúmero de otras corrientes de genes, cada una representando un organismo nacido en un momento y en un lugar en la Tierra, viaja a través de los acontecimientos de su linaje en el espacio-tiempo hacia su futura vida.

XI

Es 24 de febrero de 1969 y Paquita está ocupada todo el día con tareas domésticas. A pesar de su avanzado estado tiene cinco hijos pequeños que alimentar y mantener limpios, así que no hay excusas, y de todos modos no quiere preocuparse pensando en la inminente llegada del sexto. Por la tarde está cada vez más convencida de que hoy será el día, así que se organiza para que tía Uncha venga al piso para cuidar las cosas durante el nacimiento. Uncha es buena con los niños, aunque es cierto que sus bromas son a veces un poco demasiado verdes. Hace mucho de sus años como monja en Lleida en su juventud, y estos días prefiere idolatrar a Rock Hudson y ser un poco rebelde, aunque el general Franco esté todavía vivo - o tal vez porque lo está.

Paquita trata de relajarse viendo Los invencibles de Némesis en la televisión, doblada del inglés de la BBC al español mejicano. Hoy es el capítulo 23: "Complot Siniestro", y parece bastante interesante. Los agentes de Némesis Craig Stirling y Richard Barrett están investigando la desaparición de su colega Sharron Macready mientras estaba de vacaciones en Cornualles. Además, hay rumores de brujería, y .... pero no funciona. Paquita se está poniendo nerviosa esperando a tía Uncha y no puede concentrarse. En el vientre el bebé escucha, relajándose en su pequeño charco caliente, ignorante de que en menos de tres décadas ella misma estará en Cornualles conociendo a su futuro marido tomando unas cervezas.

Uncha llega por fin y Paquita se prepara para salir del piso con su esposo Tinín. Se dirige a los niños: "Me voy para traer al nuevo bebé; ser buenos mientras estoy fuera". Alicia escucha a su madre pero está ocupada practicando sus habilidades caligráficas escribiendo cuidadosamente la palabra ZARAGOZA en su cuaderno. Justo cuando los padres están a punto de entrar en el ascensor, el pequeño Jesús de cinco años se dirige a su madre con una última petición: "si es posible, ¿puedes traer a una niña? pero no te preocupes si es un chico, tráelo de todos modos".

Los padres llaman a un taxi para llevarles al hospital. El taxista, un argentino robusto, observa la situación y pregunta si necesita tal vez conducir rápido. "No" dice Paquita "ni rápido, ni tampoco lento", e intenta relajarse cuando el conductor enciende la radio con el sonido de su compatriota Luis Aguilé cantando "Cuando salí de Cuba". La letra triste pero tranquila, un eterno favorito de la familia Vidal i Quadras en Sitges, llena el interior del taxi y por un momento el universo entero parece detenerse antes de la nueva llegada.

XII

El nacimiento ocurre justo antes de la medianoche y es el más fácil que Paquita ha tenido hasta ahora. "Tienes una preciosa niña" dice la enfermera, y es verdad. La Viajera pesa casi cuatro kilos, con miembros bien formados y ojos almendrados protegidos por largas y oscuras pestañas. La madre cuenta los dedos de manos y pies, como es su costumbre: todos presentes y correctos. Los genes de otra forma de vida en la Tierra han hecho una vez más todo el camino, moviéndose a través del tiempo y el espacio como las piedras en los valles andinos observados por Charles Darwin el 19 de marzo de 1835: "Los ríos que fluyen en estos valles deberían más bien llamarse torrentes de montaña ....Entre el barullo de las aguas, el ruido de las piedras a medida que chocan unas contra otras era más claramente audible incluso en la distancia ... El sonido hablaba elocuentemente al geólogo; miles y miles de piedras, las cuales, golpeando una contra la otra, hicieron que el único y sombrío sonido uniforme, fueran todas corriendo en una dirección. Era como pensar sobre el tiempo, donde el minuto que ahora se desliza es irrecuperable. Así fue con estas piedras; el océano es su eternidad, y cada nota de aquella música salvaje hablaba de un paso más hacia su destino".

Madre e hija permanecen en el hospital dos noches más y, después del bautismo en la capilla del hospital, regresan a casa el jueves 27 de febrero. Esa noche, diez segundos después de las 03:42, con la recién nacida en los brazos seguros de su abuela Alicia, Paquita se despierta por un movimiento repentino. "¡Mamá, deja de acunar al bebé tanto!", dice. "¡Estás haciendo que todo se mueva!". Pero no es la abuela. A pesar de sus mejores esfuerzos para quedarse quieta y no molestar al bebé, ambas se dan cuenta de repente de que todo el edificio se está balanceando.

El terremoto comienza con una súbita y masiva fractura de las rocas bajo el profundo fondo del océano Atlántico doscientos kilómetros al suroeste de la costa portuguesa. Esta es una zona de peligro sísmico que marca el límite entre las placas tectónicas africana y eurasiática que discurre al oeste de Gibraltar hasta las Azores. Aquí se encuentra un mundo sumergido tectónicamente activo de inmensas montañas submarinas. En particular la gran cordillera submarina conocida como el banco del Gorringe coronado por el monte submarino de Gettysburg se eleva casi hasta el nivel del mar entre dos llanuras abisales de cerca de cinco kilómetros de profundidad, una diferencia de elevación mucho mayor que cualquier montaña en España. Es bajo la más al sur de las dos llanuras submarinas, la cuenca abisal Horseshoe, donde ocurre el terremoto del 28 de febrero de 1969.

A diferencia de la falla extensional que produce la crisis sísmica catalana en 1427-8, aquí en el Atlántico la rotura tiene lugar bajo compresión dentro de una zona de falla de cabalgamiento, cuando África da otro codazo orogénico hacia adelante y empuja beligerantemente a su vecina placa. La fractura comienza en un foco alrededor de veintidós kilómetros bajo el fondo marino y se propaga a lo largo de una zona que corta la litosfera con un ángulo de inclinación de 50° noroeste. La paz silenciosa en la oscura profundidad de la cuenca abisal Horseshoe termina bruscamente cuando la falla se rompe en la superficie, desplazando instantáneamente el colosal peso de las aguas oceánicas encima para generar un tsunami que corre hacia los litorales cercanos a varios cientos de kilómetros por hora. Este es el evento sísmico más grande en la zona desde el terrible terremoto de Lisboa de 1755, y una vez más se siente en toda Iberia.

Pero esta vez los resultados no son catastróficos. El terremoto es fuerte, pero no lo suficiente para amenazar con la destrucción total. El tsunami se disipa rápidamente, alcanzando alturas de sólo poco más de un metro en Casablanca, volviéndose inofensivo a medida que las olas miden apenas treinta centímetros en el sur de la costa española en Cádiz. Aunque hay daños considerables en los edificios de algunas áreas, hay pocas muertes en España, algunas de ellas debidas a ataques cardíacos inducidos por el susto de un despertar repentino. Durante casi un minuto completo la Viajera nota las ondas sísmicas ondulando a través de las rocas debajo de su ciudad. Lejos de perturbarse, se duerme en un sueño aún más profundo, consolada por la tierra profunda y segura en su pasado geológico, presente y la vida futura en el planeta.

Notas

12. I. Hutton era un "eternalista", teorizando sobre el planeta Tierra siempre al servicio del sustento de la vida humana, repitiendo para siempre el ciclo geológico con "ninguna perspectiva de un final". En su libro *Earth's Deep History* Martin J. S. Rudwick ve a Hutton como uno de los varios pensadores del siglo XVIII que propusieron grandiosas teorías de "Visión Global" para explicar el funcionamiento geológico de la Tierra. Un efecto de estas teorías "eternalistas" fue ayudar a preparar el camino para una aceptación más amplia de la idea del "tiempo profundo". Así, para finales del siglo XVIII muchos investigadores científicos no estaban incómodos con una escala de tiempo geológica mucho más larga que los algunos miles de años propuestos por los primeros cronólogos que habían intentado deducir la edad de la Tierra. Tal aceptación no fue considerada necesariamente incompatible con la

enseñanza cristiana, ya que el significado de un "día" en la narración del Génesis no necesita ser interpretado estrictamente como veinticuatro horas, sino más bien un período de tiempo, una época, de longitud no especificada. La idea de que cantidades tan largas de tiempo hayan existido durante la historia de la Tierra, incluyendo tiempo sin humanos, no fue sin embargo ampliamente compartida por los miembros del público en general. Como Henry Thomas de la Beche, primer director del servicio geológico de Gran Bretaña, escribió en sus *Researches in Theoretical Geology* (1834): "Al medir el tiempo como hace el hombre contando cada minuto de acuerdo a sus deseos y conveniencias, algunas miles de revoluciones de la Tierra en su órbita le parecen que comprenden un período tan considerable, que le resulta difícil concebir el gran lapso de tiempo que la geología nos enseña ha sido necesario para producir la condición actual de la superficie de la Tierra". De la Beche continúa su discusión con lo que es obvio como geólogo: "Todas las evidencias geológicas tienden a probar que el hombre es una criatura relativamente reciente en la superficie de la Tierra, ya que ni sus restos ni sus obras han sido encontrados excepto en los depósitos más recientes". Incluso hoy la realidad convincente de esta evidencia no es algo con lo que muchas personas se sientan cómodas.

12. II. Un relato sobre cómo Charles Lyell desarrolló el concepto de roca metamórfica es proporcionado en el artículo del 2001 escrito por Geir Hestmark titulado *The meaning of "metamorphic" – Charles and Mary Lyell in Norway, 1837* publicado en *Norwegian Journal of Geology*. Una percepción sobre la relación entre Charles y Mary Lyell aparece en el artículo de 2013 escrito por Dana Hunter titulado *Mary Horner Lyell: "A monument of patience"* publicado en internet por *Scientific American*. Hunter sugiere que Lyell estaba pensando en su propia esposa cuando comentó sobre cómo si la matemática Mary Somerville se hubiera casado con un compañero matemático "nunca habríamos oído hablar de su trabajo. Lo habría fusionado con el de su marido, y habría pasado como de él". Mary Horner estuvo muy involucrada en la geología toda su vida: su padre era catedrático de geología y miembro de la Sociedad Geológica de Londres. Viajó extensamente con Lyell, dibujando sus bosquejos de campo, y ayudando en la identificación de fósiles (era una experta en conchas de moluscos: "Estoy muy agradecido por los balanos" escribió Charles Darwin después de que le enviara algunos). Cuando no podía estar con él, Charles la enviaba revistas detalladas y notas sobre sus hallazgos: trabajaron como una asociación científica. Hablaba francés y alemán con fluidez, ayudando a su marido a traducir

cartas y manuscritos, especialmente a medida que su vista se deterioraba. Nacida en 1808, once años después de Chales, murió dos años antes de él, inesperadamente después de una breve enfermedad a la edad de sesenta y cinco. Charles escribió después: "Me esfuerzo con el trabajo diario en mi ciencia favorita, para olvidar lo más posible el terrible cambio que esto ha hecho a mi existencia".

12. III. Las contribuciones de Arthur Holmes a la ciencia geológica y nuestra comprensión del mundo están detalladas en varias publicaciones de Cherry L. E. Lewis: *The Dating Game: One Man's Search for the Age of the Earth* publicado por *Cambridge University Press* 2000 (*Canto Classics Edition* 2012); *Arthur Holmes' vision of a geological timescale* (2001); *Arthur Holmes' unifying theory: from radioactivity to continental drift* (2002); *Holmes' first date* (*Geoscientist* 2011), las tres últimas publicadas por la Sociedad Geológica de Londres. En su publicación juvenil de 1913 *The Age of the Earth* Holmes escribió: "Tal vez sea un poco delicado preguntar a nuestra Madre Tierra sobre su edad, pero la ciencia no sabe de vergüenza y de vez en cuando ha intentado con valentía arrebatarle un secreto que está proverbialmente bien guardado".

12. IV-VII. La ruta poco convencional a pie por Barcelona descrita aquí comienza en la Av. de Sant Ramon Nonat cerca de la estación de metro de Collblanc, y se dirige hacia el noroeste para conectar con la línea del tranvía en Av. de Xile. Pasando las vistas del cercano campo de fútbol del Camp Nou (a la derecha) el tranvía discurre hacia el noreste de la Diagonal y el parque de Palau Reial. Saliendo por la entrada oriental del parque y pasando la puerta del Dragón de Gaudí, la ruta sube por la Av. de Pedralbes al Monasterio de Pedralbes, se dirige al noreste hasta C/ de Ramón Miquel i Planas, luego al norte siguendo el valle de la riera de les Monges a través de un parque por el Passeig de Santa Eulàlia, C/ de Vidal i Quadras y la estación Peu de Funicular. Subiendo a medio camino de la colina de Collserola hasta el Passeig de les Aigües, la ruta desde aquí aparece descrita en *The Geology of Barcelona: an urban excursion guide (Geologists' Association Guide No. 70)* y *Park Güell and Gràcia: A Different Approach* en www.barcelonatimetraveller.com. Sigue por el Passeig de les Aigües, desciende al Col de Penitents, conecta con la entrada norte del Park Güell, desciende por Gràcia hasta el Passeig de Gràcia y Plaça de Catalunya, entra en la ciudad medieval por el antiguo Portal de l'Àngel, y pasa la catedral hasta Santa María del Mar. Toda la ruta se puede hacer en un duro y largo día, o puede más fácilmente ser dividida en secciones utilizando las estaciones de tren/metro de Peu de Funicular, Penitents, El Coll/La Teixonera y Vallcarca.

12. VIII-IX. Varias referencias sobre la historia de la geología ya han sido mencionadas en las notas de los otros cuentos. Otra disponible en la Web desde el 2000 por Ian Johnston, se titula *And Still We Evolve: A Handbook on the History of Modern Science.*

12. X. Ver la cita sobre el baile con la música del ADN en el libro de Richard Dawkins titulado *Out of Eden* (Phoenix 1995). Charles Darwin escribió: "El misterio del principio de todas las cosas es insoluble para nosotros; y yo por una vez debo estar contento de permanecer agnóstico". Parte de este misterio es el hecho de que cada uno de nosotros, todos los seres vivos en la Tierra, viene de la misma fuente. Rastrea hacia atrás a través de tus antepasados, sigue y finalmente llegarás al origen de la vida en la Tierra. No puede haber interrupción; de lo contrario no estarías aquí. Debe haber sido todo un gran viaje.

12. XI. La ahora casi olvidada serie de televisión británica *The Champions* fue televisada en 1968-69. Doblada en español-mejicano, fue mostrada en España con el título *Los invencibles de Némesis*. Los títulos de películas extranjeras en España rara vez tienen mucho que ver con el título original: por ejemplo el episodio visto por Paquita el día en que nació la Viajera fue traducido de *The Night People* a *Complot Siniestro.*

12. XII. Como Ramón Capote ha escrito: "En comparación con otras regiones mediterráneas, como Grecia o Italia, España sólo muestra una actividad sísmica relativamente moderada, y en consecuencia hay poca conciencia sobre el potencial riesgo sísmico que existe en el país" (*The Geology of Spain*: Sociedad Geológica de Londres, 2002). José Manuel Martínez Solares ha subrayado que la mayor parte de este riesgo sísmico se encuentra en el sur: "España no es una zona propensa a grandes terremotos (magnitud superior a 7.0), con la excepción de la actividad sísmica en la zona de fallas Azores-Gibraltar que constituye la parte occidental de la unión entre las placas eurasiática y africana" (*Pre-instrumental seismicity. The great historical earthquakes in Spain,* publicado en la revista Enseñanza de las Ciencias de la Tierra, 2011). En este trabajo Martínez Solares enumera los veinticinco terremotos más grandes que han afectado a España en los últimos mil años. La mayoría de ellos ha ocurrido en el sur, con la notable excepción de la crisis sísmica en Cataluña (Primer Cuento). El evento en el Cabo San Vincent el 28 de febrero de 1969 experimentado por la Viajera fue uno de los más grandes y, según Martínez Solares, produjo diecinueve muertes, de las cuales cuatro fueron causadas por el pánico.

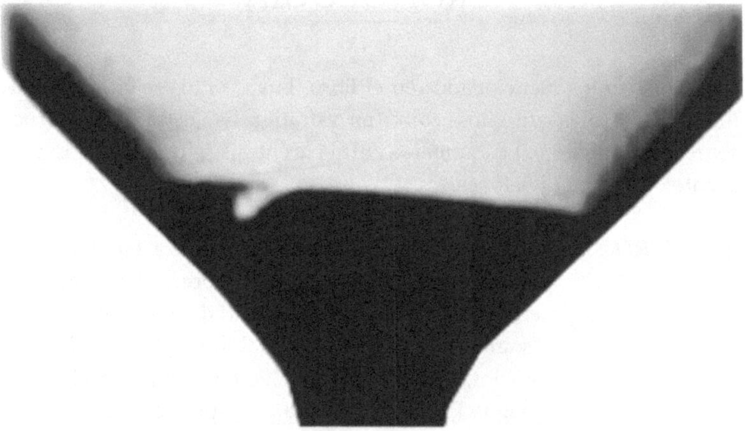

CRONOLOGÍA

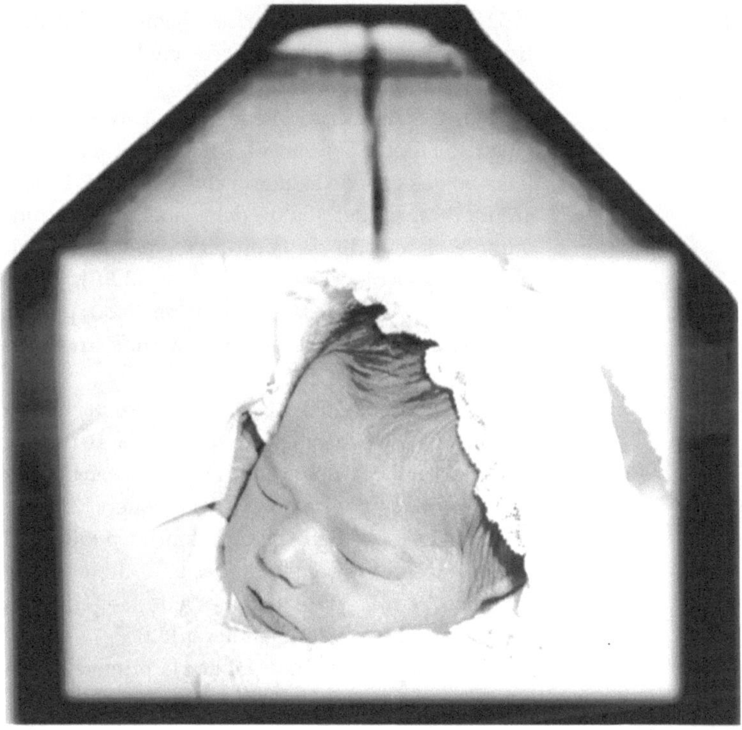

CRONOLOGÍA

Lista de eventos mencionados en el libro. Los eventos se citan de más modernos a más antiguos, como en estratigrafía (estratos modernos sobre más antiguos). Los números entre paréntesis se refieren a los doce cuentos y sus subdivisiones.

AÑO CERO	1969 d. C. Nacimiento de la Viajera en el planeta Tierra a las 23:45 del 24 de febrero. La foto de la cronología la muestra a la edad de dos días y medio: "somos del mismo material del que se tejen los sueños, y el sueño envuelve nuestra breve vida" (el mago Próspero en La Tempestad de William Shakespeare, acto 4, escena 1).
16	1953 d. C. Clair Cameron Patterson aplica la técnica de datación radiométrica plomo-plomo al meteorito Cañón del Diablo y calcula la edad de la Tierra en 4.55 billones de años (10.XI).
17	1952 d. C. Las monjas clarisas, habiendo vuelto a Barcelona después de la guerra civil española, se trasladan a Montserrat (2.XII).
33	1936 d. C. Las clarisas venden su convento en el Palau Reial al Gobierno de Cataluña y emigran a Italia en vísperas de la guerra civil española. La joya arquitectónica del Saló del Tinell, construido durante el reinado de Pedro el Ceremonioso, está una vez más a disposición del público (2.XII).
43	1926 d. C. Antoni Gaudí es atropellado por un tranvía el lunes 7 de junio muriendo tres días después (1.IX).
51	1918 d. C. Eusebi Güell dona parte de su pabellón a la familia real española, aunque no la parte que incluye la famosa Puerta del Dragón diseñada por Gaudí y forjada por Ramón Vallet i Piquer (12.IV).
55	1914 d. C. A. W. Bacot y C. J. Martin publican el mecanismo por el cual la bacteria de la peste bubónica *Yersinia pestis* produce que las pulgas la transmitan a huéspedes mamíferos (8.I).
56	1913 d. C. Arthur Holmes publica la primera escala geológica que incluye fechas radiométricas y calcula

que la Tierra tiene más de dieciséis millones de siglos de antigüedad (10.XI; 12.III).

59 1910 d. C. Los niveles atmosféricos de CO_2 superan las 300 partes por millón (3.XI). Finalización de la Casa Milà de Gaudí (La Pedrera) (12.VIII).

62 1907 d. C. Bertram Boltwood publica el primer intento de datación radiométrica, impulsado por el trabajo sobre radioactividad de Ernest Rutherford, y calcula que la Tierra tiene millones de siglos de antigüedad (10.XI).

63 1906 d. C. Finalización en el Passeig de Gràcia de la Casa Batlló de Gaudí y la cercana Casa Lleó Morera diseñada por otro de los grandes arquitectos modernistas Lluís Domènech i Montaner (12.VIII).

69 1900 d. C. Gaudí comienza a trabajar en el Park Güell (1.VI). Quedan 150 osos pardos en los Pirineos (2.I). El siglo XIX termina aún sin escala cuantitativa fiable que ayude a los geólogos a comprender la historia profunda de la Tierra (10.X). Josep Puig i Cadafalch completa la renovación neogótica de Casa Amatller en el Passeig de Gràcia (12.VIII).

74 1895 d. C. Henri Bequerel descubre accidentalmente que los minerales de uranio emiten lo que Marie Curie denomina después radioactividad (10.XI). H. G. Wells publica *The Time Machine*: "No hay diferencia entre el tiempo y cualquiera de las tres dimensiones del espacio excepto que nuestra conciencia se mueve a lo largo de él" (12.I).

75 1894 d. C. Yersin comienza a investigar la epidemia de peste neumónica manchuriana en Hong Kong y el 20 de junio anuncia el descubrimiento del bacilo responsable de la enfermedad posteriormente llamado *Yersinia pestis* (8.I).

79 1890 d. C. El bacteriólogo franco-suizo Alexandre Yersin se traslada al Instituto Pasteur de París en Saigón (8.I).

87 1882 d. C. Charles Darwin, gran admirador de Charles Lyell, muere el 19 de abril (10.X).

93 1876 d. C. George Julius Poulett Scrope, amigo de Charles Lyell, muere el 19 de enero (10.X).

94 1875 d. C. Charles Lyell muere el 22 de febrero

(10.X). Otto Torell presenta convincentemente la idea de que las capas de hielo han cubierto alguna vez gran parte del norte de Europa.

95 1874 d. C. John Philips muere el 24 de abril (10.X).

98 1871 d. C. El papa da su bendición a la propuesta de hacer a la Virgen de la Mercè Santa Patrona de la Diócesis de Barcelona, y que en su fiesta (24 septiembre) se celebren vacaciones en la ciudad (4.XI). Charles Darwin publica *Descent of Man* (12.X).

101 1868 d. C. La demolición de la odiada Torre de Sant Joan en lo que hoy es el Parque de la Ciutadella en Barcelona comienza el 26 de noviembre (1.V).

106 1863 d. C. George (Jorge) Santayana nace en Madrid (11.XII). Lyell publica su *Antiquity of Man,* tratando de sintetizar lo que había aprendido sobre la historia de los humanos en el "gran lapso de edades" desde que vivían con mamuts en las edades glaciales del Pleistoceno (12.VIII).

110 1859 d. C. Demolición de la mayoría de las murallas medievales alrededor del centro de la ciudad de Barcelona (3.V). Charles Darwin publica su *Origen of Species,* pero se decepciona al ver que su amigo Charles Lyell sigue teniendo dificultades recorriendo todo el camino, o como él dice "todo el orang", para aceptar un vínculo entre los seres humanos y otros antepasados animales (12.VIII).

111 1858 d. C. La mayoría de la comunidad científica acepta ahora la creciente evidencia de que los antiguos seres humanos vivieron con mamíferos extintos tales como mamuts. George Julius Poulett Scrope publica *The Geology and Extinct Volcanoes of Central France,* insistiendo en que los geólogos deben pensar más en las implicaciones del descubrimiento humano del tiempo profundo (12.VIII).

117 1852 d. C. Nacimiento de Antoni Gaudí i Cornet en Reus o Riodoms el 25 de junio (1.VI). Para mediados del siglo XIX la obra de Charles Lyell, junto con la de otros tales como Achille Ernest Oscar Joseph Delesse y Gabriel Auguste Daubrée, está aclarando los orígenes de las rocas "metamórficas" de contacto y regional (12.III).

129 1840 d. C. Los viejos argumentos sobre la evidencia geológica de un diluvio universal son reemplazados por el reconocimiento de que sucesivas edades glaciales han dejado depósitos sedimentarios antes interpretados como "diluviales" (12.VIII).

132 1837 d. C. John Phillips, que sucede a Lyell como catedrático de geología en King's College, lamenta la falta de un escala realista de tiempo profundo: "si no hay escala geológica de tiempo, el problema de la historia de la sucesivas condiciones del globo se convierte en casi desesperado" (12.VIII). Charles y Mary Lyell visitan la región de Oslo (12.II).

133 1836 d. C. Muchos geólogos influyentes de la época, como William Buckland, están cada vez más convencidos de que el registro fósil conserva eventos de la progresiva historia de la vida en la Tierra. Buckland pierde su convicción de que la inundación bíblica (el diluvio universal) pueda ser identificada en el registro geológico (12.VIII).

134 1835 d. C. Expulsión de los monjes capuchinos de Sarrià durante la confiscación española de monasterios bajo Juan Álvarez Mendizábal (12.V).

137 1832 d. C. Debate continuo entre los geólogos en cuanto a si la historia de la Tierra se caracteriza por repetidas catástrofes, o si el argumento de Lyell que sostiene que los procesos actuales, tales como la erosión y el levantamiento inducido por terremotos en el tiempo profundo, son suficientes para producir los cambios que se ven en el registro rocoso. William Whewell denomina este debate "catastrofismo versus uniformismo" (12.VIII). Charles Lyell, ahora catedrático en el King's College de Londres, se casa con Mary Elizabeth Horner. Examinan las rocas plutónicas de Vallorcine en su luna de miel (12.II).

138 1831 d. C. Charles Darwin comienza el viaje del Beagle el 27 de diciembre y estará ausente durante 4 años y 9 meses (12.VIII).

139 1830 d. C. Charles Lyell hace una breve pero instructiva visita para estudiar la geología de Cataluña, encontrando al capitán general Carlos de España y Agustín Yáñez i Girona en Barcelona, al

padre Jacint Boada i Casanoves en Montserrat y a Francesc Bolòs i Germà en Olot (8.I-III; 9.IX-X). Durante los próximos tres años Lyell publica sus influyentes 3 volúmenes titulados *Principles of Geology* en un intento de explicar los cambios anteriores en la superficie de la Tierra por causas que operan en la actualidad (12.VIII).

145 1824 d. C. Los monjes regresan a la Abadía de Montserrat para comenzar a reparar el daño infligido durante las guerras napoleónicas (9.III).

146 1823 d. C. Agustín Yáñez i Girona pierde temporalmente (hasta 1830) su puesto de profesor en el Colegio de Farmacia de San Victoriano de Barcelona debido a su actitud liberal hacia la política española (9.II). La guerra de los Cien Mil Hijos de San Luis restaura el poder absoluto del rey Fernando VII de España (9.XII). Charles Lyell es elegido secretario de la Sociedad Geológica de Londres y en una visita a los sedimentos de la cuenca de París queda convencido de que los ambientes y procesos que se ven y operan hoy en día pueden explicar el registro geológico del tiempo profundo (12.VIII).

149 1820 d. C. Comienza el 1 de enero la rebelión del Trienio Liberal (9.XII).

153 1816 d. C. La erupción del Monte Tambora comienza el 5 de abril y alcanza su clímax cinco o seis días más tarde para convertirse en uno de los mayores eventos volcánicos de los últimos diez mil años, afectando el clima a nivel mundial. Charles Lyell entra en la Universidad de Oxford (10.XII).

154 1815 d. C. William Smith publica el primer mapa geológico de Gran Bretaña en el que combina la descripción de fósiles característicos con la de los estratos rocosos en los que se encuentran, construyendo una sucesión estratigráfica (9.IV).

155 1814 d. C. Giovanni-Battista Brocchi publica *Conchiologia fósil subapennina con osservazioni geologiche Sugli Apennini, e sul suolo adiacente* sobre fósiles cenozoicos en los Apeninos, señalando que la mitad de las especies siguen vivas hoy y socavando así la teoría de las extinciones en masa de Georges Cuvier. Imagina las poblaciones de moluscos cambiando lentamente a través del tiempo (12.IX).

157 1812 d. C. Cataluña es anexada brevemente como parte de la Francia napoleónica, "uniendo por fin todos los osos del Pirineo Oriental bajo la misma bandera" (2.I). Georges Cuvier y Alexandre Brongiart atribuyen la alternancia de estratos sedimentarios marinos y no marinos en la cuenca de París a una serie de cambios catastróficos que causan extinciones (12.VIII).

158 1811 d. C. Graves daños a la Abadía de Montserrat durante la Guerra Peninsular (9.III).

162 1807 d. C. Inicio de la Guerra Peninsular contra Napoleón (9.XII). Fundación de la Sociedad Geológica de Londres (12.VIII).

167 1802 d. C. John Playfair publica sus *Ilustraciones de la teoría huttoniana de la Tierra,* argumentando a favor del punto de vista de que el presente es la clave del pasado (9.IV).

170 1799 d. C. William Smith comienza su obra clásica de un mapa geológico de Inglaterra, Gales y parte de Escocia (9.IV).

172 1797 d. C. Muere James Hutton el 26 de marzo; nace Charles Lyell el 14 de noviembre (9.IV).

176 1793 d. C. Comienza la guerra de los Pirineos (9.XII).

181 1788 d. C. Famoso viaje en barco a Siccar Point de James Hutton que demuestra a sus colegas la inmensidad del tiempo geológico, incluyendo John Playfair, cuya mente "parecía marearse mirando tan lejos en el abismo del tiempo" (9.IV).

184 1785 d. C. James Hutton lee su trabajo en la Sociedad Geológica de Edimburgo titulado *Sobre el sistema de la Tierra, su duración y estabilidad* en el que deduce que muchas rocas expuestas en la superficie fueron originalmente formadas en el mar, en mundos pasados geográficamente diferentes, y se han endurecido hasta ser piedra y luego levantado para formar tierra nueva (9. IV).

191 1778 d. C. George-Louis Leclerc, conde de Buffon, convencido de la extensa edad de la Tierra por sus estudios geológicos, experimenta calentando y enfriando esferas de hierro para estimar que el planeta tiene por lo menos 75.000 años, y probablemente muchos más (12.IX).

194 1775 d. C. Comienzo de la guerra de Independencia de los Estados Unidos (9.XII). Presentación en París de Nicolas Desmarest utilizando evidencias del campo de los volcanes de Auvernia para reconstruir el pasado profundo. Pasará su carrera argumentando enérgicamente contra cualquier opinión catastrofista, como creer en el diluvio universal (12.IX).

213 1756 d. C. Johann Gottlob Leidenfrost publica su *De Aquae Communis Nonnullis Qualitatibus Tractatus* ("Un tratado sobre algunas cualidades del agua común") en el que describe cómo las gotas de agua pueden levitar cuando se colocan en una cuchara candente, un fenómeno que se conocerá como efecto Leidenfrost (10.II).

214 1755 d. C. El terremoto de Lisboa del 1 de noviembre se siente en toda Iberia (12.XII). Carlos de España (Carlos D'Espagne) nace como Roger-Bernard-Charles Espagnac de Ramefort el 15 de agosto (9.I).

215 1754 d. C. Joseph Black descubre el dióxido de carbono (3.XII).

229 1740 d. C. Comienzo de la guerra de Sucesión austríaca (9.XII).

230 1739 d. C. Comienza la guerra del Asiento (9.XII).

243 1726 d. C. Comienzo del bloqueo de Portobelo que conduce a la guerra anglo-española (9.XII).

251 1718 d. C. Las monjas clarisas son reasentadas desde el destruido Convento de Santa Clara al Palau Reial en el centro de Barcelona, controlando el Saló del Tinell del siglo XIV (2.XII). Comienzo de la guerra de la Cuádruple Alianza (9.XII).

255 1714 d. C. El duque de Berwick llega a las afueras de Barcelona con tropas de refuerzos y toma el mando, supervisando la laboriosa construcción de una serie de trincheras para atacar antes de superar la prolongada defensa de la ciudad dirigida por

Antonio de Villarroel. La derrota final el 11 de septiembre es recordada como el Día Nacional de Cataluña. El Convento de Santa Clara es destruido completamente en la lucha y posterior construcción de La Ciutadella (2.X).

256 1713 d. C. El tratado de Utrecht conduce al abandono de Cataluña (y Mallorca e Ibiza) por las tropas de la Gran Alianza y la emperatriz Isabel de Austria, y Barcelona se enfrenta a la llegada de las tropas de asedio borbónicas encabezadas por el octavo duque de Pópoli. Los británicos ganan Menorca y Gibraltar. Se ofrece a Antonio de Villarroel el trabajo de defender Barcelona (2.X).

258 1711 d. C. Carlos sale de Barcelona y vuelve a Austria para ser nombrado Santo Emperador Romano, dejando a su esposa Isabel todavía en la residencia. Antonio de Villarroel es liberado de la prisión borbónica durante un acuerdo de intercambio de prisioneros (2.IX).

259 1710 d. C. Las tropas luchando por Carlos de Austria toman con éxito Madrid y Felipe V se ve obligado a huir. Antonio de Villarroel trata de recuperar la confianza de los Borbones pero fracasa, y en su lugar se une al ejército de la Gran Alianza sólo para ser capturado en la retirada de Madrid a finales de año (2.X).

260 1709 d. C. Antonio de Villarroel es exiliado en Galicia después de que su oficial superior esté implicado en un complot contra los Borbones (2.X).

261 1708 d. C. Antonio de Villarroel lucha con el ejército borbónico en el sitio de Tortosa (2.X).

262 1707 d. C. Antonio de Villarroel lucha con el ejército borbónico en el sitio de Lleida (2.X).

264 1705 d. C. Ataque de la Gran Alianza (Inglaterra y Holanda) a Barcelona, incluido Montjuïc, que finalmente logra superar la resistencia de los Borbones, con las tropas aliadas apoyando al archiduque Carlos de Austria que entra en la ciudad en octubre. El siguiente mes Barcelona cambia de bando y promete lealtad a Carlos de Austria que ocupa la residencia oficial en la ciudad (2.IX).

265 1704 d. C. Barcelona apoya al borbón Felipe V en su reclamación de la corona española, y repele un ataque de las tropas de la Gran Alianza (2.VIII).

268 1701 d. C. Comienzo de la guerra de Sucesión española (2.VIII).

272 1697 d. C. Los soldados franceses toman Barcelona en la última gran batalla de la guerra de los Nueve Años, pero posteriormente acuerdan la retirada. Antonio de Villarroel es enviado para ayudar a defender Barcelona contra los franceses (2.VIII y X).

275 1694 d. C. Soldados franceses toman Girona durante la guerra de los Nueve Años (2.VIII).

276 1693 d. C. Soldados franceses toman Roses al NE de Cataluña en la guerra de los Nueve Años (2.VIII).

281 1688 d. C. Inicio de la guerra de los Nueve Años con Francia contra la Gran Alianza de varias naciones europeas (9.XII).

300 1669 d. C. Nicolas Steno publica su influyente *Dissertationis prodromus,* utilizando principios estratigráficos relativos a la superposición progresiva de capas sedimentarias para reconstruir mundos pasados, y argumenta que el registro fósil es la historia de organismos que han vivido previamente en la Tierra (9.IV).

301 1668 d. C. Muerte en batalla del general Josep d'Ardena durante la revuelta de los Angelets en El Rosellón (8.II).

304 1664 d. C. Gabrielo Parets i Mans, de diecisiete años, toma los votos para ser sacerdote agustino y entra en el Monasterio de Santa Mónica (8.XII).

308 1661 d. C. Miquel Parets muere a los cincuenta y un años y es sobrevivido por tres de sus once hijos, Marianna, Miquel y Gabrielo (8.XII).

309 1660 d. C. Miquel Parets termina su crónica de la vida cotidiana en la Barcelona del siglo XVII (4.IV).

313 1656 d. C. Nace en Barcelona Antonio de Villarroel, quien defenderá la ciudad en el sitio de 1714 (2.X). Su padre es gallego, su madre asturiana.

314 1653 d. C. Miquel Parets se casa con su tercera esposa Marianna Vinyes, que también ha perdido a su pareja durante la epidemia de peste. Tienen cuatro niños, dos de los cuales, Marianna y Miquel, sobreviven (2.XII).

317 1652 d. C. El último lazareto de la peste se cierra finalmente en Barcelona, pero el asedio en curso del ejército español aprieta con medidas cada vez más eficaces para bloquear los suministros de ayuda que llegan por mar, y la ciudad muriendo de hambre se rinde finalmente en octubre. Para Barcelona al menos este es el final de la guerra de los Segadores, y el conflicto se mueve hacia el norte (8.XII).

318 Agosto de 1651 d. C. Miquel Parets vuelve a casa después de que el ayuntamiento ordene a todos los habitantes de Barcelona que aún quedan fuera de la ciudad regresar y unirse a las fuerzas de defensa. La peste en la ciudad se ha reducido mucho, pero el ejército castellano se instala en una posición duradera fuera de las murallas con la intención de hacer morir de hambre a la población dentro (8.XII).

318 Julio 1651 d. C. Barcelona ha perdido muchos miles de personas con la peste, y la ciudad debilitada está ahora enfrentándose a una nueva amenaza, a medida que el ejército español comandado por el marqués de Mortara sale de Tarragona con la intención de un asedio (8.XII).

318 Junio de 1651 d. C. Con la epidemia de la peste en Barcelona alcanzando su máximo, Miquel Parets y su hijo de cuatro años Gabrielo parten para estar en cuarentena en Sarrià antes de trasladarse a casa de su suegra (8.XI).

318 Mayo de 1651 d. C. El hogar de Parets se diezma con las muertes de Josep Parets i Mans (1 de mayo), Elisabet Mans (15 de mayo), Anna María Parets i Mans (16 de mayo), y Miquelo Parets i Mans (29 de mayo) durante la epidemia de peste bubónica de Barcelona (8.XI).

318 Abril de 1651 d. C. El trigo llega a Barcelona por barco desde Livorno, pero más allá de las murallas las condiciones de sequía han vuelto, provocando una reactivación de la ceremonia de rogación con Santa Madrona (24 de abril) y San Severo (30 de abril). Los casos continuados de peste han obligado

finalmente al ayuntamiento a declarar oficialmente la epidemia, y se dirigen de Barcelona a Terrassa, animando a muchos otros residentes a abandonar la ciudad donde se impone el asedio. Las reuniones de muchas personas quedan prohibidas y se establecen controles fuertemente custodiados en tres puntos de entrada a la ciudad (8.IX).

318 Marzo de 1651 d. C. Una ceremonia de rogación trayendo a Santa Madrona a la catedral el 5 de marzo, para pedir lluvia y reducir la escasez de alimentos, es seguida por abundantes precipitaciones que alivian la situación cada vez más desesperada en los alrededores de Barcelona (8.IX).

318 Febrero de 1651 d. C. Hay crecientes problemas para mantener la ley y el orden público debido a la escasez de alimentos por la peste en Barcelona. Se celebra una ceremonia de rogación implorando a San Francisco de Paola que proteja la ciudad de la peste (8.IX).

318 Enero de 1651 d. C. La peste bubónica está en Barcelona, traída por un hombre llamado Campderrós que acabar de regresar de Olot donde la enfermedad está presente. Las primeras muertes que se registran ocurren el 8 de enero en la casa de Martín de Langa. Se establece el primer lazareto fuera de las murallas de la ciudad (8.VIII).

319 1650 d. C. Una epidemia severa de peste llega a Tortosa en enero, introducida en la ropa saqueada infectada traída por los hombres de d'Ardena. Barcelona envía al doctor March i Gelpí y al cirujano-barbero Matas a Tortosa con el fin de determinar si la peste está de hecho presente, pero son capturados y se pide un rescate. Un segundo médico, el doctor Vileta, es enviado a Tortosa el 23 de marzo de 1650, que regresa sano y salvo para informar de que se trata efectivamente de la peste. Con la propagación sin control de la enfermedad en abril, Tortosa es tardíamente evacuada, con más de mil doscientas personas muriendo por la epidemia. En junio llegan noticias de un brote de peste en el noreste Cataluña y Girona se infecta. Las condiciones climáticas de sequía en Cataluña inflan los precios del trigo y el orden se ve amenazado por disturbios (8.VII). El 4 de diciembre los sobrevivientes en Tortosa ven su ciudad retomada por los españoles, bajo el mando del marqués de Mortara (8.VI). Durante este año tan desfavorable Anna María Parets i Mans nace en casa de los Parets (8.VIII). Mientras tanto, el arzobispo James Ussher, primado de toda Irlanda, calcula que la creación del mundo comenzó precisamente a las seis de la tarde del sábado 22 de octubre en el año 4004 a. C. (10.X).

320 1649 d. C. El general Garay recibe el título de marqués de Villarrubia de Langre, sale para Zaragoza y Lleida como capitán general del ejército en Cataluña, y lleva a cabo una exitosa campaña en otoño desde Lleida hasta Tarragona y hacia el Penedès (7.XII; 8.V). En respuesta, el general Josep d'Ardena es enviado a través del Ebro y la frontera catalana para saquear el Maestrat, un área previamente infectada con la peste valenciana.

321 1648 d. C. La infección de la peste se extiende desde Valencia produciendo epidemias catastróficas en Málaga y Sevilla en el suroeste, y amenaza Cataluña en el noreste donde la guerra de los Segadores continúa con las tropas franco-catalanas encabezadas por el general Jean Gaspard de Marchin consiguiendo exitosamente Tortosa, la quinta ciudad de Cataluña, y con el general de 37 años Josep d'Ardena todavía comandando la caballería catalana (8.II).

322 Junio 1647 d. C. Un barco de Argel infectado por la peste llega a Valencia donde la enfermedad hierve a fuego lento antes de explotar como epidemia a comienzos del otoño, matando a más de dieciséis mil personas (8.II). En Barcelona nace otro hijo en la familia Parets, Gabrielo Parets i Mans (8.VIII).

323 1646 d. C. Ramón de Sentmenat, el último obispo de Cataluña, es expulsado por los franceses. El general Torrecuso muere en Nápoles, luchando aun contra los franceses y desgastado por una vida de combate y liderazgo (7.XII).

324 1645 d. C. El conde duque Olivares muere a sus cincuenta y tantos años exiliado de la corte real y viviendo en Toro, habiendo perdido un prolongado control sobre el gran poder, como el país al que sirvió (7.XII).

325 1644 d. C. La ciudad catalana de Lleida es atacada y se rinde al rey español. Los Vélez es redimido y se le concede el puesto de virrey de Sicilia.

326 1643 d. C. El conde duque Olivares pierde el poder en enero, habiendo sido primer ministro durante más de veinte años (7.XII). El rey francés Luis XIII muere en mayo, iniciando un período de inestabilidad en Francia que ayuda a los españoles a recuperar el control en el sur de los Pirineos (7.XII).

327 1642 d. C. La expulsión por los franceses del obispo Manrique de Cataluña aumenta la tensión entre el clero catalán y la burocracia secular francesa. Los Vélez es despojado de su cargo de virrey de Cataluña (7.XII). Fracaso del ataque franco-catalán contra Tortosa en mayo (8.II).

328 1641 d. C. La misteriosa muerte de Pau Claris a finales de febrero no deja ningún líder obvio a cargo de los catalanes anti-realistas y permite a los franceses un control más firme (7.XI). El verano trae el terrible asedio de Tarragona, cuyo bloqueo se rompe finalmente, conduciendo al estancamiento del conflicto y a la perspectiva de una guerra prolongada (7.XII).

328 Finales de enero 1641 d. C. Pau Claris declara Cataluña una república independiente mientras todas las tropas se preparan para el enfrentamiento final. Escaramuzas iniciales entre tropas españolas y catalanas tienen lugar cerca de Martorell el 20 de enero, tras lo cual las fuerzas catalanas se retiran para defender Barcelona. El 23 de enero las fuerzas realistas están acampadas fuera de las murallas y Los Vélez celebra un consejo de guerra con sus hombres clave: los generales Torrecuso y Garay, el duque de Medinaceli, el duque de la Infanta, y Josep de Pau Rocabertí (7.IV). Mientras en Barcelona el Consejo de Defensa incluye a Joan Pere Fontanella, concejal principal de la ciudad, Francesc de Tamarit i de Rifà, con reciente experiencia como comandante en Martorell, y Bernard du Plessis-Besanón, emisario del rey francés que ahora está protegiendo a Cataluña (7.V). En la batalla de Montjuïc que sigue el 26 de enero las tropas del rey español son derrotadas y deciden retirarse (7.VII-XI). Para el 30 de enero ya están de vuelta en el valle del Penedès de camino a Tarragona.

328 Principios de enero de 1641 d. C. El ejército español liderado por Los Vélez se reagrupa en la localidad de Vilafranca del Penedès y planea el próximo avance sobre Martorell en el valle del Llobregat cerca de Barcelona (5.XI).

329 24 de diciembre 1640 d. C. El líder francés el barón d'Espenan se replantea el enfrentamiento con las tropas de Los Vélez y entrega Tarragona a los españoles sin luchar (5.XI). Mientras tanto, una rebelión similar contra el rey español se ha encendido en Portugal, minando la lealtad de las tropas portuguesas al ejército realista (5.XI).

329 23 de diciembre 1640 d. C. Pau Claris da la alarma general y declara abiertamente la guerra contra el rey de España, al tiempo que las tropas francesas encabezadas por el barón d'Espenan se han traslado ya al sur en Tarragona (5.X).

329 13 de diciembre 1640 d. C. Los Vélez y sus hombres llegan a Cambrils que presenta pelea, se rinde, pero es entonces sometida a un extremo derramamiento de sangre con la muerte de cientos de rebeldes catalanes después de ser capturados (5.X).

329 6 de diciembre 1640 d. C. El ejército de Los Vélez se mueve desde Tortosa a lo largo de la costa hacia Tarragona, encontrando y superando la resistencia catalana en El Perelló (que es saqueado y los sobrevivientes colgados) y luego en el Coll de Balaguer (5.X).

329 Noviembre 1640 d. C. Los Vélez es nombrado nuevo virrey de Cataluña, cortando con el obispo Manrique en Barcelona (5.IX). Mientras tanto el Corpus Christi es celebrado de nuevo en Barcelona del 4 al 6 de noviembre, y hay algunos intentos tímidos de encontrar la reconciliación entre los dos bandos (5.IX).

329 25 de octubre 1640 d. C. El ejército realista de Los Vélez llega a Tortosa, en la cabecera del delta del Ebro (5.IX).

329 8 de octubre 1640 d. C. El ejército de Los Vélez sale de Zaragoza, siguiendo el valle del Ebro, río abajo, hacia la costa catalana (5.IX).

329 22 de septiembre 1640 d. C. La ciudad de Tortosa en la zona fronteriza del sur de Cataluña declara su apoyo al rey de España, enfureciendo a los dirigentes catalanes en Barcelona. Toda persona en Barcelona que provenga de Tortosa es desposeída de sus propiedades. Pau Claris está ahora profundamente involucrado en las negociaciones con los franceses.

329 20 de septiembre 1640 d. C. Un ataque para restaurar el orden real en Barcelona es organizado por el general Garay pero no se materializa (5.VIII).

329 2 de agosto 1640 d. C. El obispo de Barcelona García Gil Manrique acepta la posición de virrey de Cataluña, creando un conflicto de intereses que no puede resolver (5.VIII). En el mismo mes, un ejército español comandado por Pedro Fajardo-Zúñiga-Requeséns y Pimentel, marqués de Los Vélez, empieza a organizarse en Zaragoza al que se une Torrecuso y su hijo, para entonces liberado de la cárcel en Perpinyà (5.VIII).

329 22 de julio 1640 d. C. La muerte del nuevo virrey de Cataluña, Enrique de Aragón Folc de Cardona y Córdoba, en el puesto después de una ausencia de casi una década (4.XII; 5.VIII), deja a cargo al general Juan de Garay Otañez y Rada en Perpinyà (5.VIII).

329 16 de junio 1640 d. C. Las tropas de Juan de Arce asaltan con éxito Perpinyà y enfocan su venganza sobre el clero en los saqueos y quemas que siguen (5.VIII). Mientras tanto en la casa de los Parets nace Josep Parets i Mans (8.VIII).

329 14 de junio 1640 d. C. Juan de Arce ordena el bombardeo de la ciudad de Perpinyà.

329 11 de junio 1640 d. C. Los disturbios finalmente cesan en Barcelona, pero en Perpinyà las cosas están alcanzando el punto de crisis cuando Juan de Arce y sus hombres llegan y se les niega la entrada a la ciudad (5.VIII).

329 Jueves 7 de junio 1640 d. C. Corpus Sangriento, con disturbios contra funcionarios de la ciudad en Barcelona. Los muertos en las peleas incluyen a Dalmau de Queralt i de Codina, conde de Santa Coloma, virrey de Cataluña (5.III).

329 4 de junio 1640 d. C. Motín contra las tropas españolas en la ciudad catalana de Perpinyà (Perpiñán), la segunda ciudad más grande de Cataluña (5.VI).

329 29 de mayo 1640 d. C. Otra iglesia es quemada, esta vez por las tropas de Juan de Arce (que estaba en Santa Coloma de Farners un mes antes), en el norte dc Cataluña en Montiró, el pueblo de Josep de Margarit i De Biure, figura clave de las milicias catalanas que acosan las tropas castellanas (5.VI).

329 21 de mayo de 1640 d. C. Las tropas son atacadas en Barcelona cundo una multitud de campesinos llega para exigir la liberación de Francesc de Tamarit i de Rifà. El virrey no tiene otra opción que ceder a sus demandas y la situación se calma brevemente (5.V).

329 1 de mayo de 1640 d. C. Tropas napolitanas comandadas por Leonardo de Moles, disgustado por como son tratados por los aldeanos locales, saquean y queman la iglesia en Riudarenes. El acto es presenciado por dos sacerdotes que lo cuentan en Girona, y los soldados son excomulgados el 14 de mayo. El virrey ordena represalias en Riudarenes y Santa Coloma de Farners, alimentando aún más la rebelión campesina e incorporando cada vez más trabajadores agrícolas migrantes conocidos como segadores (5.V).

329 30 de abril 1640 d. C. Un altercado por el acuartelamiento de las tropas en Santa Coloma de Farners lleva al asesinato del alguacil Joan Miquel Montrodon que ha sido enviado por el virrey para mantener el orden (5.IV).

329 18 de marzo 1640 d. C. Francesc de Tamarit i de Rifà, héroe de guerra después de su intervención en el cerco de Salses, recibe sin embargo la ira de Olivares por expresar su apoyo a los campesinos catalanes y es enviado a la cárcel (5.V).

329 1 de febrero 1640 d. C. Tropas napolitanas comandadas por el capitán Spatafora matan al respetado anciano catalán el noble Antoni de Fluvià-Torrelles i Llordat en Palautordera, y son excomulgadas por el obispo Manrique de Barcelona que sin embargo encuentra poca simpatía de Olivares en Madrid (5.IV).

329 6 de enero de 1640 d. C. Los franceses todavía atrapados en la fortaleza de Salses se rinden finalmente muertos de hambre, aunque miles de tropas de Felipe IV ya han muerto o desertado y hay una gran tensión entre los catalanes y no catalanes en el ejército. Muchas tropas no catalanas se desplazan hacia el oeste cruzando Cataluña para pasar el invierno y son alojadas forzosamente por sus poco amistosos anfitriones catalanes (5.IV).

330 1639 d. C. Miquelo Parets i Mans nace en Barcelona en primavera (8.VIII). El 19 de julio se produce la captura francesa de la fortaleza de Salses en el norte de Cataluña. Un contra-asedio del ejército español seis semanas más tarde es atacado por refuerzos franceses el 2 de noviembre en una dura batalla durante la cual Carlo Andrea Caracciolo, segundo marqués de Torrecuso, se distingue por su previsión y valentía. El 29 de noviembre Torrecuso tiene una violenta discusión con Santa Coloma, virrey de Cataluña, y es enviado a la cárcel con su hijo (5.IV).

331 22 de julio de 1638 d. C. Francesc de Tamarit i de Rifà, diputado del Ayuntamiento de Barcelona, es elegido para dirigir a los militares catalanes, junto con Pau Claris i Casademunt (un sacerdote encargado de asuntos eclesiásticos) y Josep Miquel Quintana (elegido como Diputado Real).

332 1637 d. C. Barcelona se salva de una plaga de langostas gracias a la Virgen Santa Nuestra Señora de la Misericordia (La Mare de Déu de la Mercè) que por sus esfuerzos obtiene el título de patrona de la diócesis de Barcelona (4.XI). El rey Felipe IV y Olivares entran en hostilidades con Francia a lo largo de la frontera catalana (5.IV). Miquel Parets se casa otra vez, esta vez con Elisabet Mans (8.VIII).

333 1636 d. C. María Roure muere y es enterrada en la Catedral de Barcelona (8.VIII).

336 1633 d. C. Miquel Parets se casa con María Roure.

337 1632 d. C. Joan Sentís i Sunyer, obispo de Barcelona lleva a cabo otra ceremonia de rogación el 19 de agosto, y muere el 7 de octubre (4.XII).

338 15 de marzo de 1631 d. C. Disturbios por falta de alimentos en Barcelona mientras el actual virrey de Cataluña Enrique de Aragón Folc de Cardona y Córdoba complace a su nuera con un gran carnaval. Procesión de San Severo al Convento de Santa Clara el 9 de abril seguida con alivio por algunas precipitaciones (4.XII). Muere el padre de Miquel Parets, quien es ahora el cabeza de familia (8.VIII).

339 1630 d. C. Continuadas condiciones de sequía afligen Cataluña, provocando en Barcelona la venta de cereales a precios de hambruna en otoño (4.XII).

341 Viernes 7 de abril 1628 d. C. Joan Sentís i Sunyer, obispo de Barcelona, conduce una peregrinación a la capilla de la Virgen Santa Eulalia en Sarrià para pedir lluvia (4.V, VII-XI).

341 Miércoles 5 de abril 1628 d. C. Desfile de las reliquias de San Severo en Barcelona al Convento de Santa Clara para pedir la lluvia (4.I, IV).

342 1627 d. C. Miguel Santos de San Pedro, obispo de Solsona nombrado virrey de Cataluña (4.X).

343 1626 d. C. Miquel Parets comienza su crónica sobre la vida cotidiana en Barcelona (4.IV). Luis Díez de Aux de Armendáriz, obispo de Urgel nombrado virrey de Cataluña (4.X).

347 1622 d. C. Joan Sentís i Sunyer nombrado virrey de Cataluña por el rey Felipe (4.X).

349 1620 d. C. Joan Sentís i Sunyer nombrado obispo de Barcelona (4.X).

352 1617 d. C Gran inundación otoñal en Cataluña durante este "año del diluvio" (3.IX-X).

355 1614 d. C. Los niveles atmosféricos de CO_2 se han reducido a 272 partes por millón, acompañados por un clima global de enfriamiento (3.XI).

359 1610 d. C. Nacimiento de Pere Josep Oleguer Miquel Parets en Barcelona el 7 de marzo (8.VIII).

406 1563 d. C. La Santa Madrona es ascendida por los consejeros de la ciudad a co-patrona de Barcelona con Santa Eulalia (4.XI).

456 1513 d. C. Las monjas del Convento de Santa Clara tienen permiso del papa para pasar de la orden franciscana a la benedictina (2.VII).

469 1500 d. C. La vanguardista fortaleza de Salses es construida en la frontera catalano-francesa durante el reinado de Fernando II.

470 1499 d. C. *Para finales del siglo XV, con la población de Cataluña cayendo muy por debajo de los trescientos mil, cualquier idea de un Imperio catalán es algo de los fantasmas del pasado glorioso* (2.VI).

475 Febrero de 1494 d. C. El Convento de Santa Clara es visitado por dos sacerdotes franciscanos bajo órdenes de Isabel y Fernando, precipitando una pelea que lleva a las monjas a apelar al papa para poder ser transferidas de la orden franciscana a la benedictina (2.VII).

476 1493 d. C. Los Reyes Católicos Fernando e Isabel visitan Montserrat en febrero, prometiendo apoyo pero desplazando su base de poder hacia Castilla. Monjes de la Abadía de Montserrat navegan con Cristóbal Colón en su segundo viaje a las Américas, dando nombre a la andesítica isla volcánica caribeña de Santa María de Montserrat en noviembre (9.XI).

477 1492 d. C. La capitulación de Granada el 2 de enero supone el fin de cualquier control musulmán en Iberia, 781 años después de la invasión de Gibraltar por Tariq ibn Ziyad (11. I).

482 1487 d. C. La Inquisición española está ya en Barcelona (2.VII).

487 1482 d. C. Finalización del claustro gótico en el Convento de Santa Clara en Barcelona (2.VI).

497 Octubre 1472 d. C. El rey Juan sin Fe, concluye exitosamente un año de asedio naval de Barcelona contra los partidarios de Carlos, príncipe de Viana, firmándose la capitulación en el Convento de Santa María en Pedralbes (las monjas han abandonado temporalmente el Convento de Santa Clara en Barcelona) (2.VI).

500 19 de octubre 1469 d. C. El matrimonio de Fernando e Isabel, los "Reyes Católicos", unirá España y tendrá a Cataluña aún más bajo control castellano (2.VI).

507 1462 d. C. La guerra civil catalana estalla entre los partidarios de Carlos, príncipe de Viana, y los de su padre, el rey Juan sin Fe (2.VI).

510 1459 d. C. El rosetón en Santa María del Mar es finalmente restaurado, recuperando su antiguo esplendor (1.IV).

511 1458 d. C. Muere el rey Alfonso el Magnánimo (2.VI), precipitando conflictos entre el siguiente rey, Juan II (hermano de Alfonso), y las Cortes Catalanas que apoyan a Carlos, príncipe de Viana (2.VI).

541 Lunes 2 de febrero 1428 d. C. Terremoto de Candelaria, un fuerte evento sísmico en el registro de la historia en Iberia. Más de mil muertos (1.III).

542 Sábado 14 de junio 1427 d. C. Terremoto de magnitud 5.3 que causa el colapso de edificios en Caldes de Malavella (1.II).

542 Jueves 15 de mayo 1427 d. C. Terremoto de magnitud 5.8 que golpea la ciudad de Olot, matando quince personas (1.II).

542 Martes 22 de abril 1427 d. C. Un terremoto provoca escapes de gas en fracturas de tierra en Lloret Salvatge matando a dos personas (1.II).

542 Miércoles 19 de marzo 1427 d. C. Un terremoto de magnitud 5.9 golpea Amer (1.II).

542 Domingo 2 de marzo 1427 d. C. Inicio de la crisis sísmica en Cataluña (1.II).

553 2 de abril 1416 d. C. El rey Fernando muere en Igualada después de otra visita a Montserrat, le sucede su hijo mayor Alfonso el Magnánimo (2.VI).

556 1413 d. C. Fernando el Justo hace una visita a Montserrat y supera con éxito a su rival Jaime de Urgel, un evento clave en la historia catalana. *El dominio del poderoso linaje combinando la Casa de*

Barcelona y la Corona de Aragón se ha evaporado, y con su pérdida el poder y la influencia se alejan rápidamente de Cataluña hacia el corazón de España (2.V).

557 1412 d. C. Fernando el Justo, de la castellana dinastía Trastámara, es elegido rey de Aragón, provocando la guerra con Jaime de Urgel (2.V).

559 31 de mayo de 1410 d. C. La muerte del rey Martín el Humano deja la dinastía de la Casa de Barcelona sin sucesor para gobernar Aragón y Cataluña (2.V).

560 1409 d. C. Muerte de Martín el Joven, hijo y único heredero del rey Martín el Humano (2.V).

561 1408 d. C. Un severo brote de peste bubónica mata a más de 6.000 personas en Barcelona (1.I).

564 1405 d. C. El rey Martín el Humano convence a los monjes de Sant Cugat para donar reliquias de San Severo a Barcelona (4.III).

573 1396 d. C. El rey Juan el Cazador cae de su caballo y muere en una cacería (2.V). Le sucede Martín el Humano (11.XII).

578 1391 d. C. Crisis económica y disturbios en Barcelona (2.V).

580 1389 d. C Primera inundación catastrófica en el registro histórico de Barcelona (3.I; 12.VI).

582 1387 d. C. Muere Pedro el Ceremonioso, rey de Aragón, le sucede su hijo Juan el Cazador (11.XII).

585 1384 d. C. Finalización de Santa María del Mar y extensión del muro defensivo para proteger el astillero de Drassanes. *Durante el largo reinado de Pedro el Ceremonioso (Pere el Cerimoniós: 1336-1387) se supervisan obras públicas a gran escala, tales como los nuevos suministros de agua, fuentes y drenajes bajo la Rambla (y) el Palacio Real gótico que incluye esplendores arquitectónicos tales como la gran sala de ceremonias conocida como el Saló del Tinell* (2.IV).

594 1375 d. C. Eleonor de Sicilia, reina de Pedro el Ceremonioso, hace una peregrinación final agonizante a Montserrat desde Barcelona (9. XI).

596 1373 d. C. La Iglesia de Santa María del Mar es dañada por un terremoto (1.IV).

598 1371 d. C. Tercer brote de peste bubónica (2.IV).

607 1362 d. C. El auge de la construcción con el rey

Pedro el Ceremonioso completa la extensión de la muralla medieval para incluir el Convento de Santa Clara. Otro brote de peste en Barcelona (2.IV).

610 Junio 1359 d. C. Ataque naval en Barcelona por Pedro el Cruel repelido con éxito por Pedro el Ceremonioso (2.V).

616 1353 d. C. Jaume de Vivers se convierte en Abad de Ripoll, pero al contrario que en los viejos acuerdos gobierna desde la Abadía de Montserrat, que se ha convertido en algo inseparable del concepto de Cataluña y de lo que es ser catalán (9.XI).

621 Abril 1348 d. C. La peste negra llega a Barcelona para infligir la "gran mortandad" (2.IV). Para finales de año la epidemia se ha extendido por gran parte de Europa, matando decenas de millones (8.I). La enfermedad es la causa más probable de la muerte de Ramón de Vilaragut, Prior de Montserrat, que es sustituido por Jaume de Vivers (9.XI).

622 Diciembre 1347 d. C. La peste negra llega a la costa occidental del Mediterráneo (8.I).

636 1333 d. C. *Lo mal any primer*, el primer mal año en Cataluña con condiciones de hambruna debido al mal tiempo y al bloqueo naval por Génova. Disturbios en Barcelona (2.III).

640 1329 d. C. Comienza la construcción de la basílica gótica de Santa María del Mar, tras la conquista de Cerdeña por el rey Alfonso el Benigno (2.III).

642 1327 d. C. Muerte de Jaime el Justo, rey de Aragón, sucedido por su hijo Alfonso el Benigno (11.XII).

643 1326 d. C. Inauguración del convento de clarisas de Santa María en Pedralbes (2.III). En el otro extremo del espectro se registran quejas sobre "mujeres públicas" que ejercen su oficio en el Raval (4.VIII).

653 1316 d. C. Hambre masiva desencadenada por el tiempo excepcionalmente malo en Europa al norte de los Pirineos (2.III).

658 1311 d. C. Tropas catalanas y aragonesas toman Atenas durante la expansión mediterránea (2.III).

662 1307 d. C. El invierno inusualmente frío de 1306-7 es una advertencia de la futura crisis de subsistencia en Europa (2.III).

678 1291 d. C. Muerte de Alfonso el Liberal, la Corona de Aragón pasa a su hermano Jaime el Justo (11.XI).

684 1285 d. C. Muerte de Pedro el Grande, la Corona de Aragón pasa a su hijo Alfonso el Liberal. El Puente del Diablo de estilo gótico ya está construido para cruzar el Llobregat en Martorell, sustituyendo el anterior puente romano dañado, tal como se registra en un documento durante el reinado de Pedro el Grande (5.XII).

688 1281 d. C. Muerte de la primera Abadesa del Convento de Santa Clara en Barcelona (2.II).

693 1276 d. C. Muere Jaime el Conquistador; la Corona de Aragón pasa a su hijo Pedro el Grande (11.XII).

720 1249 d. C. Empieza el trabajo en el claustro gótico del Convento de Santa Clara (2.II). La Torre de Sant Joan es construida como parte del sistema defensivo de Barcelona (1.V).

725 1244 d. C. El rey Jaime firma un pacto de no agresión con Castilla, lo que le permite concentrarse en la expansión del Mediterráneo en Mallorca, Menorca, Ibiza, Formentera y Valencia. Barcelona florece en sus días de gloria de la Alta Edad Media. La franja costera entre Barcelona y Valencia es progresivamente catalanizada (2.II).

732 10 de junio 1237 d. C. Permiso otorgado por el obispo de Barcelona para construir el Convento de Santa Clara (2.II).

756 1213 d. C. Jaime el Conquistador (*Jaume I*) asume la Corona de Aragón (2.II) después de la muerte de su padre Pedro el Católico (11.XII).

773 1196 d. C. Muerte de Alfonso II, rey de Aragón (*Alfons I,* conde de Barcelona). La corona pasa a su hijo Pedro el Católico (11.XII).

807 1162 d. C. Ramón Berenguer IV muere el 11 de agosto, pasando la Corona de Aragón a su hijo Ramón Berenguer V que cambia su nombre por Alfonso II, rey de Aragón (también conocido como Alfons I, conde de Barcelona).

819 1150 d. C. El matrimonio de Ramón Berenguer IV con Petronila une el condado de Barcelona y el reino de Aragón, consolidando el poder catalano-aragonés

(9.XI). La *reconquista* de Cataluña es completada, llegando a su fin la historia de confrontación entre musulmanes y cristianos en el noreste de Iberia.

821 1148 d. C. Ramón Berenguer IV toma Tortosa del control musulmán (11.XII).

826 1143 d. C. Las inundaciones en el valle del Llobregat dañan el puente romano (5.XII). Mientras tanto a mediados del siglo XII se urbaniza la calle Montcada durante la expansión de Barcelona fuera de su núcleo romano (1.V; 11.XII).

832 1137 d. C. El conde Ramón Berenguer IV asume la autoridad real de la Corona de Aragón, habiendo recibido la mano en matrimonio de la joven Petronila, hija de Ramiro II, rey de Aragón (11.XII).

838 1131 d. C. Ramón Berenguer III "el Grande" muere después de una vida de grandes éxitos en la que Cataluña se expande al norte y sur de los Pirineos, al suroeste de Tarragona y más allá, y al este por el Mediterráneo. Le sucede su hijo Ramón Berenguer IV (11.XII).

872 1097 d. C. Manchado por la acusación de haber matado a su hermano, Berenguer Ramón II se ve obligado a entregar el condado de Barcelona a su sobrino Ramón Berenguer III, el joven hijo de su difunto hermano Ramón Berenguer II, y desaparece en el anonimato para morir en Jerusalén (11.XII).

887 1082 d. C. Se nombra al primer prior de Montserrat a medida que crece la reputación del monasterio y su figura de culto a la Virgen negra de Montserrat (Mare de Déu de Montserrat). Montserrat se convierte cada vez más en un lugar de peregrinación y vida eremítica (9.XI). El conde Ramón Berenguer II muere en un "accidente" de caza que algunos piensan es orquestado por su hermano Berenguer Ramón II "el Fratricida" (11.XII).

898 1071 d. C. El 1 de noviembre, la víspera del día de los Difuntos, Almodis de la Marca es asesinada por el resentido hijo superviviente del primer matrimonio de su esposo (11.XII).

916 1053 d. C. El éxito del conde Ramón Berenguer I estableciendo un centro político y militar para "los catalanes" es aupado, en contra de los deseos de su abuela Ermesinda, por su enérgica tercera esposa Almodis de la Marca que da a luz gemelos varones Ramón Berenguer II y Berenguer Ramón II (11.XII).

928 1041 d. C. Escapando del control de su abuela Ermesinda, el conde Ramón Berenguer I se enfrenta inmediatamente a una rebelión de la nobleza local controlando la frontera islámico-cristiana. El problema es solventado por el conde lanzando ataques contra las *taifas* vecinas (11.XI).

934 1035 d. C. La muerte de Berenguer Ramón I pone a su madre Ermesinda de nuevo en control del condado hasta que su nieto Ramón Berenguer I llegue a la mayoría de edad (11.XI).

944 1025 d. C. El abad Oliba de Ripoll funda un nuevo monasterio benedictino en la ermita de Santa María de Montserrat (9.XI).

952 1017 d. C. Ramón Borell muere tras un ataque islámico en Barcelona lanzado desde Zaragoza dejando a su esposa Ermesinda en control del poder del condado de su hijo Berenguer Ramón I (11.XI).

967 1002 d. C. La muerte de Al-Mansur y la desintegración del califato en *taifas* trabajan en favor del nuevo conde de Barcelona Ramón Borell (hijo de Borrell II) y su influyente esposa Ermesinda, quien continúa con políticas agresivas y expansionistas contra sus vecinas *taifas* (11.XI).

970 999 d. C. Al-Mansur hace su quinto y último ataque contra Cataluña, saqueando Manresa (11.XI).

984 985 d. C. Al-Mansur finalmente logra entrar y saquear Barcelona antes de volver al sur. Ninguna ayuda viene del norte de los Pirineos y todos los vínculos con el norte franco terminan (3.VII; 11.XI).

991 978 d. C. El ataque de Al-Mansur sobre Barcelona es rechazado por Borrell II y sus hombres. Le siguen nuevos ataques en 982 y 984 (11.XI).

1.003 966 d. C. Muere Miró I, dejando a su hermano Borrell II con el control total de Cataluña, quien logra mantener relaciones generalmente pacíficas con sus vecinos musulmanes en el califato de Córdoba hasta la aparición del agresivo dictador Al-

Mansur que lanza numerosas incursiones contra los cristianos al norte (11.XI).

1.022 947 d. C. Sunyer se retira a la vida monástica. El control del condado de Barcelona pasa a sus hijos Miró I y Borrell II. Uno de sus legados es la fundación del Monasterio de Sant Pere de les Puel·les en Barcelona (3.VII).

1.058 911 d. C. Muere Wifredo Borrell y su hermano Sunyer se convierte en conde de Barcelona, quien en los siguientes 36 años logra expandir el condado catalán más al oeste para incluir el Penedès (11.XI).

1.072 897 d. C. Wifredo el Velloso (*Guifré el Pilós*) muere después de nuevas luchas con otro resurgimiento musulmán en Lleida, dejando sus condados catalanes en manos de su hijo Wifredo Borrell empezando así la tradición de títulos hereditarios en Cataluña (9.XI).

1.085 884 d. C. El Banu Qasi comienza a refortificar Lleida, preocupado por las políticas expansionistas de Wifredo, que ataca pero fracasa y frena sus ambiciones de avanzar hacia el oeste (11.XI).

1.088 881 d. C. Gran terremoto al sur de España (11.XI).

1.089 880 d. C. Wifredo arranca el control militar de Montserrat a las fuerzas musulmanas alrededor de este año (9.XI). Él alienta enérgicamente una política de repoblación de la tierra perdida tras la rebelión de Aissó cincuenta y cinco años antes. Una "Cataluña Vieja" recién estabilizada comienza a emerger (11.X). La figura de la Virgen de Montserrat, escondida durante la invasión musulmana, es supuestamente redescubierta por unos pastores (9.XI).

1.090 879 d. C. La muerte del rey Luis el Tartamudo deja un vacío de poder, permitiendo que diversos condados en la Marca Hispánica asuman la independencia (11.X).

1.091 878 d. C. Wifredo el Velloso (*Guifré el Pilós*) ayuda con éxito al rey Luis el Tartamudo a superar al rebelde Bernat II, que es desposeído el 11 de septiembre y sustituido por Wifredo quien comienza su mandato como conde de Barcelona (y de otros cinco condados catalanes). Sus descendientes gobernarán sobre la futura Cataluña durante más de cinco siglos (9.XI).

1.092 877 d. C. El rey franco Carlos el Calvo muere y es sucedido por Luis el Tartamudo (11.X).

1.105 864 d. C. Hunifredo se ve obligado a huir a Italia, víctima de la continua lucha visceral dentro de la corte real carolingia. Es sustituido por Bernat II de Gotia que se involucra en otra rebelión contra Carlos el Calvo (11.X).

1.108 861 d. C. Hunifredo vuelve a Barcelona para defender más ataques árabes antes de que se firme un nuevo tratado de paz (11.X).

1.111 858 d. C. Odalrico es reemplazado por Hunifredo que se convierte en el nuevo conde de Barcelona y firma un tratado de paz con el gobernador de Zaragoza (11.X).

1.113 856 d. C. Musa ibn Musa lanza un destructivo ataque contra el condado de Barcelona, superando Terrassa pero fracasando en Barcelona (11.X).

1.117 852 d. C. Odalrico nombrado nuevo conde de Barcelona recupera el control de la ciudad pero tiene que hacer frente al formidable Musa ibn Musa, principal comandante de la dinastía Banu Qasi ("tercer rey de España") (11.X).

1.118 851 d. C. En respuesta a la ejecución de Guillermo de Septimania las fuerzas árabes retoman brevemente Barcelona, trayendo la muerte del conde Aleran (11.X).

1.121 848 d. C. Sunifredo conde de Barcelona muere. Guillermo de Septimania reclama el condado pero es frustrado por Carlos el Calvo que nombra a Aleran i Isembard siguiente conde de Barcelona. Guillermo pide ayuda del sur islámico y ataca Girona pero es derrotado y posteriormente ejecutado en Barcelona (11.X).

1.125 844 d. C. Carlos el Calvo ejecuta a Bernat I de Septimania y pasa el condado de Barcelona a Sunifredo, padre de Wifredo el Velloso (*Guifré el Pilós*). Guillermo de Septimania, hijo de Bernat, se alía con Pipino II contra Sunifredo (11.X).

1.129 840 d. C. El rey Luis muere el 20 de junio, llevando al imperio franco a tres años de guerra civil y desmembramiento. Carlos reclama Aquitania contra Pipino II, que es apoyado por Bernat I (11.X).

1.131 838 d. C. El príncipe Pipino muere, dejando Aquitania a su hijo Pipino II, para disgusto del rey Luis, que habia asignado el trabajo a su hijo Carlos el Calvo (11.X).

1.134 835 d. C. Bernat I se congracia con éxito con su rey, Berenguer muere convenientemente, y Bernat I recupera su título de conde de Barcelona (11.X).

1.137 832 d. C. Atrapado involucrado en las luchas internas de la familia real, Bernat I es deshonrado y desposeído, y Berenguer de Tolosa (Toulouse) es nombrado conde de Barcelona (11.X).

1.140 829 d. C. El conde Bernat I es llamado a la corte franca pero pelea con rivales en la familia del rey Luis y tiene que huir de regreso a Barcelona (11.X).

1.141 828 d. C. Se envía una campaña militar al sur para ayudar a Bernat pero ni siquiera logra cruzar los Pirineos, dañando gravemente la autoridad franca a medida que el control carolingio sobre la futura Cataluña comienza a desmoronarse (11.IX).

1.144 825 d. C. Rampó muere y el rey Luis nombra a Bernat I de Septimania tercer conde de Barcelona, una decisión impopular entre los locales que conduce a una rebelión dirigida por Guillemó (hijo de Berá) y Aissó que pide ayuda al emir de Córdoba. En los combates siguientes mucho territorio catalán, antes tan difícilmente ganado, es cedido a los musulmanes (11.IX).

1.147 822 d. C. Una incursión cristiana de Rampó llega por el oeste hasta el río Segre, pero no se consiguen cambios fundamentales en la frontera (11.IX).

1.149 820 d. C. Berà es acusado de infidelidad a su rey, desterrado a Rouen y reemplazado por Rampó que adopta una política más agresiva hacia sus vecinos musulmanes (11.IX).

1.154 815 d. C. La debilidad percibida dentro de las fuerzas cristianas anima al emir a ordenar una incursión (o *aceifa*) en Barcelona, aunque es resistida con éxito por Berà que negocia un nuevo tratado con los musulmanes (11.IX).

1.155 814 d. C. Muerte de Carlomagno a quien sucede su hijo Luis el Piadoso, cuyo legado será destruido por las peleas dentro de su prolífica familia, especialmente entre los tres hijos de su primer matrimonio (Pipino I, Lotario y Luis) y un hijo de su segundo matrimonio (Carlos el Calvo) (11.IX-X).

1.157 812 d. C. Después de repetidos ataques cristianos contra las fronteras musulmanas no se están logrando progresos efectivos y la corte franca está dispuesta a firmar un tratado con el emir en Córdoba (11.IX).

1.168 801 d. C. Carlomagno envía a su hijo Luis el Piadoso a tomar Barcelona de los musulmanes, y Berà es establecido como primer conde de Barcelona después de más de ochenta años de dominio árabe en la ciudad (11.IV).

1.184 785 d. C. Carlomagno, habiendo asumido el control del Imperio franco de su padre Pipino, ha invadido el norte de España y establecido una línea defensiva conocida como la Marca Hispánica gobernada por condes que deben su lealtad al rey y emperador franco. Este año añade Girona a su lista de municipios en el protectorado (11.IV).

1.210 759 d. C. El rey Pipino retoma Narbona, pero se abstiene de invadir Iberia (11.IV).

1.228 741 d. C. Carlos Martel muere y pasa el control de la zona de conflicto en los Pirineos a su hijo Pipino el Breve, proclamado rey de los francos (11.IV).

1.233 736 d. C. El hijo de Abdul Rahman toma Narbona pero Carlos Martel (11.IV) detiene su progreso.

1.237 732 d. C. El ejército de Odo de Aquitania es destruido por Abdul Rahman fuera de Burdeos en los bancos del río Garona. Odo pide ayuda al líder franco Carlos Martel, que utiliza su infantería para derrotar y matar a Abdul Rahman en la batalla de Poitiers (11.XI).

1.238 731 d. C. La cabeza de Munuza es enviada a Damasco, acompañada de la hija de Odo. Abdul Rahman vuelve sus atenciones a Aquitania (11.III).

1.239 730 d. C. Abdul Rahman ahora al mando de al-Ándalus tiene que lidiar con una rebelión de Munuza, un comandante bereber del territorio pirenaico oriental, que se alía con Odo y se casa con su hija (11.II).

1.244 725 d. C. Anbasa ibn Suhaym al-Kalbi, el nuevo gobernador de al-Ándalus, completa la conquista de la Septimania visigoda desde Carcasona a Nimes, pero deja Aquitania a Odo "el Grande" (11.II).

1.248 721 d. C. El comandante árabe Al-Samh ibn Malik al-Khawlani muere en el asedio sin éxito de Toulouse defendida por el duque Odo de Aquitania: el primer contratiempo serio para las fuerzas musulmanas invasoras (11.I-II).

1.250 719 d. C. Las fuerzas musulmanas en Iberia están ahora bajo el mando de Al-Sam ibn Malik al-Khawlani que rápidamente asegura Barcelona y se mueve hacia el norte cruzando los Pirineos orientales para subyugar Septimania, la última provincia visigoda, y su capital Narbona. El Imperio visigodo ha caído (11.I).

1.257 712 d. C. Las fuerzas musulmanas se expanden rápidamente por el norte de Iberia cuando su comandante Musa ibn Nusayr es llamado a Damasco para caer en desgracia con el califa que ordena que el hijo de Musa, Abd al-Aziz, sea decapitado y pasa la autoridad en Iberia a una serie de comandantes musulmanes que caen rápida y sucesivamente a medida que la conquista continúa sin cesar (11.I).

1.258 711 d. C. El comandante bereber Tariq ibn Ziyad invade Iberia desde el norte de África en la primavera de 711, tomando Gibraltar y luego moviéndose hacia el norte para matar al rey Rodrigo, el gobernante visigodo de Hispania, y llegar tan lejos como Toledo. Le sigue una fuerza más grande dirigida por el comandante árabe Musa ibn Nusayr y su hijo Abd al-Aziz que subyugan Sevilla y Córdoba y rápidamente toman el control de gran parte del sur de España en una invasión relámpago del Imperio visigodo (11.I).

1.516	453 d. C. Los visigodos son enviados al sur a Iberia por el emperador romano y en años sucesivos se convierten en la fuerza dominante a través de la península (11.I).
1.666	303 d. C. Comienzo de la fase más importante en los esfuerzos dioclecianos para hacer que los cristianos sigan la instrucción religiosa romana (4.I). La historia del martirio de Santa Eulalia alcanzó su clímax con su crucifixión y decapitación en el Raval, supuestamente el 12 de febrero de este año (4.XI).
1.979	Alrededor de una década antes del nacimiento de Jesucristo los romanos construyen un puente donde la Vía Augusta cruza el río Llobregat en Martorell (5.XII; 6.I-II).
1.984	Se funda en la costa el asentamiento defensivo romano de Barcino, definiendo el núcleo de la futura ciudad medieval de Barcelona (7.III).
2.187	218 a. C. Los romanos establecen su primera colonia en la futura Cataluña en Ampurias (6.I).
3.000	Se estima que el final del segundo milenio a. C. es la edad aproximada del último gran terremoto en la falla de El Camp al oeste de Tarragona (1.VIII).
4.481	2512 a. C. (60 vidas de Gaudí antes de su muerte en 1926). La gran pirámide egipcia de Giza se ha terminado recientemente. El calendario sumerio se está desarrollando. Cobre y oro ampliamente utilizados en la Península Ibérica. Las minas de variscita en Gavá llegando al final de su vida laboral neolítica. Algunos jóvenes pinos longevos (*Pinus longaeva*) en California llegarán al siglo XXI aún vivos (1.IX).
11.700	Hace ciento diecisiete siglos. Final de la época del Pleistoceno y comienzo del Holoceno (4.VIII; 9.VI). El volcán de Santa Margarida-Croscat ha entrado en erupción hace relativamente poco, siendo la última erupción registrada en el campo volcánico de la Garrotxa al NE de Cataluña: la fecha de la próxima erupción en este campo es desconocida (10.VIII).
30.000	Hace trescientos siglos. Últimos tiempos del Pleistoceno. Los osos pardos europeos se encuentran con humanos procedentes de África y de Oriente

Medio que cruzan a través de los Pirineos a Iberia (2.I; 10.VII).

40.000 Hace alrededor de 400 siglos. Los seres humanos neandertales se extinguen, estando su último refugio probablemente en Iberia (10.VII).

106.563 Hace poco más de mil siglos (1.440 vidas de Gaudí). Los humanos del Pleistoceno superior en Iberia son neandertales con tecnología del Paleolítico medio (Edad de Piedra) (1.X). Se acaban de depositar sedimentos en las terrazas del valle del Llobregat durante un período interglacial con el nivel del mar alto (7.I).

120.000 Se piensa que mil doscientos siglos es la edad máxima probable del volcán más grande de Cataluña, La Crosa de Sant Dalmai. Sin embargo, la edad exacta de este cráter de tipo "maar" no se conoce, y con la falta de conocimiento actual podría tener la mitad de años o aún menos (X.III).

133.000 Hace mil trescientos treinta siglos el volcán Garrinada entra en erupción casi en el mismo respiradero que Aiguanegra, utilizando la misma falla como sistema de tuberías para que el magma alcance la superficie (10.VI). Comienzo de un período interglacial, que trae condiciones climáticas menos difíciles para la población neandertal de Iberia y una reducción de las extensas capas de hielo que cubren los Pirineos (10.VII).

150.000 Hace mil quinientos siglos el volcán Aiguanegra entra en erupción justo al norte de Olot (10.VI). Hace casi diecisiete siglos, el volcán Puig d'Adri entra en erupción, produciendo uno de los conos más antiguos del campo volcánico de la Garrotxa (10.VI).

200.000 Hace dos mil siglos. Pleistoceno superior. Los osos pardos asiáticos, antepasados de los osos pirenaicos, migran al oeste hacia Europa (2.I). Los humanos neandertales ya son claramente reconocibles en el registro fósil y no se extinguirán por otros mil seiscientos siglos más o menos (10.VII). Se piensa que dos mil siglos es la edad máxima para el antepasado común femenino más reciente de todos los seres vivos humanos hoy. Es probable que viviera en África Oriental durante el desarrollo temprano de los seres humanos anatómicamente modernos, *Homo sapiens* (12.X).

350.000 Hace tres mil quinientos siglos. Sedimentos del Pleistoceno se depositan en terrazas en el valle del río Llobregat cuando el nivel del mar es alto (interglacial) (7.I).

500.000 Hace cinco mil siglos. El oso asiático antepasado de los osos pirenaicos vive en China (2.I).

1.000.000 Hace diez mil siglos. Para entonces la deposición de los sedimentos eólicos y aluviales se ha desarrollado en el piedemonte costero de Barcelona (*Pla* de Barcelona) (7.I).

2.588.000 Hace casi veintiséis mil siglos. El Plioceno cede el paso al Pleistoceno, ambas épocas definidas por Charles Lyell, quien reconoce que los sedimentos pleistocenos contienen muchos más fósiles modernos que los pliocenos (9.VI; 10.VI).

3.241.600 Alrededor de treinta y dos mil siglos atrás (cuarenta y cuatro mil vidas Gaudí). Plioceno superior. No hay humanos en el planeta todavía, aunque hay australopitecinos en África (1.XI). Una erupción del volcán Camp dels Ninots en Caldes de Malavella en Girona ocurre alrededor de este tiempo. El cráter es rellenado lentamente durante el Plioceno con sedimentos lacustres en los que se conservan restos delicados de animales como tapires, rinocerontes y criaturas tipo gnu que ahora están extintos (10.IV).

5.000.000 Hace cincuenta mil siglos. Plioceno inferior. Se establecen condiciones para la deposición de barro en el fondo del mar Mediterráneo en la costa de Barcelona, proporcionando un sustrato convenientemente caldoso para innumerables generaciones de moluscos (7.I).

5.330.000 Cincuenta y tres mil trescientos siglos atrás. Paso del Mioceno al Plioceno. La gran inundación Zancliense rellena la seca cuenca mediterránea. Según un estudio, el mayor reabastecimiento se produjo rápidamente, con el nivel de mar subiendo a veces más de diez metros por día. Barcelona se vuelve costera de nuevo repentinamente (7.I; 9.VI).

_5.960.000_ Cincuenta y nueve mil seiscientos siglos atrás. Final del Mioceno. Comienzo de la crisis salina del Messiniense cuando la mayor parte del mar Mediterráneo se seca después de que el ancestral estrecho de Gibraltar quede bloqueado por el movimiento tectónico. La recién emergida colina de Montjuïc, limitada por fallas, queda elevada y seca, y los elefantes, antílopes, hipopótamos y otros animales siguen los ríos que drenan el anterior lecho marino (7.I).

_9.500.000_ Hace noventa y cinco mil siglos. Mioceno superior. El ecosistema subtropical del Penedès está al borde del colapso debido al cambio climático que induce un cambio faunístico, con la eliminación de la mayoría de los rinocerontes y ciervos, roedores como ardillas voladoras y castores, todos los osos-perros y los primates homínidos. Una nueva comunidad de plantas y animales vive en el valle del Penedès incluyendo ratones, ratas, conejos y nuevas formas de rinoceronte, antílope, gatos tipo leopardo, osos y caballos (6.XII).

_10.000.000_ Hace cien mil siglos (Mioceno superior). En el sureste de Cataluña el río Ebro rompe la Cordillera Costero Catalana y comienza a excavar la cuenca de antepaís de los Pirineos, vertiendo arena y barro en su delta hasta el fondo del mar produciendo la sucesión sedimentaria del Grupo Castellón (8.IV).

_11.100.000_ Hace ciento once mil siglos. Mioceno superior. La comunidad animal subtropical del valle del Penedès incluye ciervos, antílopes, loros, ardillas voladoras, martas, castores, elefantes, rinocerontes, chalicotéridos, osos-perro, y los recién llegados que incluyen pequeñas jirafas, conejos primitivos y liebres, el elefante *Tetralophodon*, el rey de la selva diente de sable *Machairodus* y caballos hippariones que entran en Eurasia desde América del Norte (6.IX-X). Los primates homínidos continúan habitando los bosques de hoja perenne e incluyen el *Hispanopithecus laietanus* tipo orangután (6.XI).

12.000.000 Hace ciento veinte mil siglos, punto de entrada de la Viajera para visitar el mundo mioceno del valle del

Penedès al oeste de Barcelona (6.III). Para entonces el colapso extensional de la Cordillera Costero Catalana ha creado un paisaje de "cuenca y cordillera" (*basin-and-range*) que ofrece refugio para los florecientes ecosistemas (11.VIII). Los animales que viven aquí en este momento incluyen murciélagos, lirones, hámsters, ardillas voladoras, martas, castores, serpientes cobra, jabalís, ciervos, caballos, rinocerontes, chalicotéridos, deinotheres y "elefantes" gomphotheres, comadrejas, mangostas, hienas, gatos de dientes de sable, osos-perros y ambos primates pliopithecino y driopithecino (6.III-VIII). En el mar, las futuras areniscas de Montjuïc están siendo depositadas en un abanico deltaico marino alimentado por la erosión de la ancestral sierra de Collserola. En el noreste de Cataluña los primeros volcanes están entrando en erupción en un sistema de fallas extensionales en lo que se definirá como la zona volcánica catalana (10.IV).

15.000.000 Hace alrededor de ciento cincuenta mil siglos (la época del Mioceno, definido por Charles Lyell) se están depositando sedimentos en el valle del Penedès que incluyen piedra caliza utilizada posteriormente por los arquitectos romanos responsables de adornar el Puente del Diablo con su arco ceremonial (6.II).

20.000.000 Caballitos primitivos pertenecientes al género *Anchitherium* emigran hacia el oeste desde Norteamérica a través del puente de tierra de Bering para habitar Iberia (6.IV).

23.030.000 Final de la época del Oligoceno y comienzo de la época del Mioceno (9.VI). Incursión lenta del mar Mediterráneo del Oligoceno superior y del Mioceno inferior en el noreste de Iberia al separarse Baleares de la futura Cataluña, abriendo una cuenca marina entre los dos y provocando que la futura Barcelona se convierte en una zona costera (11.VIII).

26.000.000 Comienzo gradual del colapso de las montañas de la Cordillera Costero Catalana sobre grandes fallas extensionales, alterando radicalmente el paisaje del NE de Iberia, produciendo por ejemplo el valle del

Penedès y elevando los conglomerados de Montserrat (9.X).

29.000.000 Fin de la compresión tectónica en la Cordillera Costero Catalana, dejando una cordillera con picos de hasta casi dos kilómetros sobre el nivel del mar (9.X) a medida que África reduce el estrés en el norte de Iberia para concentrar su actividad orogénica más al sur y construir una nueva cordillera (Bética) desde Málaga a Mallorca (11.VIII).

33.900.000 Paso del Eoceno al Oligoceno (9.VI). Los Pirineos ya se han levantado definiendo el borde de las placas ibérica y eurasiática y los mares al sur han retrocedido hacia el oeste hasta Pamplona, aislando la cuenca antepaís del Ebro que cambia su drenaje hacia adentro (11.VII).

36.000.000 Deposición de sales marinas en un mar evaporándose y dando lugar a depósitos de evaporita que posteriormente quedan expuestos y serán de gran valor para los humanos que viven en Cardona (9.IX; 10.IX).

37.200.000 Las diversas capas de conglomerados de Montserrat llevan depositándose ya alrededor de cuarenta y cuatro mil siglos desde el inicio del hundimiento de la cuenca (9.V).

38.000.000 Final de la edad del Bartoniense y comienzo de la edad del Priaboniense (9.VI).

38.921.000 Aproximadamente cuatrocientos mil siglos atrás (medio millón de vidas Gaudí) y cerca del final de la época del Eoceno (nombrada por Charles Lyell). Los abundantes mamíferos incluyen antepasados reconocibles de caballos, rinocerontes, cerdos, gatos, perros y osos. Nuestros pequeños y peludos antepasados primates alcanzan gran diversidad. La geografía mundial es notablemente diferente a la de los tiempos modernos (1.II).

39.700.000 Inicio de la fase de empuje principal durante la deposición continuada de conglomerados de Montserrat, con terremotos que mueven montañas y escombros sedimentarios que se vierten en el estuario abajo inundado y luego expuesto por ciclos de subida y bajada del nivel del mar (9.VII-VIII).

41.300.000 Paso del Luteciense al Bartoniense (9.VI). La parte baja de los conglomerados de Montserrat se ha depositado en condiciones tectónicamente inestables que producen pliegues y la erosión de los estratos más antiguos a medida que conglomerados más jóvenes se depositan encima de ellos. El clima cálido y húmedo del Eoceno medio en la zona de Montserrat acompaña ríos que drenan al norte hacia manglares (9.V).

41.600.000 Inicio del rápido hundimiento tectónico que producirá los abanicos aluviales conglomeráticos de Montserrat (9.V).

42.000.000 Hace cuatrocientos veinte mil siglos. Iberia es una gran isla subtropical situada entre África y Europa. El clima mundial es mucho más cálido durante el "clima óptimo del Eoceno medio" cuando los niveles de CO_2 atmosférico son excepcionalmente altos. En Montserrat la Formación La Salud de arenas y lodos de río se está depositando en una cuenca del valle aluvial que drena hacia el noroeste, con poca actividad de falla tectónica que perturbe la paz (9.VI-VII).

47.800.000 El fin de la edad del Ypresiense y el comienzo de la edad del Luteciense (9.VI). Los próximos millones de años verán la deposición de areniscas fluviales de la Formación La Salud en Montserrat (9.VII).

50.000.000 Hace medio millón de siglos y la placa africana está empujando fuerte contra el suroeste de Europa para producir los Pirineos. En el este catalán se eleva una cresta de montañas que se extienden hacia el oeste con el tiempo, bordeados al sur por un litoral marino (11.VII).

56.000.000 El final de la época del Paleoceno y el comienzo de la época del Eoceno (9.VI). En lo que será Montserrat se están depositando sedimentos continentales en tranquilos cauces de ríos, lagos y pantanos (9.VII).

66.000.000 El límite entre el período del Cretácico y la época del Paleoceno. La era mesozoica acaba bruscamente cuando el planeta Tierra es golpeado por un gran bólido, probablemente un asteroide de quince kilómetros más o menos de tamaño, viajando a alrededor de veinte kilómetros por segundo. El blanco es el Golfo de México, pero los efectos atmosféricos son globales. Para cuando todo ha terminado cerca del 75% de todas las especies en la Tierra se ha extinguido (11.VI). Comienzo del Cenozoico, la era de los mamíferos y las aves (10.XI).

70.000.000 Iberia está ahora firmemente soldada al futuro sur de Francia, formando una gran masa terrestre en la que viven muchas variedades de dinosaurios (11.V).

85.000.000 Hace ochocientos cincuenta mil siglos Iberia está siendo empujada por la placa Africana contra Europa. La primera respuesta obvia a la colisión de placas es la desaparición del paso marítimo que separa Iberia de la futura Francia (11.V).

120.000.000 Cretácico inferior (el período del Cretácico va desde 145 a 66 millones de años). Iberia forma una isla subtropical aislada entre África y Europa (11.V). La sedimentación calcárea continúa en mares poco profundos, que serán eventualmente las calizas de las colinas del Garraf (12.VI).

145.000.000 Límite entre el Jurásico y el Cretácico (12.X). Durante millones de años, los restos de organismos calcáreos caen lentamente sobre el lecho marino para producir pálidos sedimentos calcáreos que más tarde se endurecen y serán expuestos como piedra caliza en la costa en Sitges y las colinas del Garraf.

201.300.000 Límite entre los períodos Triásico y Jurásico (12.X).

250.000.000 Hace dos millones y medio de siglos. Período Triásico. Las rocas más antiguas de la zona de Barcelona que no han sido afectadas por la orogenia Varisca son sedimentos triásicos depositados sobre un basamento metamórfico en un antiguo desierto. Las areniscas triásicas fueron utilizadas por los romanos para construir el Puente del Diablo en Martorell (6.I), y están expuestas en Barcelona frente a la Iglesia de La Mare de Déu del Coll (12.VII). Estos depósitos terrestres triásicos están cubiertos por sedimentos calcáreos que comienzan un largo registro de deposición marina más tarde conservado como piedra caliza en las colinas del Garraf (12.VI).

252.200.000	Final de la era del Paleozoico (período del Pérmico) y comienzo de la era del Mesozoico (período del Triásico) (10.XI; 12.X).
298.900.000	Casi tres millones de siglos en tiempo profundo nos llevan al límite entre los períodos del Carbonífero y el Pérmico (12.X). La geografía mundial en este momento está dominada por el gran continente Pangea (producido por la orogenia Varisca) y el gigante océano Panthalassa (12.III).
358.900.000	Límite Devónico-Carbonífero (12.III; 12.X).
370.000.000	Deposición de areniscas del Devónico sobre estratos verticales del Silúrico para luego ser expuestas en Siccar Point en Escocia y estudiadas por James Hutton (9.IV).
389.210.000	Hace casi cuatro millones de siglos (cinco millones de vidas de Gaudí). Devónico medio. La geografía mundial está dominada por dos continentes gigantes (Laurasia y Gondwana). La superficie terrestre está siendo colonizada por plantas y animales terrestres (1.XII).
419.200.000	Limite entre el Silúrico y Devónico (12.III; 12.X).
435.000.000	Deposición de sedimentos silúricos que posteriormente son plegados por la construcción orogénica de montañas, erosionados y recubiertos por sedimentos devónicos seiscientos cincuenta mil siglos más tarde. Ambas unidades de roca son después enterradas y expuestas en la superficie terrestre en los acantilados del Holoceno estudiados por James Hutton (9.IV).
443.400.000	Límite entre el Ordovícico y Silúrico (12.X).
450.000.000	Hace cuatro millones y medio de siglos. Período Ordovícico. Las rocas más antiguas de la zona de Barcelona están expuestas en las colinas de Collserola y el valle de Llobregat (por ejemplo en el Puente del Diablo: 6.I). Forman un basamento de roca dura de sedimentos depositados en el Cámbrico y/o Ordovícico, posteriormente metamorfizado durante la orogenia Varisca (12.III).
485.400.000	Límite entre el Cámbrico y Ordovícico (12.X).
541.000.000	Fin del Precámbrico y comienzo de la era del Paleozoico (período Cámbrico) (10.XI).

3.892.100.000	Hace casi 40 millones de siglos (50 millones de vidas Gaudí). Esta es la edad de las rocas más antiguas que se conocen en la Tierra, y tal vez no tan lejos de la época del "pequeño charco caliente, con todo tipo de amoníaco y sales fosfóricas, luz, calor y electricidad presente" de Charles Darwin y los comienzos de la vida en el planeta (1.XII).
4.540.000.000	Edad aproximada del planeta Tierra (10.XI).

INDICE

Abd al-Aziz, 262-3, 355
Abd al-Rahmān, 263
Abdul Rahman, 264-9, 354-5
aceifa, 280, 286, 353
Agnès de Peranda, 29-30, 44, 47
Aiguanegra, volcán, **234**, 243, 357
Aissó, 280-1, 284, 351, 353
al-Ándalus, 223, 261-3, 265-6, 355
Alfonso el Benigno, 31, 35, 290, 347
Alfonso el Casto, 223
Alfonso el Guerrero, 289
Alfonso el Liberal, 224, 289, 348
Alfonso el Magnánimo, 36, 39, 345
Alfonso el Sabio, 224
Alfonso el Trovador, 289
Al-Mansur, 62, 286, 350-1
Almodis de la Marca, 287-8, 349-50
Al-Samh, 261, 263-4, 355
Amer, zona de fallas, 2-4, 9, 11-12, 22, 232-3, 239, 248, 278, 345
Anbasa, 265, 355
ancestros primates, 18, 361
Anchitherium, 134, 142-3, 360
Antropoceno, 94
año del diluvio, 65, 343
año sin verano, 254
Aquitania, 261, 264-9, 281-2, 284, 353-5
Arc de Triomf, 8, **50**, **56**, 59, 61-2, 93
Ardo, rey de los visigodos, 263
Arenal de Llevant, 60-1, 79
Argenteria, calle (carrer), 1, 48, 314
artrópodos, 19
australopitecinos, 17, 21, 315, 358
Ayyub ibn Habib al-Lakhmi, 263
Baixada de Santa Clara, 47
Banu Qasi, 283, 285, 351-2
Barcino, **30**, **56**, 79, 89, 93-4, 108, 122, 127-8, 155, 310, 314, 356
basamento, 9, 129-30, 212, 233, 297, 300, 307-9, 363-4
batolito, 306, 310. Ver granito; granodiorita
Bequerel, Henri, ii, 251, 312, 327
Berà, conde de Barcelona, 128, 270-1, 279-81, 287, 353-4
Berenguer de Tolosa, 281-2, 353
Berenguer Ramón I, conde de Barcelona, 287, 350
Berenguer Ramón II, conde de Barcelona, 288, 349-50
Bernat I, conde de Barcelona, 280-3, 352-3
Bernat II, conde de Barcelona, 283, 351-2
Berwick, duque de, 44-5, 332
Besòs, río y delta, **3**, 8, 10, 66, 81, 85, 95, 98, 100, 122, **130**, 152, 199, 302-**3**
Bikini, atolón de, 233
bloque glaciar errático, 63, 71, 228
bloqueo de Portobelo, 226, 332
Boada, Padre Jacint, 226, 230, 330
Bolòs, Francesc, 248-9, 258, 330
Boltwood, Bertram, 252, 301, 327
Born, mercado de, 7, 79, 189, 191
Borrell II, conde de Barcelona, 285-6, 350-1
Brongniart, Alexandre, 313, 331
Buckland, William, 72, 329
Burdeos, 266, 269, 354
Caldes de Malavella, **3**-4, **234**, 240, 345, 358
cambio climático, 21, 70, 72, 359
Cámbrico, período, **24**, 317, 364
Cambrils, **106**, 116, 339
Camp dels Ninots, **234**, 240-41, 257, 358
Camp Nou, 302, 323
Camprodon, **3**-5, 22
Candelaria, terremoto, 4-5, 10, 12, 16, 22, 26, 36, 314, 345
Carbonífero, período, 299, 316, 364
Cárdenas y Lusón, Diego de, 164-5
Carlomagno, 269-70, 279-80, 292, 354

Carlos de Austria, 40, 42, 333
Carlos de Viana, 36, 225
Carlos el Calvo, 281-4, 292, 352-4
Casa Amatller, 311, 327
Casa Batlló, 311, 327
Casa de Barcelona, 28, 35, 78, 224, 284, 289, 292, 345-6. Ver Guifré el Pilós
Casa Lleó Morera, 311, 327
Casa Milà, 311, 327
Castrum Octavianum, 75-7
catastrofismo, 313, 329
Catedral de Barcelona, 47, **77**-8, **188**, **303**, 343
Cenozoico, era del, 139, 205, 207, 253, 363
Cerdeña, 22, 31-2, 146, 221, 278, 347
ceremonia rogativa, 78, 81-94, 190, 335-6, 343
chalicotérido, 135, 141, 181, 359-60
cirujano-barbero, 185-6, 198, 336
Ciutadella, 46, 49, **56**, 59, 61, 187, 227, **303**, 328, 333
Claris, Pau, 108, 114-7, 124, 152, 158, 170-1, 174, 338-40, 342
clima óptimo Eoceno, 215, 362
Coll de Balaguer, **106**, 116, 339
Collserola, **3**, 8, 47, 51, 75, 86-9, 95-**6**, **130**, 148, 152, 155, 300-1, **303**, 305-10, 317, 323, 360, 364. Ver basamento; Cordillera Costero Catalana
Cook, capitán, 202-3, 227
Córcega, 31, 221, 278, 373
Cordillera Costero Catalana, **3**, 10, 98, 118, 180, 215, 220, 229, 233-**4**, 270, 277-8, 305-6, 359-61
Cordillera Ibérica, 277
Corona de Aragón, 28, 31, 34-6, 42, 48, 289, 346, 348-9
Corpus Christi, 102, 109, 115, 339
Corpus Sangriento, 109, 123, 341
corteza terrestre, 5, 141, 208, 232, 274, 296-7, 307, 310
Costa Brava, 8, 10, 67, 98, **130**, 306-7, 310
Cretácico, período, **24**, **130**, 362-3; caliza, 212, 308; en Iberia, 271, 273; asteroide, 173, 274, 362
crisis salina Messiniense, 151-2, 173, 359
crisis sísmica catalana, 2-11, 22-3, 320
Crosa de Sant Dalmai, volcán, **234**, 239-40, 242, 256, 357
Croscat, volcán, **234**, 247, 253, 258, 356
Cruz Cubierta, 156, 301
Curie, Marie, 252, 327
Cuvier, Georges, 313, 331
d'Ardena, Josep, 171, 179-80, 184, 197, 334, 336-7
Darwin, Charles, ii, 20-1, 205, 227-8, 251-2, 312-23, 327-9, 365
d'Aubigny, George Stewart, 159-60
Daubrée, Gabriel, 300, 328
de Arce, Juan, 105, 109, 112, 340-1
de España, Carlos, 203-4, 206, 227, 248, 329, 332
de Margarit, Josep, 109, 118, 171, 341
de Marsin, Jean-Gaspard Ferdinand, 179-80, 183, 199
de Mascarenhas, Simon, 118, 161, **163**
de Moles, Leonardo, 105, 113, 341
de Quiñones, Álvaro, 161, **163**, 167
de Ribera, Fernando, 160, **163**-4
de Serignan, Henri, 153, 159, **163**, 179
de Tamarit, Francesc, 107-8, 119, 153, 156, 158, 339, 341-2
Delesse, Achille, 300, 328
Depresión Aislada en Niveles Altos (DANA), 64
Descent of Man, ii, 315, 328
Devónico, período, 19-20, **24**, 211, 301, 317, 364
Diada Nacional de Catalunya, 46, 333
Diagonal, avenida, 302-**3**, 311, 323
diente de sable, 142, 148, 359

dinosaurios, 21, 143, 253, 273-4, 277, 316, 363
dióxido de carbono, 3, 20, 69-70, 229, 332
Drassanes, astillero, **30**, 33, 86, 100, 107, 111, **188**, **303**, 346
driopitécidos, 139-40, 315, 360
Ebro, delta, **3**, **106**, 179-84, 229, 340; río, 66-7, 87, 179-85, 197, 229, 271, 277-9, 285-9, 337, 359-61. Ver Grupo Ebro
efecto de Leidenfrost, 235, 238, 332
El Camp, **3**, 11-14, 116, 180, 356
El Carmel, 9
El Perelló, **106**, 116, 124, 150, 339
El Prat de Llobregat, 97
el presente es la clave del pasado, 250, 274, 331
El Rosellón, 32, 103, 109, 112-3, 153, 158, 179, 334
elefantes, 16, 135-6, 141, 148, 151, 177, 181, 244, 359-60
Eoceno, época, 18-21, **24**, **130**, 132-9, 147, 205, 229, 243, 252, 276-8, 316, 361-2; de Montserrat, 214-20
Ermesinda, 286-8, 350
estratigrafía, 24, 84, **130**, 209-11, 334
estromboliano, 238-47, 253, 258
extinción en masa, 21, 48, 273, 290-1, 313, 316, 331. Ver dinosaurios
Felipe IV, 101-3, 113, 118, 123, 171, 173-4, 195, 342-3
Felipe V, 40, 42, 46, 333-4
Fernando el Justo, 35-6, 224, 345-6
Fernando II el Católico, 37, 103, 344
Fernando VII, 226-7, 330
Filangieri, Filipo, 161, **163**, 167
freatomagmáticas, erupciones, 235-9, 243, 247
Garay, Juan de, **106**, 113, 153, 157, 161, 166-74, 183-5, 337-8, 340
Garraf, **3**, 10, **106**, 118-9, 127, 129-30, 155, 170, 172, 207, 307-8, 363
Garrinada, volcán, **234**, 243-5, 249, 357
Garrotxa, campo volcánico, **234**, 242-8, 253-4, 257-8, 356-7
Gaudí, Antoni, 8-20, **294**, 302, 306, 311, 323, 326-8, 356-8, 361, 364-5
Gavà, **3**, 14, 23
geomorfología catalana, 270, 278
Gibraltar, 41, 262, **265**, 333, 344, 355; estrecho, 66, 151, 359
Girona, 2-4, 40, 104-**6**, 186, 232-**4**, 239-40, 257-8, **265**, 270, 281-2, 334, 336, 341, 352-4
Golfo de Valencia, 278, 291, 310
Gondwana, 19, 299, 364
gota fría, 64-5, 308
Gràcia, 51-2, **77**, 98, 189, 311, 323, 327
Gran Mortandad, 32, 176, 347
granito, 8, **130**, 297-301, 305-7, 310-1
granodiorita, 306-7, 309
Grupo Castellón, 183, 359
Grupo Ebro, 183
guerra civil catalana, **30**, 36, 225, 345
guerra de la Cuádruple Alianza, 226, 332
guerra de la Independencia Americana, 226, 332
guerra de los Cien Mil Hijos de San Luis, 226, 330
guerra de los Nueve Años, 39, 42, 226, 334
guerra de los Pirineos, 226, 331
guerra de los Segadores, 39, 49, 102-10, 123-4, 150, 170, 178-80, 197, 226, 335-41
guerra de Sucesión austríaca, 226, 332
guerra de Sucesión española, 40, 42, 45, 49, 226, 334
guerra del Asiento, 226, 332
Guerra Peninsular, 226-7, 331
guerras anglo-españolas, 226, 332
Guifré el Pilós (Wifredo el Velloso), conde de Barcelona, 223, 229, 282-5, 292, 351-2
Guillemó, hijo de Berà, 280, 353

Guillermo de Septimania, 282, 352
hadrosáuridos, 273
Hispanopithecus laietanus, 144-5, 359
Holmes, Arthur, ii, 252, 301, 322-3, 326
Holoceno, época, 19, **24**, 72, 84, **130**, 253, 257, 356; extinción, 48, 137; sedimentos, 85-6, 183, 207, 302. Ver Antropoceno
Homo sapiens, 21, 26, 358
Hooke, Robert, 209
Horner, Mary, 297, 322, 329
Horseshoe, cuenca abisal, 320
humax, 131
Hunifredo, conde de Barcelona, 283, 352
Hutton, James, 211-2, 228, 250, 295, 297, 313-4, 321, 331, 364
Ibérica, placa tectónica, 19, 272, 276-7, 361
idioma catalán, 22, 46
Imperio catalán, 37, 344
Imperio franco, 270, 279, 282, 284, 292, 353-4
Inquisición, 38, 49, 203, 228, 344
intensidad terremoto. Ver Mercalli
inundaciones, 36, 52-3, 57-60, 64-7, 71, 83, 93, 120, 210, 218, 228, 349
invierno volcánico, 254
Isabel I de Castilla, 37-8, 49, 225, 344-5
Jaime el Conquistador, 28, 48, 53, 100, 224, 289, 348
Jaime el Justo, **175**, 224, 290, 304, 347-8
Jaime II de Urgel, 35
James Fitz-James. Ver Berwick
Juan el Cazador, 34, 224, 290, 346
Juan sin Fe, 36, 225, 344-5
Jurásico, período, **24**, 130, 316, 363
Kelvin, Lord, 251
la Rambla, **30**, 33, 53-4, 60, 63, **77**, 83, 85, 99, 187-8, 198
Lagerstätten, 240, 257
Laurasia, 19, 299, 364
lazareto, 187-9, 191-6, 199, 335-6
l'Eixample, **77**, 98, 156, **303**
les Turons, 60, **303**, 310
litosfera, 232, 239, 256, 320
Lleida, 171-2, 179, **265**, 271, 285, 333, 337-8, 351
Llobregat, delta, **3**, 14, 87, 95, 100,**106**, 130, 152, 155, 162-3, 180, 279, 302-**3**, 308, 310; río, 10, 67, 81, 85, 97, 100, 119, 122, 127-8, 152-5, 159-62, 206-8, 222, 279-80, 308, 348, 356; valle, 118-9, 207, 223, 270, 310, 339, 349, 357-8, 364
Lloret Salvatge, **3**, 248, 345
Los invencibles de Némesis, 318, 324
Los Vélez, marqués de, 114-9, 124, 153-61, 165-6, 169-74, 301, 338-40
Lotario, 281-2, 354
Lubb ibn Muhammad, 285
Luis el Alemán, 281, 283
Luis el Piadoso, 270, 280, 283, 354
Luis el Tartamudo, 283-4, 351-2
Luis XIII, 158, 171, 338
Luis XIV, 39, 179
Luis XVIII, 226
Luteciense, edad, 215-6, 362
Lyell, Charles, ii, 17-8, 20, 72, 242, 274, 290-1, 322, 327-31, 358, 360-1; viaje a Montserrat, 202-9, 212, 214, 225-30; visita a volcanes de Olot, **231**, 247-56, 258; rocas metamórficas y plutónicas, 297-300, 311-3
maar, 239-40, 256-7, 357
Maestrat, 184, 197, 337
Manrique, García Gil, 104, 113-5, 171, 338-40, 342
mansión modernista, 308, 311, 327
manto, 232, 239, 249, 256-7
Marca Hispánica, **265**, 270, 280, 284, 351, 354
Mare de Déu del Coll, 310, 363
Martel, Carlos, 264, 266-7, 269, 354
Martín el Joven, 35, 346
Martín el Humano, 35, 48, 78, 224, 290, 346

Martorell, 97, 118-9, 128, 130, 147, 153-4, 159, 173-4, 206, 280, 338-9, 348, 356, 363. Ver Puente del Diablo
Maunder, minimo de, 68
Mercalli, escala, 4-5, 22-3, 173
Mesozoico, 180, 227, 253, 271, 364
metalúrgicos, compañía catalana de los, 159, 162-5
metamórficas, rocas, 130, 298-300, 307-9, 322, 328, 363-4. Ver basamento
minas de sal, Cardona, 206, 248
Mioceno, caballos del, 134-5, 140-4, 147, 359-61; cobras del, 133, 147, 360; ecosistema en Penedès; 129-49, 241, 315; época, **24**, 130, 134-5, 252-3, 358-60; sedimentos del, 122, 181-3, 205, 221-2, 228; simios del, 144-6, 148-9; Ver Lyell; Montjuïc; Valle Penedès
Mirador del Virolai, 311
Miró I, conde de Barcelona, 285, 350-1
Monasterio de Jesús, 189-90, 193, 195
monjas clarisas, 8, 31-3, 37-9, 46, 65, 88, 212, 301-4, 326, 332, 347
Mont Tàber, 79, 83, 85
Montcada, calle (carrer), 7, 79-80, 289, 304, 349
Montjuïc, 40, **77**, 82, 87, **96**, 99-101, 122, 152, 302, 310, 333, 359-60; arenisca de, 94, 122, 151, 205, 228, 300, **303**; batalla de, 122, 156-74, 178-9, 339; Ver Santa Madrona; Lyell, Yáñez
Montserrat, **3**, **106**, 130, **201**, **213**; Abadia de Santa Cecilia, 47, 326; Abadía de Santa María, 206-7, 222-5, 330-1, 344-7, 350; conglomerados, **201**, 207-22, 229, 361-2; coro, 224, 226, 230; isla de, 225, 344; vida eremética, 224; Virgen de, 35-6, 225, 229-30, 349-51
Mortara, marqués de, 185, 194-5, 335, 337
mujer del abrigo azul, 1, 7, 12, 314
Munuza, 266, 354-5
Musa ibn Musa, 283, 352
Musa ibn Nusayr, 262, 355
Museo Marès, **25**, 47, 49
Napoleón, 27, 62, 204, 207, 226-7, 255, 330-1
Narbona, 263-**5**, 269, 354-5
Neandertal, 15-16, 23-4, 242-5, 357
nipa palmera, 219
nueva Cataluña, 279
Odalrico, conde de Barcelona, 283, 352
Odo de Aquitania, 264-9, 354-5
oleada piroclástica de base, 233, 237-8, 242
Oligoceno, época, 19, **24**, 130, 139, 141, 149, 214, 220-21, 253, 277-8, 360-1
Olivares, conde de, 101-8, 114, 123, 158, 162, 170-1, 292, 338, 342-3
Olot, **3**-4, 22, 189, **222**, 226, **231**, **234**, 242-50, 253, 257-8, 330, 336, 345, 357
Omeya, dinastía, 261, 264
On the Origin of Species, ii, 312
Ordovícico, período, **24**, 155, 317, 364
Oropesa, duque de, **163**-4
osos de las cavernas, 16, 244
osos pardos, 1, 9, 26-8, 327, 356-7
Palau de la Música Catalana, 62-3
Palau Reial, **30**, 33, 46-7, **175**, 191, 326, 332; parque, 302, 323
Paleoceno, época, **24**, 147, 253, 276, 316, 362
Paleógeno, período, 276
Paleozoico, era, 129, 253, 299, **303**, 310, 364
Pangea, 299, 364
Panthalassa, 19, 299, 364
Papiol, El, 155, 173
Parets, Miquel, 78-9, 92-3, 112, 184-200, 334-7, 340-4

Park Güell, 9, 19, **303**, 311, 323, 327
Passeig de Gràcia, 189, **303**, 311, 323, 327
Passeig de les Aigües, 309-10, 323
Patterson, Clair Cameron, 252, 258, 326
Pedralbes, Convento de Santa María, 31, 37-8, **77**, 88-9, 124, 301-5, 323, 345, 347
Pedro el Católico, 223, 289, 348
Pedro el Ceremonioso, 33-4, 47, 52, 224, 290, 326, 346-7
Pedro el Cruel, 34, 347
Pedro el Grande, 100, 120, 224, 289, 348
Penedès, valle del, **3**, **106**, 118-9, 129-49, 212, 221, 285, 287, 337-9, 351, 359-61. Ver Mioceno
Pequeña Edad de Hielo, 68-70, 84
Período Cálido Medieval, 68
Pérmico, período, **24**, **130**, 299, 306, 316, 364
Perpinyà, 67, **106**, 109, 112-4, 340-1
persecución de Diocleciano, 74-7, 86, 93, 356
peste bubónica (negra), 2, 32-6, 48, 172, **175**-8, 184-200, 224, 326-7, 334-7, 346-7
Petronila, 223, 289, 348-9
Phillips, John, 250-1, 329
Pipino el Breve, 269, 354
Pipino I, 281-2, 353-4
Pipino II, 282, 352-3
Pirineos, evolución, 3, 272-7, 291
Pla de Barcelona, 8, 12, 47, 51-2, **56**, 60-3, 75, 86-9, 94-5, 98, 155, 160, 302-**3**, 309, 311, 358
Plaça de Catalunya, 52, **56**, 60, 63, 302-**3**, 323
Plaça de San Jaume, 93, **188**, 198
Playfair, John, 211, 313, 331
Pleistoceno, época, 15-6, 19, **24**, 84, **130**, 214, 242-6, 252-7, 315, 328, 356-8; clima, 95, 135-7, 244-5; piedemonte, 8, 155, 302, 305, 309, 311. Ver *Pla* de Barcelona
Plioceno, animales del, 135, 137, 147-8, 241-2, 257, 315, 358; época , 17, 24, **130**, 205, 242, 252-3, 358; sedimentos, 95, 152, 155, 183, **303**. Ver Lyell
Pliopithecus, 138-9, 360
plutónicas, rocas, 297-301, 306, 329. Ver granito; granodiorita
población de Cataluña, 31, 37, 344
Poitiers, batalla, **265**, 267-8, 290, 354
Pópoli, duque de, 41, 43-4, 333
Portal de l'Àngel, 54, 186, **188**, 323
Portal de Sant Antoni, **77**, 82-3, 93, 110, 159, 167, 185, **188**, 190
Portal de Sant Sever, 52-3
Portal de Tallers, **77**, 86
Portal del Mar, 186, **188**, 190
Portal Nou, 44, 55, 57, 61, **77**-8, 93, 107, **188**, 190
Precámbrico, 253, 276, 317, 364
precipitación anual Barcelona, 64
Priaboniense, edad de, 215, 219-20, 226, 361
primates, 17-8, 21, 138-41, 146, 148, 177, 181, 183, 316, 359-61
primer mal año en Cataluña, 32, 70, 347
Principles of Geology, 205, 227, 255, 313, 330
Puente del Diablo, 97, **106**, 118-9, **125**-7, 147, 152-5, 180, 212, 310, 348, 360, 363-4
Puerta del Dragón, **294**, 302, 304, 323, 326
Puig d'Adri, volcán, **234**, 242-3, 357
Puigcerdà, **3**, 5, 202-3, 206, 227
Punta del Convento, Formación, **56**-62, 71
Queralbs, **3**, 5
Ramiro II, rey de Aragón, 289, 349
Ramón Berenguer I, conde de Barcelona, 287-8, 349-50
Ramón Berenguer II, conde de Barcelona, 287-8, 349-50
Ramón Berenguer III, conde de Barcelona, **260**, 288, 349

Ramón Berenguer IV, conde de Barcelona, 223, 289, 348-9
Ramón Borrell, conde de Barcelona, 286
Rampó, conde de Barcelona, 280, 353
Raval, 30, 33, 52-6, 60, 83, 85-6, 90, 100, 159, 347, 356
razzia, 267
rebelión, Trienio Liberal, 226, 330
Rec Comtal, 55, 62, 71, 81
reino visigodo, 262-5, 290, 355-6
Reus, 3, 9, 11, 302, 328
revolución industrial, 69, 94
revuelta de los Angelets, 179, 334
reyes carolingios, 269, 292, 353
Reyes Católicos, 49, 225, 344-5
riera Blanca, 302, 305
riera de la Creu d'en Malla, 52, **56**, 60, 63, 86
riera de les Monges, 305, 323
riera d'en Malla, 52-4, **56**, 60
riera de Santa Anna, 53
rinocerontes, 16, 18, 34, 134, 141, 146, 183, 241, 244, 358-61
Riudoms, **3**, 9, 12
Rocabertí, Josep de Pau, 156-7, 174, 338
rocas sedimentarias, 84, 210, 298
Rodrigo, rey visigodo, 262, 355
Roncesvalles, Puerto de, 266
Roses (Rosas), **3**, 40, **106**, 108, 334
Rutherford, Ernest, 252, 327
Sadler, Peter, 217
Saló del Tinell, 33, 46-7, 191, 326, 332, 346
Salve Montserratina, 226, 230
San Francisco de Asís, 38
San Francisco de Paola, **188**, 190, 199, 336
San Fructuoso, 82
San Jorge, duque de, 103, 161-8
Sant Cugat del Vallès, 75, 78, 346
Sant Mateu, 184
Sant Pere de les Puel·les, 55-6, 62-3, 351
Sant Sever, 74-8; calle, **73**; portal, 52-3, 85; torre, **188**
Santa Ágata, **175**, **188**, 191, 196
Santa Anna, calle, 63; monasterio, 6, **56**; portal, 53, 85; riera, 53
Santa Clara, Convento, 8-9, 23-**5**, 28-47, 49, **56**-7, 61, **77**-8, 80, 83, 89, 92, 124, **188**, 304, 332-3, 343-8
Santa Clara de Asís, 29, 38
Santa Coloma, conde de, 101-10, 114, 341-2; de Farners, 105-6, 109-10, 341
Santa Eulalia, baixada, **73**; capilla, **77**, 80, **303**, 305; martirio, 89-91, 95, 356; procesión, **77**, 83-9, 343; santa patrona de Barcelona, 91
Santa Madrona, **77**, 82, 91-2, 190, 305, 335-6, 344
Santa Margarida, volcán, **234**, 246, 249, 258, 356
Santa María de Jonqueres, **56**, 60, 63
Santa María de les Arenes, 90
Santa María del Mar, **1**, 5-8, 23, **30**-1, 33, 48, **56**, **77**, 79, 90, 99, 187-8, 192-3, 196, **303**, 314, 323, 345-7
Santa María. Ver Pedralbes; Montserrat
Sants, 156-7, 160, 170, 300-1
Sarrià, **77**, 86, 88-9, 98, 187, **303**, 308; familia de Miquel Parets, 187, 194, 335; Santa Eulalia, 80, 305, 329, 343; Sant Vicenç, 47
saurópodos, 273
Scrope, George Julius Poulett, 250-1, 312, 327-8
segador. Ver guerra de los Segadores
Seilacher, Adolf, 240
Sentís i Sunyer, Joan, arzobispo de Barcelona, 80, 87, 92, 114, 305, 314, 343
Septimania, 263, 265, 352-5
Shibasaburō, Kitasato, 177, 197
Siccar Point, 211, 331, 364
Silúrico, período, **24**, 211, 317, 364

Sitges, iii, 3, 10, 172, 307, 318, 363, 373
Škocjan cuevas, 182
Smith, William, 209, 330-1
Steno, Nicholas, 209, 217, 334
Sunifredo, conde de Barcelona, 282, 292, 352
Sunyer, conde de Barcelona, 62, 285, 351
taifas, 286-7, 350
Tambora, volcán, 254-5, 259, 330
tapir, Plioceno, 241, 358
Tariq ibn Ziyad, 262, 290, 344, 355
Tarragona, **3**, 11, 116-7, 127-8, 170-2, 186, 262, **265**, 288, 337-9, 349
terremoto de Lisboa, 320, 332
terópodos, 273
tetrápodos, 19
Torre de Sant Joan, 8, 23, 28, 45-6, 55, 59, 61, **188**, 328
Torrecuso, marqués de, 103, 114, 116, 153, 157, 160-70, 172, 337-40, 342
torrent de l'Olla, 52, 54, **56**, 60, 62, 75, 79
torrent de Pecat, 52
torrent de Pregón, **56**, 60
torrent d'en Mariner, 52
torrent d'en Vidalet, 52, **56**, 60, 62, 79
Tortosa, 42, 67, 115-6, 124, 179-80, 183-5, 262, 279, 287, 289, 333, 336-40, 349
Toulouse, 27, 261, 264-**265**, 266-7, 269, 282, 353-5
Tours-Poitiers, batalla, 267-9, 290
Tratado de Utrecht, 41, 43, 333
Triásico, período, **24**, **130**, 316, 363-4; sedimentos, 212, 219-20, 308, 310, 363. Ver Puente del Diablo
Tyrone, conde de, 160, 162-4
uniformismo, 313, 329
Ussher, James, 250, 314, 337
Valencia, 29, 178-80, 197, **265**, 291, 337, 348
Valldonzella, Monasterio, 156, **163**
Vallès-Penedès, cuenca, **130**, 148-9, 173, 221
Varisca, orogenia, 19, 299, 311, 364
variscita, 14, 23, 356
Vía Augusta, **77**-8, 90, 93, 119, 124, 128-9, **150**, 154, 180, 279, 301, **303**, 356
Vidal i Quadras, 307-8, 318, 323
Vidal-Quadras, 307-8
Vidal-Quadras i Villavecchia, 308
vieja Cataluña, 270, 284
Villarroel, Antonio de, 42-6, 49, 333-4
virrey de Cataluña, 87-8, 92, 95, 101-15, 171, 194, 338-43. Ver Santa Coloma
visigodos. Ver reino visigodo
vulcanismo basáltico, 232-50, 257
Whewell, William, 329
Wifredo Borrell, conde de Barcelona, 285, 351
Wifredo. Ver Guifré el Pilós
Yáñez, Augustin, 205, 300, 329-30
Yersin, Alexandre, 176-7, 197, 327
Yersinia pestis, 176, 326-7
Zaragoza, 114-5, 172, **265**, 283-4, 287, 337, 340, 350, 352
zona de fallas Azores-Gibraltar, 320, 324

UNA NOTA SOBRE EL AUTOR

Wes Gibbons es un geólogo británico que nació en Londres y más tarde vivió en Portsmouth y la Isla de Sark. Entre 1980 y 2004 estuvo inmerso en una carrera académica de docencia e investigación en la Universidad de Cardiff. Durante este tiempo le concedieron nombramientos sabáticos como catedratico en universidades en Canadá y los EEUU, y ejerció como Secretario de la Sociedad Geológica de Londres. Se trasladó a Barcelona en 2004 y actualmente vive en Barcelona y Sitges. Sus publicaciones incluyen libros sobre la geología de Sark, Weald, Córcega, España, Chile, Japón y Barcelona. Para más detalles véase *About the Author* en http://barcelonatimetraveller.com.

Made in United States
Troutdale, OR
11/03/2026

56852525R00216